电路原理与电工学实验教程

尹　明 主编　张楠楠 张　辉 副主编

哈尔滨工程大学出版社
Harbin Engineering University Press

内 容 简 介

本书是根据教育部对"电路""电工测量技术"课程教学的基本要求，并结合多年来的实验教学经验，以及在认真吸取了大量同类实验指导书优点的基础上编写而成的。

全书分为8章。主要内容包括：电路与电工实验须知、实验的基本知识、常用电子元器件、常用实验仪器的使用，以及基本实验。附录部分介绍了用Multisim10软件和MATLAB7.0软件进行电路分析和实验仿真，以使学生初步了解计算机辅助分析和设计的方法。

本书可作为电类和非电类专业电路实验和电工学实验教材，也可作为相关技术人员参考书。

图书在版编目(CIP)数据

电路原理与电工学实验教程/尹明主编.—哈尔滨：哈尔滨工程大学出版社，2011.8(2016.7重印)
ISBN 978-7-5661-0206-5

Ⅰ.电… Ⅱ.①尹… Ⅲ.①电路理论-高等学校-教材 ②电工学-实验-高等学校-教材 Ⅳ.①TM13 ②TM1-33

中国版本图书馆CIP数据核字(2011)第163186号

出版发行 哈尔滨工程大学出版社
社　　址 哈尔滨市南岗区东大直街124号
邮政编码 150001
发行电话 0451-82519328
传　　真 0451-82519699
经　　销 新华书店
印　　刷 哈尔滨工业大学印刷厂
开　　本 787mm×1 092mm 1/16
印　　张 14.25
字　　数 348千字
版　　次 2011年8月第1版
印　　次 2016年7月第7次印刷
定　　价 29.00元
http://www.hrbeupress.com
E-mail:heupress@hrbeu.edu.cn

前言

本书根据国家教育部工科电工课程教学指导委员会关于电路原理和电工学实验教学的基本要求，结合作者多年的教学经验并借鉴其他相关实验教材，在原实验教材的基础上编写而成。编写本教材的目的是指导学生能够独立进行实验，完成实验课程的学习，帮助学生巩固和加深理解理论知识、培养和训练实验技能，树立工程实际观点和严谨的科学作风。

本书共分为 8 章，主要内容包括实验的基本知识和方法、电路基础实验、模拟电路实验、数字电路实验、电动机控制电路实验和仿真实验等。第 1 章介绍了实验的基本知识、基本方法和基本要求；第 2 和第 3 章介绍了部分常用元器件和仪器设备的功能、用途及使用方法；第 4 ~7 章共有 32 个实验项目，其中电路基础实验项目 14 个、模拟电路实验项目 7 个、数字电路实验项目 8 个、电动机控制电路实验项目 3 个，可根据教学要求进行选择；第 8 章介绍了 Multisim 10 的基本使用方法并介绍了 3 个仿真实验。实验项目按照由简入繁、由易入难的原则分为验证性实验、设计性实验、研究性实验和综合性实验，每个实验项目都围绕实验目的详细介绍了实验原理和测量方法，设计了具体的实验内容和步骤，逐步使学生掌握实验操作技能、积累实验经验。

本书由尹明担任主编，并负责全书的统稿，张楠楠、张辉担任副主编。尹明编写了第 1 ~4 章和附录，张楠楠编写了第 5、第 8 章、张辉编写了第 6、第 7 章。

由于编者的水平所限，书中难免有疏漏、错误和不妥之处，敬请读者批评指正，以便改进。

编　者

2011 年 5 月

目录

第1章　绪　　论

1.1　实验的目的和意义

1.1.1　实验的目的

(1)通过实验,学生可以巩固所学到的理论知识,培养利用基本理论分析问题、解决问题的能力。

(2)通过实验,学生可以掌握一般的安全用电常识。

(3)通过实验,学生可以掌握必要的电路与电工实验技能,能正确使用常用的电工仪表、电子仪器及常用电气设备。

(4)使学生具有独立设计并组织和安排实验的基本技能,并能初步分析和排除故障。

(5)培养学生能准确读取数据、测绘波形和曲线,能对实验结果进行正确的逻辑分析、总结。

1.1.2　实验的意义

电路原理与电工学实验教程是实际能力及技能培养教学环节的入门课程,它的开设有别于中学及大学物理中的实验,已不再只是为了巩固理论知识、验证某个定理,或者观察几个电路的功能是否与理论一致,而是侧重于在实验室这个模拟现场的环境里,培养学生逐步学会运用从书本中学到的理论知识,分析解决实际问题的能力,使学生了解将理论转化为生产力的各个环节和过程。

1.2　实验课程的要求

1.2.1　实验的要求

实验课的操作性很强,除了要面对课堂和书本外,还要面对各种各样的仪器。要想完成学习任务、达到实验目的,首先需要了解这些仪器的功能、特点,熟悉它们的操作规程,掌握正确的使用方法。要做到这一点,同学们必须多接触仪器,通过实际操作,不断积累经验,掌握正确的使用(测量)方法和技巧。因此,学生在学习本课程时要做到如下几点:

(1)不缺勤,不迟到。

(2)自觉地维护实验室秩序,保持一个良好的实验环境。

(3)要做到手勤、脑勤,既动手又动脑,要先想到、后手到,避免盲目操作。

(4)实验中要胆大心细,不断积累实践经验。

(5)认真对待实验课的各个教学环节,养成良好习惯。

(6)要遵守实验室制定的一切规章制度。

1.2.2 预习报告和实验报告的要求

1. 预习报告

实验前要充分地预习,写出预习报告。实验预习包括了解本次实验的目的,认真阅读理论教材、弄清实验电路的基本原理,掌握参数的测量方法,阅读实验教材中相关仪器使用的章节、熟悉所用仪器的主要性能和使用方法,估算测试的数据和实验结果。

预习报告包括“实验目的”“实验设备”“实验预习”等内容。实验前应在预习报告中设计出切实有效的实验方案(包括实验原理图),并确定实验步骤及测量对象、设计记录数据的表格,明确要注意的问题。预习预习报告的功能有两个:

(1)通过预习真正了解实验的目的,为本次实验制订出合理的实验方案,进入实验室后即可按照预习报告有条不紊地进行实验;

(2)为实验后的总结提供原始资料。

2. 实验报告

实验后要写出实验报告。实验报告要用规定的实验报告用纸,用简明的文字、图表把实验结果完整、真实地表达清楚,做到语言流畅、图表清晰、字迹工整、分析合理、讨论深入。实验报告包括以下几方面内容:

(1)实验目的;

(2)实验设备;

(3)实验内容及实验原理图;

(4)经过整理的实验数据表格及计算结果(附原始数据);

(5)按要求用坐标纸绘制的曲线或相量图;

(6)实验结果的分析总结。

1.3 实验室安全注意事项

1.3.1 实验室供电系统

实验室里的各种电工仪表和电子仪器设备,都是在动力电(AC220 V或AC380 V)下工作的。因此,必须了解实验室的供电系统及安全用电常识,以便正确合理地安装使用这些仪器设备,避免用电事故发生。

实验室通常使用的动力电是频率为50 Hz、线电压380 V、相电压220 V的三相交流电源。由于在实验室里很难做到三相负载平衡工作,因此常采用Y-Y型连接。从配电室到实验室的供电线路如图1-1所示。

图1-1中A,B,C为三条火线,O为回流线。回流线通常在配电室一端接地,又称零线,其对地电位为0。该供电系统称为三相四线制供电系统。

实验室的仪器通常采用220 V供电,经常是多台仪器一起使用。为了保证操作人员的人身安全,使其免遭电击,需要将多台仪器的金属外壳连在一起并与大地连接,因此在用电

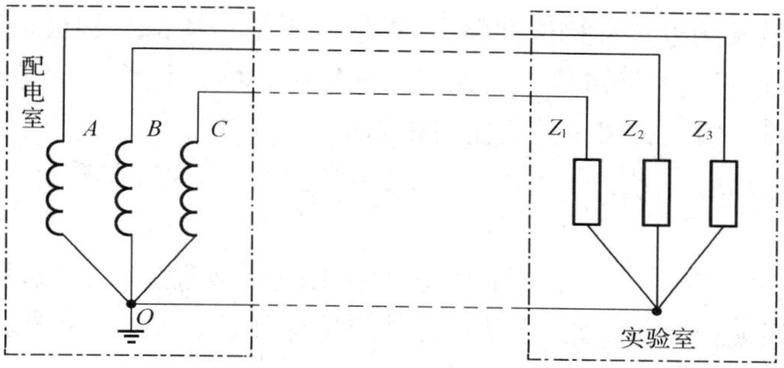

图 1-1 实验室供电系统

端的实验室需要引入一条与大地连接良好的保护地线。从实验室配电盘(电源总开关)到实验台的供电线路如图 1-2 所示。

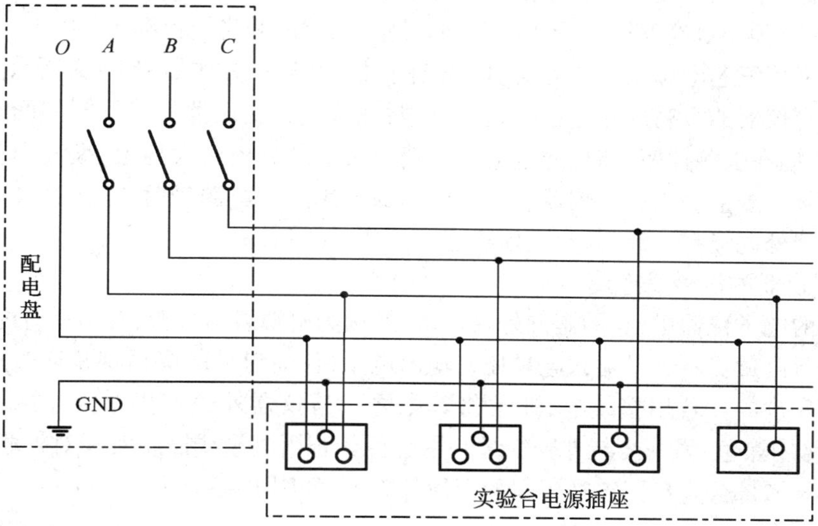

图 1-2 实验室供电线路

220 V 的交流电从配电盘分别引到各个实验台的电源接线盒上,电源接线盒上有两芯插座和三芯插座供仪器设备使用。按照电工操作规程的要求,两芯插座与动力电的连接是左孔接零线,右孔接火线。三芯插座除了按左孔接零线,右孔接火线连接之外,中间孔接的是保护地线(GND)。因此,实验室的供电系统比较确切的叫法应该是三相四线一地制,即三条火线、一条零线、一条保护地线。

1.3.2 零线与保护地线的区别

零线与保护地线虽然都与大地相接,但它们之间有着本质的区别。

(1)接地的地点不同。零线通常在低压配电室即变压器次极端接地,而保护地线则在靠近用电器端接地,两者之间有一定距离。

(2)流过零线与保护地线的电流大小不同。零线中有电流,即零线电压为 0、电流不为 0,零线中的电流为三条火线中电流的矢量和。在一般情况下,保护地线电压为 0、电流也为 0,只有当产生漏电或发生对地短路故障时,保护地线中才有电流。

(3)零线与火线及用电负载构成回路,保护地线不与任何部分构成回路,只为仪器的操作者提供一个与大地相同的等电位。因此零线和保护地线虽说都与大地相接,但不能把它们视为等电位,在同一幅电路图中不能使用相同的接地符号,在实验室里更不能把零线作为保护地线和测量参考点,了解这一点非常重要,否则会造成短路,在瞬间产生大电流,烧毁仪器、实验电路等。

了解零线与保护地线的区别是有实际意义的,因为在实验室内,要求所有一起使用的电子仪器,其外壳要连在一起并与大地相接,各种测量也都是以大地(保护地线)为参考点的,而不是零线。

1.3.3 电子仪器电源的引入及其信号线的连接

1. 电子仪器电源的引入

电子仪器中的电子器件只有在稳定的直流电压下才能正常工作。该直流电压通常是将动力电(220 V/50 Hz)经变压器降压后,再通过整流、滤波和稳压得到。

目前多采用三芯电源线将动力电引入电子仪器,其连接方式如图 1-3 所示。电源插头的中间插针与仪器的金属外壳连在一起,其他两针分别与变压器初级线圈的两端相连。这样,当把插头插在电源插座上时,通过电源线就把仪器外壳连到大地上,火线和零线也接到变压器的初级线圈上。当多台仪器一起使用并都采用三芯电源线时,这样通过电源线就能将所有的仪器外壳连在一起,并与大地相连。

2. 电子仪器的信号线连接

在使用的电子仪器中,有的是向外输出电量,称为电源或信号源;有的是对内输入电量,以便对其进行测量。不管是输入电量还是输出电量,仪器对外的联系都是通过接线柱或测量线插座来实现的。若用接线柱,通常将其中之一与仪器外壳直接相接并标上接地符号"⊥",该柱常用黑色,另一个与外壳绝缘并用红色。若用测量线插座实现对外联系,通常将插座的外层金属部分直接固定在仪器的金属外壳上,如图 1-3 所示。

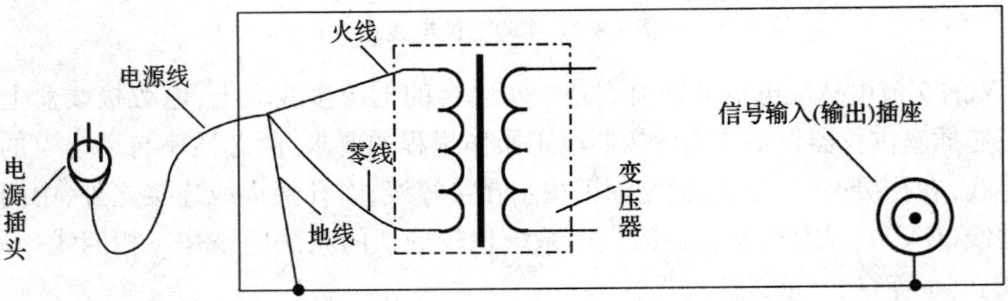

图 1-3 电源线、信号输入/输出线的连接

实验室使用的测量线大多数为 75 Ω 的同轴电缆线。一般电缆线的芯线接一个红色鳄鱼夹,网状屏蔽线接一个黑色鳄鱼夹,网状屏蔽线的另一端与测量线插头的外部金属部分相接。当把测量线插到插座上时,黑夹子线即和仪器外壳连在一起,也可以说,黑夹子线端就是接地点,因为仪器外壳是与大地相接的。由此可见,实验室的测量系统实际上均是以大地为参考点的测量系统。如果不想以大地为参考点,就必须把所有仪器改为两芯电源线,或者把三芯电源的接地线断开,否则就要采用隔离技术。

若使用两芯电源线，测量线的黑夹子线一端仍和仪器外壳连在一起，但外壳却不能通过电源线与大地连接，这种情况称为悬浮地。当测量仪器为悬浮地时，可以测量任意支路电压。当黑夹子接在参考点上时，测得的量为对地电位。

以上的讨论得出这样一个结论：信号源一旦采用三芯电源线，那么由它参与的系统就是一个以大地为参考点的系统，除非采取对地隔离（如使用变压器、光耦等）；测量仪器（如示波器、毫伏表）一旦采用三芯电源线，它就只能测量对地电位，而不能直接测量支路电压。因此，在所有仪器都使用三芯电源线的实验系统中，其黑夹子必须都接在同一点上，即所谓的“共地”，否则就会造成短路。

1.3.4 人身安全和仪器设备使用安全

进入实验室参加实验的学生必须了解安全用电的重大意义并遵守安全用电规程。安全用电指两个方面：一是人身安全；二是仪器安全。

由于实验室采用 220 V/50 Hz 的交流电，当人体直接与动力电的火线接触时就会遭到电击。一般安全电压为 36 V，超出该电压就可能对人体造成伤害。

每台仪器只有在额定的电压下才能正常工作。当电压过高或过低时都会影响仪器正常工作，甚至烧坏仪器。我国生产并在国内销售的电子仪器多采用 220 V 交流电，在一些进口或国内外销售的国产电子仪器中，有一个 220 V/110 V 电源选择开关，通电前一定要将此开关置于与供电电网电压相符的位置。另外，还要注意仪器用电的性质，即是交流电还是直流电，不能用错。若用直流供电，除电压幅度满足要求外，还要注意电源的正、负极性。

实验过程中，必须遵守实验室规程：

（1）严禁带电接线、拆线或改接线路。

（2）不准擅自接通电源。学生连接好实验线路后，必须经过指导教师检查允许后才能接通电源。接通电源或启动运转类设备时，应告知同组同学。

（3）通电后不允许人体触及任何带电部位，不得带电操作，以防发生触电事故。严格遵守“先接线、后通电”和“先断电、后拆线”的操作规程。

（4）实验过程中如果发生事故，应立即关断电源，保持现场，报告指导教师。

（5）不准任意搬动或调换实验室的仪器设备。非本次实验所用仪器设备，未经老师允许不能动用。没有弄懂仪器设备的使用方法前，不得贸然通电使用。若损坏仪器设备，必须立即报告教师。

1.3.5 实验线路的连接

（1）实验线路要布局合理，实验对象、仪器仪表之间保持一定距离，跨接导线长短等因素对实验结果的影响较小。

（2）连接顺序应视电路复杂程度和操作者技术熟练程度自定。对初学者来说，可参照原理图，按照信号的输入输出顺序一一对应接线为好。较复杂的电路，应先连接串联部分，后连接并联部分；同时考虑元器件、仪器仪表的同名端、极性和公共参考点等都应与电路原理图设定的位置一致，最后连接电源端。

（3）对连接好的电路，一定要认真细致地检查电路的连接，这是保证实验顺利进行、防止事故发生的重要环节。学生通过对线路的检查，既可以对电路连接再次实践，又可以获得建立电路原理图与实物安装图之间内在联系的训练机会。

1.4 电工测量概述

1.4.1 测量与测量单位的概念

1. 测量的概念

在生产、生活、科学研究及商品贸易中都需要测量。通过测量可以定量地认识客观事物,从而达到掌握事物的本质和揭示自然界规律的目的。英国物理学家汤姆逊说过:“每一件事只有当可以测量时才能被认识”。由此可以看出测量的重要意义。

测量是为了确定被测对象的量值而进行的实验过程,是人们借助专门的设备,将被测量作为测量单位的已知量相比较的过程。在比较的过程中,可以确定被测量的量是已知量的几倍或几分之几。测量的结果包括两部分:一是纯数量;二是单位名称。例如,测量某一电流,测量结果可写为 $I=1\ \text{A}$。一般而言,测量的结果可表示为

$$x = A_x k_0 \tag{1-1}$$

式中,x 是被测量;A_x 是测量得到的数字值,简称量值;k_0 为测量单位(也称基准单位),简称单位。

电工测量仪表中,有些电工仪表可以将比较的结果直接指示出来,如电流表、电压表、功率表等这类仪表称为电工测量指示仪表。除了电工测量指示仪表外,还有电桥、电位差计等仪表,它们是将被测量与同类单位量直接进行比较的仪表。

2. 测量单位制

测量时采用国际单位制(也称 SI 制)。国际单位制以实用单位制为基础,包括七个基本单位、两个辅助单位和其他导出单位。

七个基本单位分别是长度单位(米,m)、质量单位(千克,kg)、时间单位(秒,s)、电流单位(安培,A)、热力学单位(开尔文,K)、物质的量单位(摩尔,mol)和发光强度单位(坎德拉,cd)。

两个辅助单位分别是平面角单位(弧度,rad)和立体角单位(球面度,sr)。

其他所有物理单位都可以由七个基本单位导出,称为导出单位。电工电子测量常用的国际单位有电流(A)、电压(V)、功率(W)、频率(Hz)、阻值(Ω)、电感(H)、电容(F)、时间(s)。

1.4.2 基本测量方法

选择什么样的测量方法进行测量,首先取决于被测量的性质,其次要考虑测量条件和所提出的测量要求,这些因素就成了测量方法分类的依据。

1. 按测量方法分类

(1)直接测量法:将被测量与作为标准的量直接比较,或用已经有刻度的仪表进行测量,从而直接测得被测量的数值,即不必进行辅助计算就可直接得到被测量量值的测量方法称为直接测量法。例如用电压表测量电压,用欧姆表测量电阻等。

(2)间接测量法:利用测量的量与被测量之间的函数关系(公式、曲线、表格等),间接得到被测量量值的测量方法。如测量电阻上的功率 $P=U\cdot I=U^2/R$,可以通过测量电阻上的分压和电阻,计算其电阻上的功率。

2. 按被测量性质分类

(1)时域测量:又称为瞬态测量,主要测量被测量随时间变化的规律,被测量是时间的函数。如电压信号,可以用示波器观察其波形、测量瞬态量和幅值。

(2)频域测量:又称为稳态测量,主要测量被测量的幅频特性和相频特性,被测量是频率的函数。如用频率特性测试仪测量放大电路的幅频特性、相频特性。

(3)数据域测量:又称为逻辑量测量,是指用逻辑分析仪等设备测量数字量或电路的逻辑状态。

(4)随机测量:又称为统计测量,主要对各类噪声信号进行动态测量和统计分析。

1.4.3 测量误差的定义和分类

1. 测量误差的定义

只要进行测量,得到的测量值与真值之间就会产生误差,这是不可避免的。电工电子测量误差通常有绝对误差和相对误差两种形式。

(1)绝对误差:测量值 x 与被测量真值 x_0 间的偏差称为绝对误差 Δx,即 $\Delta x = x - x_0$。

测量值就是仪器的测出值,而真值虽然是客观存在的,但通常是得不到的,一般要用理论值或精度较高的仪器测量值代替。绝对误差与被测量具有相同的单位,并有正负之分。

(2)相对误差:绝对误差 Δx 与真值 x_0 的比值称为相对误差 γ。常用百分比表示

$$\gamma = \frac{\Delta x}{x_0} \cdot 100\% \tag{1-2}$$

绝对误差只能表示某个测量值的近似程度,但是两个大小不同的测量值,当它们的绝对误差相同时,准确程度并不相同。例如,在测 100 mV 的电压时,绝对误差为 1 mV,测 1 V 电压时的绝对误差是 10 mV,两个电压的绝对误差相差 10 倍,但它们的相对误差却是相同的。所以为了符合衡量测量值的准确程度,引入了相对误差的概念。

2. 测量误差分类

测量误差按其性质和特点,可分为系统误差、偶然误差(也称随机误差)和粗大误差。

(1)系统误差:在相同的测量条件下,多次测量同一个量时,误差的数值(大小和符号)均保持不变或按照某种确定性规律变化的误差称为系统误差。

系统误差通常是由测量器具、测量仪器和仪器本身的误差产生的。此外,由于测量方法不完善以及测量者不正确的测量习惯等产生的测量误差也称为系统误差。由于系统误差具有一定的规律性,因此可以根据误差产生的原因,采取一定的措施,设法消除或加以修正。

(2)偶然误差:又称随机误差。在测量中,由于某些偶然因素引起的误差称为偶然误差。

一次测量的随机误差没有规律,但是,对于大量的测量结果,从统计观点来看,随机误差的分布接近正态分布,只有极少数服从均匀分布或其他分布。因此,可以采用数理统计的方法来分析随机误差,用有限个测量数据来估计总体的数字特征。

(3)粗大误差:粗大误差是明显超过正常条件下的系统误差和随机误差的误差。

粗大误差通常是由测量人员的不正确操作或疏忽等原因引起的。凡是被确认含有粗大误差的测量数据均称为坏值,应该剔除不用。

1.4.4 测量的准确度、精密度及精确度

测量准确度是指被测量的测量值与其真值接近的程度。两者相对误差越小,测量值越

准确。精密度是指多次测量结果之间的差异程度，反映随机误差大小的程度。精密度和准确度是两个不同的概念，精密度高不等于准确度高，反之亦然。

精密度和准确度统称为精确度。通常说某仪器的精确度高，就是指它既精密又准确。

1.5 实验数据的记录和处理

1.5.1 数据的有效数字

在记录一个数字时，保留一位欠准确数字，其余数字为准确数字，称按此规定记录下来的数字为有效数字。记录有效数字时应注意以下几点：

(1)记录有效数字时，应只保留一位欠准确数字；

(2)除非另有规定，欠准确数字表示某位上有 ±1 个单位或者下一位有 ±5 个单位误差。例如4.2，末尾的 2 为欠准确数字，表示测量结果实际介于4.15 与4.25 之间；

(3)有效数字的位数与小数点无关，例如1 234，1.234，12.34 都是四位有效数字；

(4)“0”在数字之间或者在数字的末尾算作有效数字，例如 0.012 为两位有效数字；5.50为三位有效数字，末尾的 0 为欠准确数字；

(5)遇到大数值与小数值时，很难说后面的“0”是有效数字还是非有效数字，因此必须使用 10 的幂次，如 1 200 Hz 可写成 1.2 kHz，有效数字为两位；

(6)表示误差时，一般情况下只取一位有效数字，最多取两位有效数字如 ±1%，±5%。

1.5.2 实验数据的处理

当有效数字的位数确定后，其余数字应一律舍去。传统方法采用“四舍五入”法，现已广泛采用“小于 5 舍，大于 5 入，等于 5 时，前偶则舍，前奇则入”的方法。例如 12.450 取三位有效数字时，由于被舍去的第一位数为5，而5 前面的数为偶数，则5 及5 后面的数舍去，5 前面的数不加 1，故为 12.4；而 12.350 取三位有效数字，由于 5 前面的数为奇数，故 5 前面的数加 1，为 12.4。

1.5.3 测量结果的曲线处理

在分析多个物理量之间的关系时，与用数字、公式表示比较，用曲线表示更形象和直观，因此测量结果常要用曲线来表示。在实际测量过程中，由于各种误差的影响，测值数据将出现离散现象，如将测量点直接连接起来将不是一条光滑的曲线，而是呈折线状，如图 1－4 所示。

应用有关误差理论，可以把各种随机因素引起的曲线波动抹平，使其成为一条光滑均匀的曲线，这个过程称为曲线的修匀。在要求不太高的测量中，常采用一种简便、可行的工程方法——分组平均法来修匀曲线，这种方法是将各测量点分成若干组，每组含 2～4 个数据点，然后分别估取各组的几何重心，再将这些重心连接起来。如图 1－5 所示，就是每组取 2～4 个数据点进行平均后的修匀曲线。这条曲线由于进行了测量点的平均，在一定程度上减少了偶然误差的影响，较为符合实际情况。在曲线斜率大和变化规律重要的地方，测量点适当选密些，分组数目也适当多些，以确保准确。

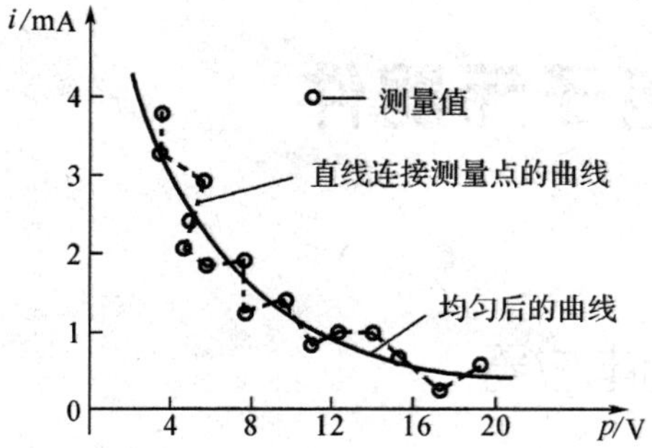

图 1－4 直线连接测量点时曲线的波动情况

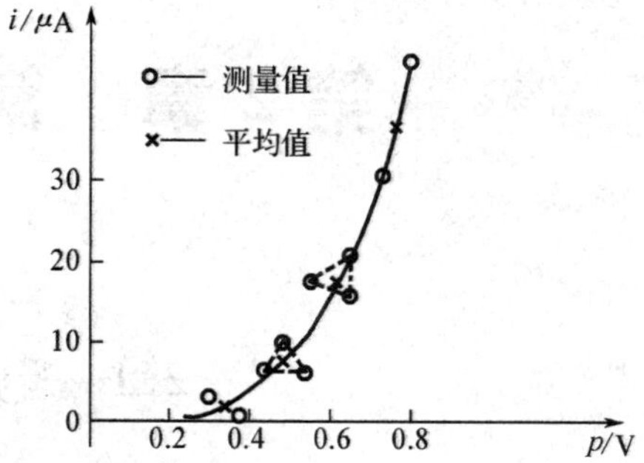

图 1－5 分组平均法修匀曲线

第2章　常用电子元器件

2.1　电阻器与电位器

2.1.1　电阻器

1. 电阻器的定义、功能及分类

导电体对电流的阻碍作用称为电阻，常用符号 R 表示，单位为欧姆、千欧、兆欧，分别用 Ω，kΩ，MΩ 表示，进率为 10^3。

电阻在电路中的主要作用为分流、限流、分压、偏置等。当电流流过电阻器时，它会消耗电能而发热，因此电阻是一种耗能元件。

电阻器的种类很多，按其使用功能可分为固定电阻器、可变电阻器和特殊电阻器。固定电阻器的电阻值是固定不变的，可变电阻器的电阻值可在一定范围内调节改变，特殊电阻器的阻值是随外界条件（如温度、压力、光线等）的变化而变化的。

按制造工艺和材料，电阻器可分为合金型、薄膜型和合成型，其中薄膜型又分为碳膜、金属膜和金属氧化膜等。

按用途，电阻器可分为通用型、精密型、高阻型、高压型、高频无感型和特殊电阻。其中特殊电阻又分为光敏电阻、热敏电阻、压敏电阻等。

对于国产电阻器，一般习惯用汉语拼音的第一个字母来表示电阻器的制作材料，如 RT 表示碳膜电阻器，RJ 表示金属膜电阻器，RX 表示线绕电阻器，等等。

2. 电阻器阻值标识方法

（1）直标法：用数字和单位符号在电阻器表面标出阻值，其允许误差直接用百分数表示，若电阻上未注偏差，则均为 ±20%。

（2）文字符号法：用阿拉伯数字和文字符号有规律地组合来表示标称阻值，其允许偏差也用文字符号表示，如表 2－1 所示。符号前面的数字表示整数阻值，后面的数字依次表示第一位小数阻值和第二位小数阻值。

表 2－1　允许误差的文字符号

文字符号	D	F	G	J	K	M
允许偏差	±0.5%	±1%	±2%	±5%	±10%	±20%

（3）色标法：用不同颜色的带或点在电阻器表面标出标称阻值和允许偏差。国外电阻器大部分采用色标法。色码对应的数值如表 2－2 所示。

表 2－2 色码对应的数值

颜色	黑	棕	红	橙	黄	绿	蓝	紫	灰	白	金	银	无色
有效数字	0	1	2	3	4	5	6	7	8	9	—	—	—
倍率	10^0	10^1	10^2	10^3	10^4	10^5	10^6	10^7	10^8	10^9	10^{-1}	10^{-2}	—
允许偏差/±%	—	1	2	—	—	0.5	0.25	0.1	—	—	5	10	20

普通电阻器用四条色环表示标称阻值和允许偏差,其中三条表示阻值,一条表示偏差,如图 2－1(a)所示。精密电阻器用五条色环表示标称阻值和允许偏差,如图 2－1(b)所示。

识别一个色环电阻器的标称值和精度,首先要确定首环和尾环(精度环)。首、尾环确定后,就可按照每道色环所代表的意义读出标称值和精度。

按照色环的印制规定,离电阻器端边最近的为首环,较远的为尾环。当电阻为四环时,最后一环必为金色或银色。五色环电阻器中,尾环的宽度是其他环的 1.5～2 倍。

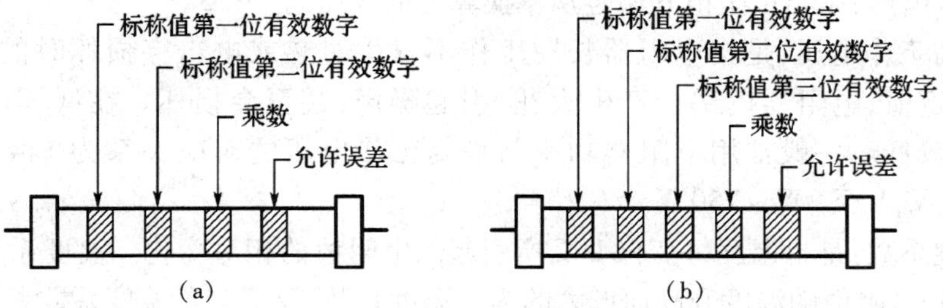

图 2－1 电阻器色码标志示意图

(a)四色环电阻示意图;(b)五色环电阻示意图

例 1:一只电阻器的色环按顺序为红、黄、棕、金色,则其标称值为 240 Ω,允许误差为 ±5%。

例 2:一只电阻器的色环按顺序为蓝、灰、黑、橙、紫色,则其标称值为 680 kΩ,允许误差为 ±0.1%。

3. 电阻器的主要性能参数

(1)标称阻值:电阻器体表面所标示的阻值称为标称阻值。

(2)允许误差:标称阻值与实际阻值的差值与标称阻值之比的百分数称为阻值偏差,表示电阻器的精度。允许误差与精度等级对应关系如表 2－3 所示。

表 2－3 允许误差等级

级别	005	01	02	Ⅰ	Ⅱ	Ⅲ
允许误差	0.5%	1%	2%	5%	10%	20%

(3)标称额定功率:是指在正常的大气压力(90 kPa～106.6 kPa)及环境温度为－55 ℃～＋70 ℃的条件下,电阻器长期工作所允许耗散的最大功率。

电阻器供电工作时,把吸收的电能转换成热能,并使自身温度升高。如果温升速率大于热扩散率,会因温度过高将电阻器烧毁。因此,在选用电阻时应使其额定功率高于电路实际要求的1.5 ~2 倍。表2 -4 所示为常用碳膜和金属膜电阻器外形尺寸及额定功率的关系。

表2 -4　常用碳膜和金属膜电阻器外形尺寸及额定功率的关系

额定功率/W	碳膜电阻器(RT)		金属膜电阻器(RJ)	
	长度/mm	直径/mm	长度/mm	直径/mm
1/8	11	3.9	6 ~ 8	2 ~ 2.5
1/4	18.5	5.5	7 ~ 8.3	2.5 ~ 2.9
1/2	28.0	5.5	10.8	4.2
1	30.5	7.2	13.0	6.6
2	48.5	9.5	18.5	8.6

(4)额定电压:是指由阻值和额定功率换算出的电压。

(5)最高工作电压:是指电阻器长期工作不发生过热或电击穿损坏时的电压。如果电压超过规定值,电阻器内部会产生火花,引起噪声,甚至会损坏。在低气压工作时,最高工作电压较低。一般常用电阻器功率与最高工作电压的对应关系为1/4 W ~ 250 V;1/2 W ~ 500 V;1 至2W ~ 750 V。

(6)温度系数:是指温度每变化1 ℃所引起的电阻值的相对变化。温度系数越小,电阻的稳定性越好。阻值随温度升高而增大的为正温度系数,反之为负温度系数。

(7)老化系数:是指电阻器在额定功率长期负荷下,阻值相对变化的百分数,它是表示电阻器寿命长短的参数。

(8)电压系数:是指在规定的电压范围内,电压每变化1 V,电阻器的相对变化量。

(9)噪声电动势:是指产生于电阻器中的一种不规则的电压起伏,包括热噪声和电流噪声两部分。热噪声是由于导体内部不规则的电子自由运动,使导体任意两点的电压不规则变化。电阻器的噪声电动势在一般电路中可以不考虑,但在弱信号系统中不可忽视。

2.1.2　电位器

1. 电位器的定义、功能及分类

电位器是一种连续可调的电阻器,它靠一个活动点(电刷)在电阻体上滑动,可以获得与转角(或位移)成一定关系的电阻值。

电位器的主要作用是通过调节电压和电流实现电子设备中的参量控制。例如,收音机中的音量调节,电视机中的亮度、对比度调节就是通过调节电位器实现的。

电位器种类繁多,按电阻体的材料可分为合成膜电位器、金属膜电位器、氧化膜电位器等;按调节方式可分为旋转式电位器和直滑式电位器;按组合形式可分为单联电位器和多联式(同轴、异轴式)电位器。

2. 电位器的主要性能参数

(1)标称阻值(最大阻值)与零位电阻:标称电阻是标在产品上的名义电阻,其系列与电阻的系列类似;零位电阻是电位器的活动点位于始末端时,活动电刷与始末端之间存在的接触电阻,此阻值不为零,而是电位器的最小阻值。

(2)阻值变化特性:电位器的阻值变化特性是指当旋转滑动片触点时,阻值随之变化的关系。常用的电位器有直线式(分压电路)、指数式(音量控制)、对数式(音调控制)。

使用时,直线式电位器适用于分压器,指数式电位器适用于收音机、录音机、电视机中的音量控制器,对数式电位器适用于音调控制。

(3)分辨力:分辨力是输出量调节的精细程度的指标。

电位器的其他性能指标与电阻器相同,这里不再赘述。

2.2 电 容 器

2.2.1 电容器的定义、分类及特点

电容器是由两个相互靠近的导体与中间所夹一层不导电的绝缘介质构成的。这两个导体为电容器的电极,具有储存电荷的能力以及把电能转换成电场能并储存起来,具有充放电特性和隔直流通交流的能力。

电容量表示电容器的容量大小,指一个导电极板上的电荷量与两块极板之间的电位差的比值。电容 C 的单位为法拉(F)。通常采用微法(μF)、纳法(nF)、皮法(pF)作为电容的单位,其换算关系为 $1\ F = 10^6\ \mu F = 10^9 nF = 10^{12} pF$。

在电路中,电容器主要用于调谐、滤波、耦合、旁路、能量转换和延时等。

按其结构,电容器可分为固定电容器、半可变电容器、可变电容器三种。按介质材料,电容器可分为有机介质、无机介质、气体介质和电解质电容器等。

2.2.2 电容器的标注方法

电容器的标识方法与电阻的标识方法基本相同,分直标法、色标法和数标法三种。

1. 直标法

直标法是用字母或数字将电容器有关的参数标注在电容器表面上。对于体积较大的电容器,可标注材料、标称值、单位、允许误差和额定工作电压,或只标注标称容量和额定工作电压;而对于体积较小的电容器,则只标注容量和单位,有时只标注容量不标注单位,此时规定当数字大于1时单位为 pF,小于1时单位为 μF,例如0.22表示0.22 μF,51表示51 pF。

国产电容器的命名一般由下列四部分组成:第一部分为主称、第二部分为材料、第三部分为分类特征、第四部分为序号,其型号及意义如表2-5所示。

例如 CJX250 0.33 ±10%,表示金属纸介小型电容器,容量为0.33 μF,允许误差±10%,额定工作电压250 V。

2. 色标法

色标法与电阻器的色环表示法类似,颜色涂于电容器的一端或从顶端向引线排列。色码一般只有三种颜色,前两环为有效数字,第三环为倍率,单位为 pF。有时色环较宽,如红红橙,两个红色环涂成一个宽的,表示22 000 pF。

表 2-5　电容器型号命名方法

第一部分		第二部分		第三部分		第四部分
用字母表示主称		用字母表示材料		用数字或字母表示特征		序号
符号	意义	符号	意义	符号	意义	
C	电容器	C	瓷介	T	铁电	包括品种、尺寸、代号、温度特性、直流工作电压、标称值、允许误差、标准代号
		I	玻璃釉	W	微调	
		O	玻璃膜	J	金属化	
		Y	云母	X	小型	
		V	云母纸	S	独石	
		Z	纸介	D	低压	
		J	金属化纸	M	密封	
		B	聚苯乙烯	Y	高压	
		F	聚四氟乙烯	C	穿心式	
		L	涤纶			
		S	聚碳酸酯			
		Q	漆膜			
		H	纸膜复合			
		D	铝电解			
		A	钽电解			
		G	金属电解			
		N	铌电解			
		T	钛电解			
		M	压敏			
		E	其他材料			

3. 数标法

(1)使用单位 n，例如 4n7 表示 4.7 nF(4 700 pF)、10n 表示 0.01 μF、33n 表示 0.033 μF。

(2)使用三位数字表示容量大小，前两位表示有效数字，第三位数字是倍率，表 2-6 所示为允许误差所对应的符号。

例如：102 表示 10×10^2 pF = 1 000 pF，224 表示 22×10^4 pF = 0.22 μF。

表 2-6　允许误差的符号

符　号	F	G	J	K	L	M
允许误差	±1%	±2%	±5%	±10%	±15%	±20%

例如：一瓷片电容为 104 J 表示容量为 0.1 μF、误差为 ±5%。

2.2.3　电容器的选用

电容器在电路中实际要承受的电压不能超过它的耐压值。在滤波电路中，电容的耐压值不要小于交流有效值的 1.42 倍。使用电解电容的时候，还要注意正负极不要接反。

不同电路应该选用不同种类的电容。谐振回路可以选用云母、高频陶瓷电容；隔直流可以选用纸介、涤纶、云母、电解、陶瓷等电容；滤波可以选用电解电容；旁路可以选用涤纶、纸介、陶瓷、电解等电容。

电容在装入电路前要检查它有没有短路、断路和漏电等现象，并且核对它的电容值。安装的时候，要使电容的类别、容量、耐压等符号容易看到，以便核实。

2.2.4 电容器的主要性能参数

1. 标称容量和允许误差

电容器储存电荷的能力，常用的单位是 F，μF，pF。电容器上标有的电容数是电容器的标称容量。电容器的标称容量和它的实际容量会有误差。常用固定电容的标称容量系列如表 2－7 所示。常用固定电容允许误差等级分为三级：Ⅰ级为 ±5%，Ⅱ级为 ±10%，Ⅲ级为 ±20%。

表 2－7 常用固定电容的标称容量系列

电容类别	允许误差	容量范围	标称容量系列
纸介电容、金属化纸介电容、纸膜复合介质电容、低频（有极性）有机薄膜介质电容	5% ±10% ±20%	100 pF ~ 1 μF	1.0，1.5，2.2，3.3，4.7，6.8
		1 μF ~ 100 μF	1，2，4，6，8，10，15，20，30，50，60，80，100
高频（无极性）有机薄膜介质电容、瓷介电容、玻璃釉电容、云母电容	5%	1 pF ~ 1 μF	1.1，1.2，1.3，1.5，1.6，1.8，2.0，2.4，2.7，3.0，3.3，3.6，3.9，4.3，4.7，5.1，5.6，6.2，6.8，7.5，8.2，9.1
	10%		1.0，1.2，1.5，1.8，2.2，2.7，3.3，3.9，4.7，5.6，6.8，8.2
	20%		1.0 1.5 2.2 3.3 4.7 6.8
铝、钽、铌、钛电解电容	10% ±20% －20% ~ ＋50% －10% ~ ＋100%	1 μF ~ 1 000 000 μF	1.0，1.5，2.2，3.3，4.7，6.8 （容量单位 μF）

2. 额定工作电压

在规定的工作温度范围内，电容长期可靠地工作，它能承受的最大直流电压就是电容的耐压，也叫做电容的直流工作电压。如果在交流电路中，要注意所加的交流电压最大值不能超过电容的直流工作电压值。常用的固定电容工作电压有 6.3 V，10 V，16 V，25 V，50 V，63 V，100 V，250 V，400 V，500 V，630 V，1 000 V。

3. 绝缘电阻

由于电容两极之间的介质不是绝对的绝缘体，它的电阻不是无限大，而是一个有限的数值，一般在 1 000 MΩ 以上，电容两极之间的电阻叫做绝缘电阻，或者叫做漏电电阻，大小是额定工作电压下的直流电压与通过电容的漏电流的比值。漏电电阻越小，漏电越严重。电容漏电会引起能量损耗，这种损耗不仅影响电容的寿命，而且会影响电路的工作。因此，漏电电阻越大越好。

4. 介质损耗

电容器在电场作用下消耗的能量，通常用损耗功率和电容器的无功功率之比，即损耗角的正切值表示。损耗角越大,电容器的损耗越大,损耗角大的电容不适于高频情况下工作。

2.2.5 电容器检测的一般方法

1. 固定电容器的检测

对于10 pF以下的小电容,因其固定电容器容量太小,用万用表进行测量,只能定性地检查其是否有漏电、内部短路或击穿现象。测量时,可选用万用表 $R\times10$ k挡,用两表笔分别任意接电容的两个引脚,阻值应为无穷大。若测出阻值(指针向右摆动)为零,则说明电容漏电损坏或内部击穿。

对于10 pF~0.01 μF固定电容器,检测是否有充电现象进而判断其好坏。万用表选用 $R\times1$ k挡,并选用两只 β 值均为100以上、且穿透电流小的三极管(例如3DG6型号硅三极管)组成复合管,将万用表的红和黑表笔分别与复合管的发射极E和集电极C相接、电容接在基极B和集电极C之间。由于复合三极管的放大作用,把被测电容的充放电过程予以放大,使万用表指针摆幅度加大,从而便于观察。测较小容量的电容时,要反复调换被测电容引脚接点,才能明显地看到万用表指针的摆动。

对于0.01 μF以上的固定电容,可用万用表的 $R\times10$ k挡直接测试电容器有无充电过程以及有无内部短路或漏电现象,并可根据指针向右摆动的幅度大小估计出电容器的容量。

2. 电解电容器的检测

使用万用表电阻挡,采用给电解电容进行正、反向充电的方法,根据指针向右摆动幅度的大小,可估测出电解电容的容量。因为电解电容的容量较一般固定电容大得多,所以测量时应针对不同容量选用合适的量程。根据经验,一般情况下,1 μF~47 μF间的电容,可用 $R\times1$ k挡测量,大于47 μF的电容可用 $R\times100$ 挡测量。

将万用表红表笔接负极,黑表笔接正极,在刚接触的瞬间,万用表指针即向右偏转较大幅度(对于同一电阻挡,容量越大,摆幅越大),接着逐渐向左回转,直到停在某一位置。此时的阻值便是电解电容的正向漏电阻,此值略大于反向漏电阻。实际使用经验表明,电解电容的漏电阻一般应在几百千欧以上,否则将不能正常工作。在测试中,若正向、反向均无充电的现象,即表针不动,则说明容量消失或内部断路;如果所测阻值很小或为零,说明电容漏电大或已击穿损坏,不能再使用。

对于正、负极标志不明的电解电容器,可利用上述测量漏电阻的方法加以判别。即先任意测一下漏电阻,记住其大小,然后交换表笔再测出一个阻值。两次测量中阻值大的那一次便是正向接法,即黑表笔接的是正极,红表笔接的是负极。

3. 可变电容器的检测

用手轻轻旋动转轴,应感觉十分平滑,不应感觉有时松有时紧甚至有卡滞现象。将转轴向前、后、上、下、左、右等各个方向推动时,不应有松动的现象。用一只手旋动转轴,另一只手轻摸动片组的外缘,不应感觉有任何松脱现象。转轴与动片之间接触不良的可变电容器是不能再继续使用的。

将万用表置于 $R\times10$ k挡,一只手将两个表笔分别接可变电容器的动片和定片的引出端,另一只手将转轴缓缓旋动几个来回,万用表指针都应在无穷大位置不动。在旋动转轴的过程中,如果指针有时指向零,说明动片和定片之间存在短路点;如果碰到某一角度,万用表读数不为无穷大而是出现一定阻值,说明可变电容器动片与定片之间存在漏电现象。

2.3 电 感 器

2.3.1 电感器的定义、功能及分类

电感器又称电感线圈或扼流器,是将绝缘的导线在绝缘的骨架上绕一定的圈数制成的。导线彼此互相绝缘,而绝缘管可以是空心的,也可以包含铁芯或磁粉芯,简称电感。电感器是一种储能元件,它能把电能转变为磁场能,并在磁场中储存能量。电感器用符号 L 表示,基本单位是亨利,简称为亨,用 H 表示。电感量的单位也可以用毫亨(mH),微亨(μH)作为单位,它们之间的换算关系是

$$1\ \text{H} = 10^3\ \text{mH} = 10^6\ \mu\text{H}$$

电感器具有通直流、阻交流的特性,在电路中主要用于选频、滤波、延迟等。

电感器的种类很多,可按不同的方式分类。按结构可分为空芯电感器、磁芯电感器、铁芯电感器;按工作参数可分为固定式电感器、可变电感器。在电路中常用的变压器、阻流圈、偏转线圈、天线线圈、中周等,都属电感器。

2.3.2 电感器的主要性能参数

1. 电感量

电感量(自感系数、自感、电感)是线圈本身固有特性,反映电感线圈存储磁场能的能力,也反映电感器通过变化电流时产生感应电动势的能力。主要取决于线圈的圈数、结构及绕制方法等,与电流大小无关,单位为亨(H),是电感器最主要的参数。电感量的大小和线圈的直径、线圈的匝数、绕制方式、有无磁芯材料等有关。通常线圈的匝数越多,绕制越密,电感量就越大。

2. 品质因数

线圈中储存能量与耗损能量的比值称为品质因数(Q 值)。Q 值越高,损耗功率越小,电路效率越高,选择性越好。

3. 额定电流

额定电流是指线圈中允许通过的最大电流。若工作电流超过额定电流,则电感器会因发热使其性能参数发生改变,甚至还会因过流而烧毁。

4. 分布电容

电感线圈圈匝与圈匝之间、线圈与底座之间均存在分布电容。分布电容的存在,会使电感的工作频率受到限制,并使电感线圈的 Q 值下降。

5. 稳定性

电感器的稳定性是指其电感量随温度、湿度等变化的程度。

2.4 变 压 器

2.4.1 变压器的定义、功能及分类

变压器是电路中常用的一种器件,可以对交流电(或信号)进行电压变换、信号耦合、能

量传递、阻抗变换、隔离等,因此在电力传输、电子设备中应用十分广泛。

变压器是利用电磁感应原理,即利用两个线圈之间存在的互感原理制成的。一般由铁芯和线圈两部分组成,线圈有两个或更多的绕组,接电源的绕组叫初级线圈,其余的绕组叫次级线圈。

变压器的种类繁多,按用途可分为电源变压器、音频变压器、脉冲变压器、隔离变压器、级间耦合变压器、自耦变压器和调压变压器等;按磁芯材料可分为铁芯变压器、铁氧体芯变压器和空芯变压器几种。一般铁芯变压器用于低频及中频电路中,铁氧体芯变压器和空芯变压器则用于中高频电路中。

2.4.2 变压器的主要性能参数

1. 变压比

变压比是指初级电压与次级电压的比值。

2. 额定功率

额定功率是指在规定的频率和电压下,长期工作而不超过规定温升的输出功率。

3. 效率

效率是指输出功率与输入功率的比值,它反映了变压器的自身损耗。

4. 空载电流

空载电流是指变压器在工作电压下,次级开路时,初级线圈流过的电流。空载电流大的变压器损耗大、效率低。

5. 绝缘电阻

绝缘电阻是指各绕组间,各绕组与铁芯间的电阻。

6. 抗电强度

抗电强度是指在规定时间内变压器可承受的电压。

7. 温升

温升是指变压器通电工作发热后,温度上升到稳定时,比周围环境温度升高的数值。

2.5 继 电 器

2.5.1 继电器的作用和分类

继电器是利用电磁原理、机电原理等实现自动接通一个或一组触点的一种控制器件。它可以实现以弱电控制强电,在电路中主要用来实现自动操作、自动调节、自动安全保护等。继电器的图形符号如图 2-2 所示。

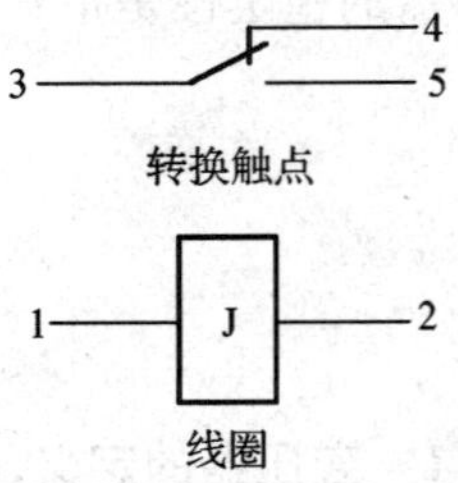

图 2-2　继电器线圈和转换触点符号

继电器的种类很多,常用的有电磁式继电器、舌簧式继电器和固态继电器。

电磁式继电器是使用最早、应用最广泛的一种,电磁式继电器由一个线圈和一组或几组带触点的簧片开关组成。这些簧片的通、断受线圈通电时产生的电磁力控制。线圈通电时接通的触点构成常开触点,线圈通电时断开的触点构成常闭触点。

舌簧继电器由线圈和舌簧管组成。当线圈中通过电流时,在舌簧周围会产生磁场,使舌簧管中的舌簧片被极化,相互吸引,使舌簧片闭合,接点连通。当线圈断电时,由于舌簧本身有弹性,会使接点弹开。

固态继电器简称SSR,是一种采用光耦合器件和半导体器件等电子电路组成的无触点开关,具有控制灵活、寿命长、防爆等优点,在自动控制等领域得到广泛的应用。基本的固态继电器有直流型和交流型两种。

2.5.2 继电器主要参数

1. 工作电压

线圈所加电压一般为直流(DC),有6 V,9 V,12 V,15 V,18 V,24 V等值。当线圈两端电压与工作电压相符时,能可靠地将簧片吸起,实现通、断转换;若线圈两端电压比工作电压低很多,即使线圈中有一小电流,也会因产生磁力不够,不能实现通、断转换。

2. 开启电压

能使簧片吸起的最小电压称为开启电压,开启电压虽然能将簧片吸起,但并不可靠,也容易损坏触点,因此工作电压一定要大于开启电压。

3. 释放电压

线圈通电将簧片吸起后,降低线圈两端电压到一定值时,簧片才能落下。使簧片恢复到常闭点位置的最大电压称为释放电压。一般释放电压比开启电压小得多,即继电器的开启与释放并不是同一个电压值。

4. 线圈电阻

线圈电阻是指线圈的直流电阻。当继电器的工作电压已知时,可由线圈电阻求出线圈中的电流。

5. 触点功率

触点功率是指开关触点能承受的电压和电流值。如某继电器标有"3A28VDC"表示该继电器可以用来控制最大电流3 A、最高电压28 V的直流电;如某继电器标有"3A120VAC"表示可以用来控制最大电流3 A、最高电压120 V的交流电。超出此值,簧片在吸合、落下的过程中产生的电弧会对触点造成损坏。

2.6 晶体二极管

2.6.1 二极管的结构、特性及分类

晶体二极管简称二极管,是用半导体单晶材料制成的半导体器件,由PN结、接触电极引出线、封装外壳三部分组成,其核心部件是PN结。一般将P区的引出线称为阳极(正极),N区的引出线称为阴极(负极),如图2-3(a)所示。普通二极管的图形符号如图2-3(b)所示。

二极管的主要特性是单向导电性,也就是在正向电压的作用下,导通电阻很小;而在反向电压作用下导通电阻极大或无穷大。正因为二极管具有上述特性,电路中常把它用在整

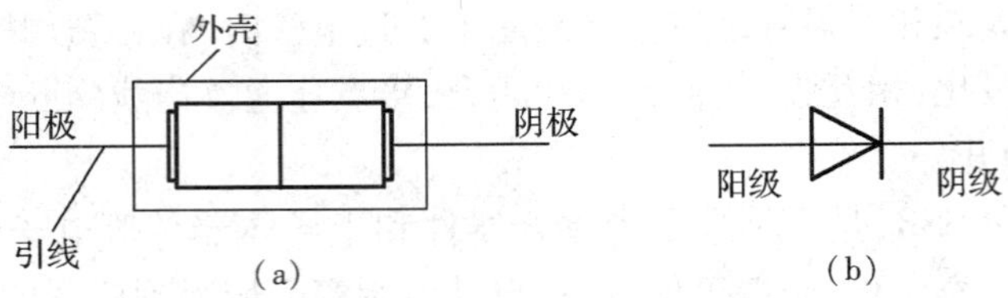

图 2-3　二极管的结构与符号

(a)二极管的结构;(b)二极管的符号

流、隔离、稳压、极性保护、编码控制、调频调制等电路中。

二极管种类有很多,有多种分类方法。按照半导体材料可分为锗二极管(Ge 管)和硅二极管(Si 管)。

按内部结构不同,二极管可分为点接触型二极管和面接触型二极管。点接触型二极管主要用于检波和变频等高频电路;面接触型二极管主要用于大电流整流电路。

按二极管的作用可分为检波二极管、整流二极管、稳压二极管、变容二极管、开关二极管、发光二极管等。

2.6.2　常用的晶体二极管

1. 检波二极管

检波二极管一般是锗材料点接触型二极管,常用于检波(解调)电路将音频信号或视频信号从高频信号(无线电波)中分离出来,常用的检波二极管有 2AP 系列。除用于检波外,检波二极管还能够用于限幅、削波、调制、混频、开关等电路。

2. 整流二极管

整流二极管由硅半导体材料制成,用于整流电路,常用的有 IN400 系列。

3. 稳压二极管

稳压二极管是利用二极管反向击穿时,其两端的电压基本保持不变。这样,当把稳压管接入电路以后,若由于电源电压发生波动,或其他原因造成电路中各点电压变动时,负载两端的电压将基本保持不变。稳压二极管在使用时要加反向电压,并且需要串联一个限流电阻,以防电流过大损坏二极管。

4. 变容二极管

变容二极管是根据普通二极管内部 PN 结的结电容能随外加反向电压的变化而变化这一原理专门设计出来的一种特殊二极管,外加反向电压越小,电容越大,反向电压越大,电容越小。变容二极管常用于高频调制电路,实现低频信号调制到高频信号上,并发射出去。

5. 开关二极管

开关二极管是利用二极管的单向导电性,对电流进行通、断控制的特殊二极管,特点是开关速度快、体积小、寿命长、可靠性高,广泛用于自动控制电路中。

6. 发光二极管

发光二极管(LED)一般用磷化镓、磷砷化镓材料制成,体积小,正向驱动发光。发光二极管的工作电压一般为 1.5 V 左右,电流一般小于 20 mA。

2.6.3 二极管识别与检测

二极管的识别很简单,小功率二极管的N极(负极),在二极管外表大多采用一种色圈标出来,有些二极管也用二极管专用符号来表示P极(正极)或N极(负极),也有采用符号标志为"P","N"来确定二极管极性的。发光二极管的正负极可从引脚长短来识别,长脚为正,短脚为负。

用数字式万用表去测二极管时,红表笔接二极管的正极,黑表笔接二极管的负极,若二极管是好的,表上显示值是二极管的正向直流压降,锗管的正向直流压降为0.2 V~0.3 V,硅管的正向直流压降为0.6 V~0.7 V,若红表笔接负极,黑表笔接正极,则数字式万用表显示值为"1"。

2.7 晶体三极管

晶体三极管也称半导体三极管,简称三极管,是一种电流控制电流的半导体器件,是电子电路中最重要的器件。因为在其内部有两种载流子(空穴和电子)参与器件的工作过程,所以称为双极型三极管。

2.7.1 晶体三极管的结构、特性及分类

如图2-4所示,晶体三极管内部含有两个PN结。一个叫发射结,一个叫集电结,它们将三极管分为三个区,分别是发射区、基区、集电区。由三个区分别引出三个电极,它们是发射极、基极、集电极。晶体管分NPN型和PNP型两种。

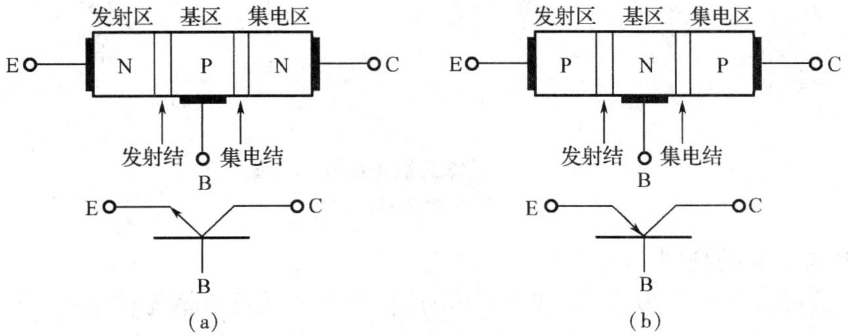

图2-4 三极管结构及符号

(a)NPN型三极管结构及符号;(b)PNP型三极管结构及符号

三极管一般以功率、频率分类。按频率分,可分为低频、高频和超高频三类;按功率分,一般可分为小功率、中功率和大功率三类。在使用中功率和大功率的晶体管时,为达到要求的输出功率,一般要加散热片。

2.7.2 晶体三极管的主要参数

1. 共发射极电流放大倍数 $h_{FE}(\beta)$

共发射极电流放大倍数是指在额定的集电极电压 U_{CE} 和集电极电流 I_C 的情况下,集电

极电流和基极电流之比,即

$$h_{FE} = \frac{I_C}{I_B}$$

h_{FE}是三极管的主要参数之一,通常在手册中都会给出。

2. 最大允许电压

最大允许电压指三极管所能承受的反向击穿电压。在实际使用时,不能超过此电压值,否则将会产生反向击穿,造成电路工作不正常,甚至损坏管子。

3. 集电极最大允许工作电流 I_{CM}

I_{CM}指集电极电流的最大值,使用时不应超过此值。

4. 集电极最大允许耗散功率 P_{CM}

P_{CM}集电极电流通过集电结时所允许产生的最大功耗,三极管在实际使用时,其功耗不能超过此值。

5. 特征频率 f_T

频率增高到一定值后,β 开始下降。使 $\beta = 1$ 时的频率称为特征频率,此时三极管的电流放大能力为0。

2.7.3 三极管管脚和类型检测

可以把晶体三极管的结构看作是两个背靠背的PN结,对于NPN型三极管,其基极是两个PN结的公共阳极,对PNP型三极管,其基极是两个PN结的公共阴极,如图2-5所示。

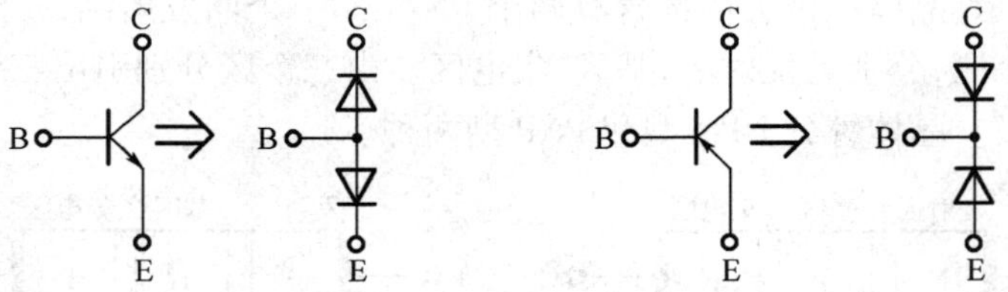

(a) (b)

图2-5 晶体三极管结构示意图

(a)NPN型;(b)PNP型

1. 管型与基极的判别

万用表量程置 $R\times1$k 电阻挡(或 $R\times100$),将万用表任意表笔先接触某一个电极(假定的公共极,即基极),另一表笔接触其他两个电极,当两次测得的电阻均很小(或均很大),则前者所接电极就是基极,如两次测得的阻值一大一小,相差很多,则前者假定的基极有错,应更换其他电极重测。

根据上述方法,可以找出公共极,该公共极就是基极B,若公共极是阳极,该管属NPN型管,反之则是PNP型管。

2. 发射极与集电极的判别

为使三极管具有电流放大作用,发射结需加正偏置,集电结加反偏置,如图2-6所示。

当三极管基极B确定后,便可判别集电极C

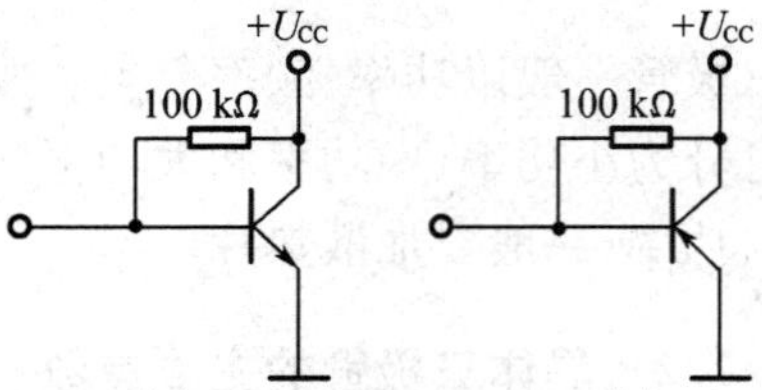

(a) (b)

图2-6 晶体三极管的偏置情况

(a)NPN型;(b)PNP型

和发射极 E,同时还可以大致了解穿透电流 I_{CEO} 和电流放大系数的大小。

以 PNP 型管为例,若用红表笔(对应表内电池的负极)接集电极 C,黑表笔接 E 极,(相当 C、E 极间电源正确接法),如图 2-7 所示,这时万用表指针摆动很小,它所指示的电阻值反映管子穿透电流 I_{CEO} 的大小(电阻值大,表示 I_{CEO} 小)。如果在 C,B 间跨接一只 $R_B = 100\ k\Omega$ 电阻,此时万用表指针将有较大摆动,它指示的电阻值较小,反映了集电极电流 $I_C = I_{CEO} + \beta I_B$ 的大小。且电阻值减小愈多表示愈大。如果 C,E 极接反(相当于 C-E 间电源极性反接),则三极管处于倒置工作状态,此时电流放大系数很小,一般情况下小于 1,于是万用表指针摆动很小。因此,比较 C-E 极两种不同电源极性接法,便可判断 C 极和 E 极了。同时还可大致了解穿透电流 I_{CEO} 和电流放大系数 β 的大小,如果万用表上有 h_{FE} 插孔,可直接利用 h_{FE} 来测量电流放大系数 β。

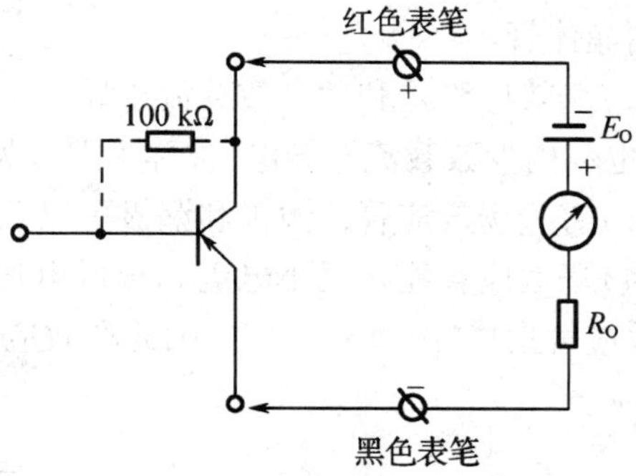

图 2-7 晶体三极管集电极 C、发射极 E 的判别

2.8 场效应晶体管

场效应晶体管与晶体三极管一样也是放大元件,它也有三个极,分别为栅极(G)、漏极(D)和源极(S)。

场效应晶体管可分为结型场效应晶体管(JFET)和绝缘栅型场效应晶体管(MOSFET)。结型场效应晶体管可分为 P 沟道和 N 沟道两种类型,其电路符号如图 2-8 所示;绝缘栅型场效应晶体管又分为 N 沟道耗尽型和增强型、P 沟道耗尽型和增强型四大类,其电路符号如图 2-9 所示。

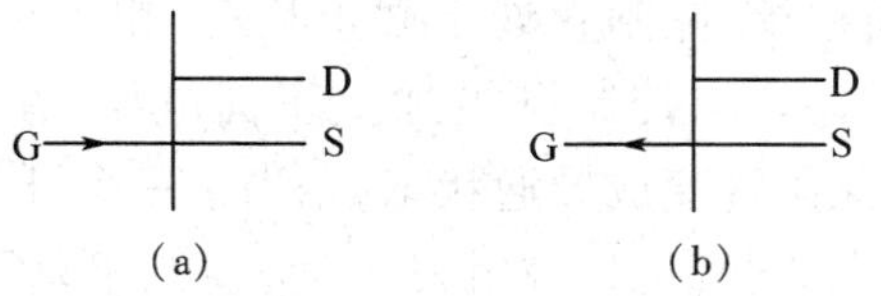

图 2-8 结型场效应晶体管图形符号

(a)N 沟道;(b)P 沟道

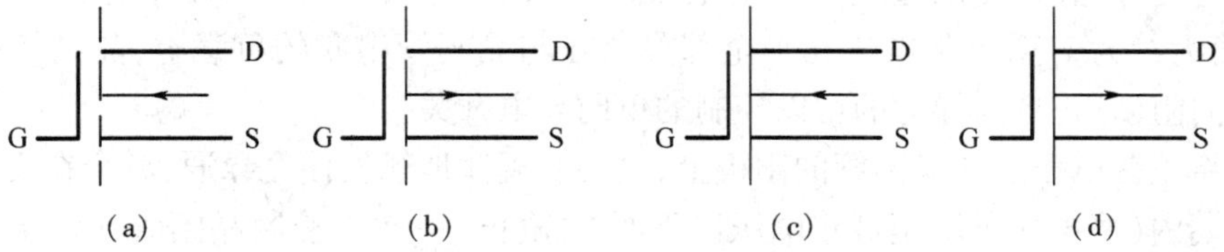

图 2-9 绝缘栅型场效应晶体管的图形符号

(a)N 沟道增强型;(b)P 沟道增强型;(c)N 沟道耗尽型;(d)P 沟道耗尽型

场效应晶体管具有较高输入阻抗和低噪声等优点,因而也被广泛应用于各种电子设备中。尤其用场效管做整个电子设备的输入级,可以获得一般晶体管很难达到的性能。与晶体管相比,场效应管具有以下特点:

(1)场效应管是电压控制元件,而晶体管是电流控制元件。在只允许从信号源取较少电流的情况下,应选用场效应管;而在信号电压较低,又允许从信号源取较多电流的条件下,应选用晶体管。

(2)场效应管是利用多数载流子导电,所以称为单极型器件,而晶体管是既利用多数载流子,也利用少数载流子导电,被称为双极型器件。

(3)有些场效应管的源极和漏极可以互换使用,栅压也可正可负,灵活性比晶体管好。

(4)场效应管能在很小电流和很低电压的条件下工作,且制造工艺可以很方便地把很多场效应管集成在一块硅片上,因此场效应管在大规模集成电路中得到了广泛应用。

2.9 晶 闸 管

晶闸管是晶体闸流管的简称,又称可控硅,是一种大功率开关型半导体器件。晶闸管具有硅整流器件的特性,能在高电压、大电流条件下工作,且其工作过程可以控制,被广泛应用于可控整流、交流调压、无触点电子开关、逆变及变频等电子电路中。

2.9.1 晶闸管的结构与工作原理

晶闸管有三个电极,分别为阳极、阴极和控制栅极,用A,K,G表示。P型控制极晶闸管的结构示意图和图形符号如图2-10所示。

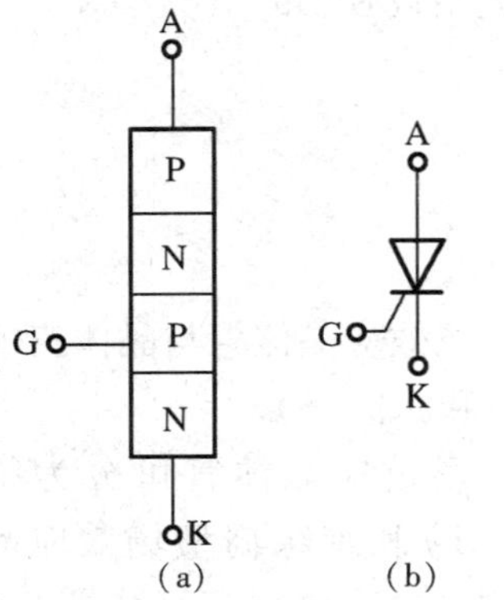

图2-10 晶闸管结构及电路符号

(a)晶闸管结构;(b)晶闸管电路符号

使用时,栅极加控制信号。当控制栅极没有信号时,栅极电流为零,此时阳极加正向电压,阳极与阴极间几乎没有电流,晶闸管处于截止状态,相当于一个开关处在断开状态。当控制栅极加上正向电压,在栅极电流的作用下,晶闸管变成导通状态,相当于一个开关处在闭合状态。

晶闸管一旦被触发导通,控制极就不再起作用,即使控制信号消失,它依然保持导通状态,只有当通过阳极与阴极的电流减小到某一较小的数值(最小维持电流一般为几毫安至几十毫安),或者在栅极和阴极之间加反向电压时,才可使其转换到截止状态。

晶闸管在导通后,可以通过几安培至数百安培的电流,而器件两端产生的电压降却很小,典型值大约为1 V,外加电压几乎全部降落在与晶闸管串联的负载上,晶闸管就相当于一个反方向阻断,正方向导通的可以控制的单向导电开关。

如果将正弦电压加在晶闸管的阳极上,只要有规律地触发使之导通,就会在交变电压的每半个周期内(当电压下降至截止电压以下时)"截止"一次。控制晶闸管在每半个周期内的"导通",就能使通过它的电流平均值在很大范围内改变,从而起到功率调节作用。

在截止状态,晶闸管比晶体管更耐高压。

2.9.2 晶闸管的分类和作用

晶闸管有多种分类方法。晶闸管按其关断、导通及控制方式可分为普通晶闸管、双向晶闸管、逆导晶闸管、门极关断晶闸管、温控晶闸管和光控晶闸管等;按其封装形式可分为金属封装晶闸管、塑封晶闸管和陶瓷封装晶闸管三种类型,其中金属封装晶闸管又分为螺栓型、平板型、圆壳型等,塑封晶闸管又分为带散热片型和不带散热片型两种;按电流容量可分为大功率晶闸管、中功率晶闸管和小功率晶闸管三种,通常大功率晶闸管多采用金属壳封装,而中、小功率晶闸管则多采用塑封或陶瓷封装;按其关断速度可分为普通晶闸管和高频(快速)晶闸管。晶闸管的主要用途有:

(1)用于可控整流,既能将交流电变为直流电,又能控制直流电的大小;

(2)作为控制开关,快速接通或切断电路;

(3)作为逆变器,把直流电变为交流电;

(4)作为变频器,将某一频率的交流电变换成另一种频率的交流电;

(5)可用于调速、调光、调压等自动控制电路中。

2.10 运算放大器

2.10.1 运算放大器的电路符号与特性

运算放大器简称运放,是由直接耦合多级放大电路集成制造的高增益放大器,是模拟集成电路最重要的品种,广泛应用于各种电子电路之中。其国际电路符号如图 2-11 所示。其中与"+""-"符号相连的两端分别称为"同相输入端"和"反相输入端",最右边的端子是输出端。同向输入端信号相位与输出信号相位相同,反向输入端与输出反相,相差为 180°。

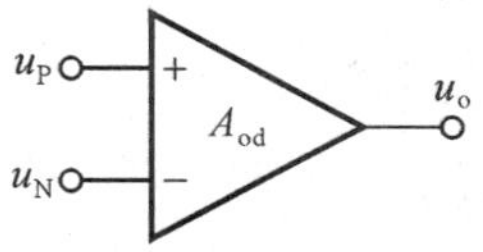

图 2-11 运算放大器的电路符号

运算放大器的特点是:高电压放大倍数 A(高增益),高输入电阻 R_i,低输出电阻 R_o。

在作一般原理性分析时,实际运算放大器都可视为理想运算放大器。理想运算放大器的两个重要特性是"虚短"和"虚断",这两个特性对分析线性运用的运放电路十分有用。为了保证线性运用,运放必须在闭环(负反馈)下工作。

由于运放的电压放大倍数很大,一般通用型运算放大器的开环电压放大倍数都在 80 dB 以上,而运放的输出电压有限,一般为 10 ~14 V。因此运放的差模输入电压不足 1 mV,两输入端近似等电位,相当于"短路"。开环电压放大倍数越大,两输入端的电位越接近相等。

"虚短"是指在分析运算放大器处于线性状态时,可把两输入端视为等电位,这一特性称为虚假短路,简称"虚短"。显然,不能将两输入端真正短路。

由于运放的差模输入电阻很大,一般通用型运算放大器的输入电阻都在 1 MΩ 以上。因此流入运放输入端的电流往往不足 1 μA,远小于输入端外电路的电流。故通常可把运放的两输入端视为开路,且输入电阻越大,两输入端越接近开路。

"虚断"是指在分析运放处于线性状态时,可把两输入端视为等效开路,这一特性称为虚假开路,简称"虚断"。显然,不能将两输入端真正断路。

2.10.2 集成运算放大器的分类

运算放大器分为通用型和专用型两大类。通用型具有价格便宜、直流特性好、性能指标兼顾的优点,能满足多领域、多用途的要求,使用最多。通用型运放的各种参数指标都不算太高,但比较均衡,价格便宜,适用于量大面广,没有特殊要求的场合。专用型集成运放是根据需要,突出了某项指标的性能,以满足特殊要求。常见的有高精度低功耗型、高输入阻抗型、高压型、高速宽带型等。专用型一般价格较高,除特殊指标外,其他指标不一定好,使用时要加以考虑。

2.10.3 集成运算放大器的应用

运算放大器的应用范围很广,由运放外接电阻或其他电路元件组成的电路可以实现比例、加法、减法、微分、积分等数学运算;运算放大器电路还可实现有源滤波、采样保持、比较等信号处理。

市场上销售的运算放大器有多种型号,封装形式也有所不同,且有单运放、多运放(两个或四个集成在一起)之分,使用时要认真考虑,精心选购。一般可从技术指标、固定安装、使用个数及价格等方面综合考虑,无特殊要求时,要首选通用芯片。

运算放大器只有在加上直流电源后才能正常工作,一般需要正、负双电源,对于双电源运放,正、负双电源一般要求对称。有的运放也可在单电源下工作,单电源工作时,输出最低电位为0,因此放大交流信号时,负半周会被切掉。为得到完整的波形,需在输入端加一直流电压,以提高输出电位。另外,运算放大器可在一定电压范围内工作,典型值为 ±3 V ~ ±18 V。

第 3 章 常用实验仪器的使用

电路电工实验中经常用到的电子仪器按其功能可分为两类。一类是"源",它能提供电子电路及电子系统正常工作需要的能量和激励信号,如直流稳压电源、信号源等,这一类设备对外输出物理量,具有一定的内阻,使用时输出不能短路。另一类是测试设备,用于观察或测量电信号参量,如示波器、晶体管毫伏表、万用表、频率计数器等,这类设备要吸收一定的能量,具有输入电阻,大多数仪器使用前需要短路调零。

本章主要介绍直流稳压电源、函数信号发生器、数字万用表、双通道交流毫伏表、双踪示波器的基本原理及使用方法。

3.1 直流稳压电源

稳压电源是在电网电压或负载变化时,其输出电压能够基本上保持不变的电源。电压的稳定在电路测量中特别重要,电源电压的不稳定不仅会造成测量误差,甚至可能使电路无法正常工作。

稳压电源有直流稳压电源和交流稳压电源两大类。下面只介绍直流稳压电源。

3.1.1 直流稳压电源的电路结构和工作原理

常用的模拟直流稳压电源的电路结构框图如图 3 - 1 所示。其由电源变压器、整流电路、滤波电路和稳压电路等部分组成。

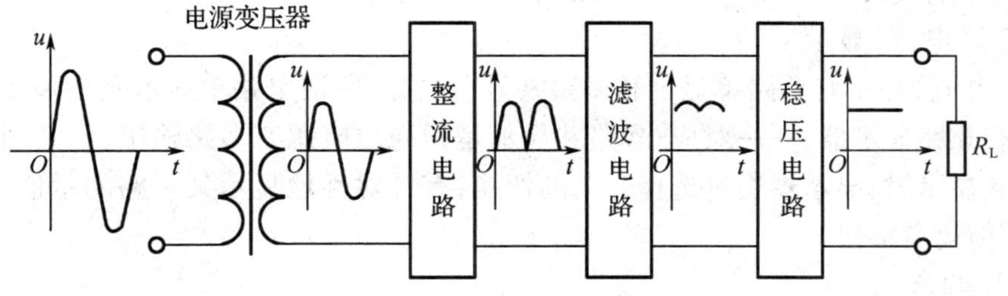

图 3 - 1 模拟直流稳压电源的电路结构框图

电源变压器是将电源变压至负载所需的相应电压。因为电网提供的是 AC220 V (AC380 V)的交流电压,而通常负载所需的直流电压要低得多,且各不相同。因此,需要将电网电压通过电源变压器降至负载所需的相应电压。

整流电路的作用是将正负交替的交流电压整流成单方向的脉动电压。整流电路是由具有单向导电特性的整流元件(整流二极管)组成的,常用的整流电路有桥式整流电路和全波整流电路等。

滤波电路的作用是尽可能地将单方向的脉动电压中的交流成分滤掉,使输出电压成为比较平稳的直流电压。滤波电路通常是由电感、电容和电阻等无源元件组成的。根据使用场合和要求的不同,常用的滤波电路是由电阻、电容构成的滤波电路,或由电感、电容构成的滤波电路。

稳压电路通常由取样、基准、比较、放大和调整等电路组成,用来调整因电网电压或负载变化引起的输出电压的变化,以保持输出电压的恒定。

3.1.2 直流稳压电源的主要技术指标

直流稳压电源的技术指标是衡量其性能的标准。

1. 输出电压范围

输出电压范围是指稳压电源输出的电压及调整范围。

2. 输出满载电流

输出满载电流是指在输出电压稳定度得到保证的条件下,稳压电源可输出的最大负荷电流。不同型号的稳压电源具有不同的满载电流。

3. 纹波电压

纹波电压是指直流稳压电源输出中所含的交流成分,通常是与输入电源频率有关的谐波。纹波电压越小,稳压电源的性能越好。

4. 稳定系数

稳定系数是指在负载和工作环境温度不变时,电网电压变化的百分率和输出电压变化的百分率之比值,稳定系数的数值越大,表明稳压电源的性能越好。

5. 稳定度

稳定度是指稳压电源在规定的负载条件下,当电网电压变化 ±10% 时,输出电压的最大偏差与输出电压值的比值。

3.1.3 直流稳压电源的使用

生产、经销直流稳压电源的厂商很多,其型号、规格和品种繁多,使用方法也不尽相同。现就常用的直流稳压电源的一些使用注意事项简要介绍如下。

1. 电压(电流)显示

电压(电流)显示有单路单显示和多路共显示之分,所谓单路单显示是指稳压电源有几路输出就有几路显示器,一一对应;多路共显示是指稳压电源有多路输出,但共用一个显示器。多路共显示时,显示器通过选择开关的切换,有针对性地显示某一路的示值,其他几路虽无显示,但仍有输出。

2. 电压调节

通过“电压调节”(有的需要“粗调”和“细调”相结合)旋钮的调节,观察电压显示,稳压电源的输出电压值达到所需要的值。

3. 电流调节

通过“电流调节”旋钮的调节,观察电流显示,使示值达到所需要的值。其功能为限流和恒流输出。

4. 固定输出

有的稳压电源有一路固定的 5 V 电压输出, 以供 TTL 等需要 5 V 固定电源的电路使用。

5. 其他

有些型号的稳压电源还具有“主”、“从”、“串联”、“并联”等控制功能，在此不一一列举。

使用稳压电源时，要特别注意输出端不允许短路或过载。当发现输出电压指示下降或突然为零时，应立即关闭电源或断开负载，以免损坏设备。

3.2 函数信号发生器

函数信号发生器是一种能够产生多种波形信号的电子仪器，可以产生正弦波、方波和三角波等电压信号。由于其产生的波形均可以用数学函数来描述，故而得名函数信号发生器。函数信号发生器所产生的信号，其幅值和频率等均可方便地调节，是电工电子实验中常用的一种通用仪器。

3.2.1 函数信号发生器的电路结构和工作原理

函数信号发生器的结构因其振荡形式不同而不同。如首先由振荡器产生正弦波，然后由波形变换器变换成方波和三角波等；也可以由振荡器产生三角波，然后再通过波形变换器变换成正弦波和方波等。下面以应用比较广泛的集成函数信号发生器为例介绍其电路结构和工作原理。其电路结构框图如图 3－2 所示。

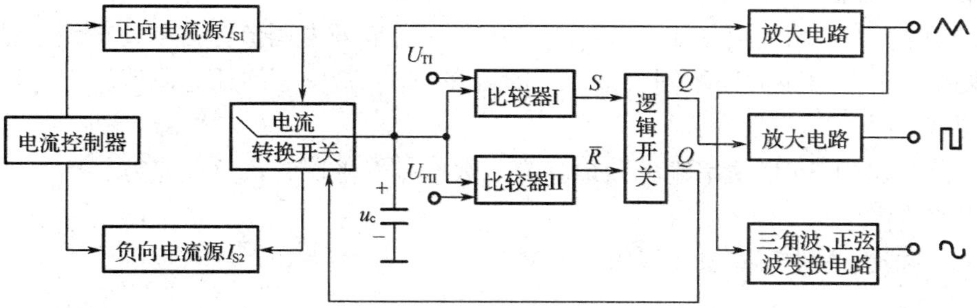

图 3－2 函数信号发生器原理框图

函数信号发生器主要由电流控制器、正向电流源和负向电流源、电压比较器、逻辑开关、电流转换开关、时基电容、波形变换电路以及缓冲放大电路等部分组成。

电压比较器有两个输入端和一个输出端（输出电压为 u_o）。两个输入端的输入电压分别为 u_c 和 U_T，输出端的输出电压为 u_o。当输入电压 u_c 高于阈值电压 U_T 时，电压比较器的输出 u_o 为高电平 U_{OH}；当输入电压 u_c 低于阈值电压 U_T 时，电压比较器的输出 u_o 为低电平 U_{OL}。

逻辑开关是数字电路中具有存储功能的一个基本单元电路，有两个输入端 S 与 $\bar{R}$ 和两个互补状态的输出端 Q 与 $\bar{Q}$（当 Q 为高电平时，$\bar{Q}$ 为低电平；当 Q 为低电平时，$\bar{Q}$ 为高电平）。当 S、$\bar{R}$ 均为低电平时，Q 为低电平；当 S、$\bar{R}$ 均为高电平时，Q 为高电平；当 S 为低电平且 $\bar{R}$ 为高电平时，Q 和 $\bar{Q}$ 保持原状态不变，即储存 S、$\bar{R}$ 变化前的状态。

电流转换开关由逻辑开关的输出端 Q 控制，当 Q 为低电平时，电流转换开关接通正电

流源 I_{S1}；当 Q 为高电平时，电流转换开关接通负电流源 I_{S2}。

由于充电电流 I_{S1} 和放电电流 I_{S2} 在数值上相等且都为恒流源，因而电容上的电压 u_c 呈三角波；逻辑开关的输出（Q 或 $\overline{Q}$ 端）呈方波。三角波电压经三角波正弦波变换电路输出为正弦波电压。缓冲放大电路则是为了降低信号源的输出阻抗，以提高信号源的带负载能力。

由以上分析可知，只要改变充放电的电流值便可改变信号源频率；改变 I_{S1} 和 I_{S2} 的比值便可得到占空比可调的矩形波。

3.2.2 函数信号发生器的使用

1. 波形选择

通过“波形选择”开关的选择，通常函数信号发生器的电压输出端可输出正弦波、方波、三角波和占空比可调的矩形波等。

2. 频率控制

将“频率选择”按键置某一挡，确定输出信号的频率范围，调整“频率调节”旋钮（FREQUENCY），可改变输出信号的频率。函数信号发生器的频率输出范围因型号不同而异，常用的函数信号发生器的输出频率范围多为 0.1 Hz ~ 20 MHz。

3. 幅值确定

函数信号发生器的各种输出信号波形的电压幅值可通过“幅值调节”和“衰减”来确定。通常可在“mV ~ V”之间调节。

4. 占空比调节

通过调节“占空比”，可使矩形波的占空比在一定范围内调节。占空比的调节范围因函数信号发生器的型号不同而不同。范围广的可在 1% ~99% 之间任意调节。

5. 功率输出

在电路实验中常用“功率输出”，以提高函数信号发生器的带负载能力。

6. 直流偏置

调节正弦波、方波和三角波等的直流偏置电压。

7. TTL 输出

输出符合 TTL 工作电平的电压。

8. 其他

有的函数信号发生器还附带有频率测量和“VCF 输入”控制等。

3.2.3 函数信号发生器使用注意事项

1. 函数信号发生器前面板的按键及旋钮较多，使用前应认真阅读仪器使用说明书，弄清仪器前面板各按键及旋钮的作用，使用时对照说明书细心操作。

2. 信号源的输出端不允许短路。

3.3 数字万用表

数字万用表是目前广泛应用的多功能、多量程的数字显示测量仪表。由于采用大规模集成电路和液晶数码显示技术，所以具有体积小、质量轻、精度高、数码显示清晰等优点。数字万用表除了具有模拟万用表的测量交直流电压、电流、电阻功能以外，还可以测量电容、二极管的正向压降、晶体管直流放大系数β、检查线路短路告警以及具有自动回零、过量程指示、极性选择等功能。

3.3.1 数字万用表工作原理

数字万用表的测量基础是直流数字电压表，其他功能都是在此基础上扩展而成的。为了完成各种测量功能，必须增加相应的转换器，将被测量转换成直流电压信号，再经过A/D转换器转换成数字量，然后通过液晶显示器以数字形式显示出来，其原理框图如图3－3所示。

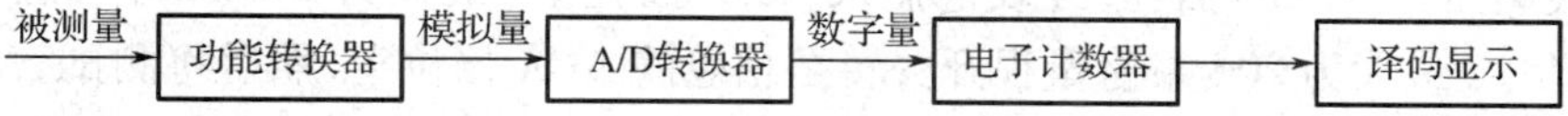

图3－3 数字万用表原理框图

转换器将各种被测量转换成直流电压信号；A/D转换器将随时间连续变化的模拟量变换成数字量，然后由电子计数器对数字量进行计数，再通过译码显示电路将测量结果显示出来。

数字万用表的显示位数通常为三位半至八位半，位数越多，测量精度越高，但位数多的，其价格也高。一般常用的是三位半、四位半数字万用表，即显示数字的位数分别是四位和五位，但其最高位只能显示数字0或1，称为半位，后几位数字可以显示数字0～9，称为整数位。三位半数字万用表对应的数字显示最大值为1 999，四位半数字万用表对应的数字显示最大值为19 999。

3.3.2 数字万用表的使用

数字万用表的类型较多，面板上的旋钮、开关的形状、布局也有所不同。在使用万用表之前，必须详细阅读使用说明书，了解和熟悉操作面板各部件的作用。下面以VC9208为例说明数字万用表的使用。

1. 一般性说明

（1）在需要测量时打开数字万用表电源开关，测量完毕后应立即关闭电源；数字万用表大多采用9 V叠层电池供电，如果万用表长期不用时应取出电池，以免电池泄漏；当显示器出现“”符号或显示误差增大时应更换新电池；当输入电流无显示时应更换保险丝。

（2）在旋动功能转换开关时，数字万用表的测量表笔应与测量电路断开。

（3）在测量前应根据被测值大小转动功能开关选择适合的量程或先置量程最大挡，然后根据实测值再调小量程，以获得有效数字较多的准确读数。

（4）仪表显示“1”表示过载，即实际输入已超过仪表的量限。

（5）测交流电压、电流时显示为正弦波有效值。

（6）数字万用表的交、直流电流挡具有0.2 A/250 V快速熔断器保护，20 A量程没有保险，此电压表不应用于开路电压超过250 V的电路。

2. 直流电压测量

将黑表笔插入“COM”插孔，红表笔插入“V/Ω/Hz”插孔座；将量程开关转至相应的DCV量程上，然后将测试表笔跨接在被测电路上，红表笔所接的该点电压与极性显示在屏幕上。

3. 交流电压测量

将黑表笔插入"COM" 插孔,红表笔插入"V/Ω/Hz" 插孔;将量程开关转至相应的 ACV 量程上,然后将测试表笔跨接在被测电路上。

4. 直流电流测量

将黑表笔插入"COM" 插孔,红表笔插入"mA"插孔座中(最大为 200 mA),或红表笔插入"20 A"插孔中(最大为 20 A);将量程开关转至相应的 DCA 档位上,然后将测试表笔串联接入被测电路中,被测电流值及红表笔点的电流极性将同时显示在屏幕上。

5. 交流电流测量

将黑表笔插入"COM"插孔,红表笔插入"mA"插孔中(最大为 200 mA)或红表笔插入"20 A"插孔中(最大为 20A);将量程开关转至相应的 ACA 挡位上,然后将测试表笔串联接入被测电路中。

6. 电阻测量

将黑表笔插入"COM"插孔,红表笔插入"V/Ω/Hz"插孔;将量程开关转至相应的电阻量程上,然后将测试表笔跨接在被测电阻上。

7. 电容测量

将红表笔插入"COM"插孔,黑表笔插入"CAP"插孔;将量程开关转至相应的电容量程上,表笔对应极性(注意红表笔极性为" + "极)接入被测电容。在测试电容容量之前,必须使电容充分放电,以防止损坏万用表。

8. 频率测量

将黑表笔插入"COM"插孔,红表笔插入"V/Ω/Hz"插孔;将量程开关转到频率挡上,然后将测试表笔跨接在信号源或被测负载上。

9. 二极管及通断测试

将黑表笔插入"COM"插孔,红表笔插入"V/Ω/Hz"插孔(注意红表笔极性为" + "极);将量程开关转至"→⊢·))",并将表笔连接到待测试二极管,读数为二极管正向压降的近似值;将表笔连接到待测线路的两点,如果内置蜂鸣器发声,则两点之间电阻值低于约 70 ± 20 Ω。

10. 晶体管 h_{FE}

将量程开关转至 h_{FE} 挡,将被测晶体管 NPN 型或 PNP 型的发射极、基极和集电极的脚插入到相应的 E,B,C 插孔中,显示值即为三极管的电流放大系数。

3.4 交流毫伏表

交流毫伏表是测量正弦交流电压有效值的电子仪器。与一般交流电压表相比,交流毫伏表的量限频率范围宽,灵敏度高,适用范围更广;交流毫伏表的输入阻抗高,输入电容小,对被测电路影响小。因此,在电子电路的测量中交流毫伏表得到了广泛的应用。

3.4.1 交流毫伏表的电路结构和工作原理

如图 3 - 4 所示,由晶体管和集成电路组成的交流毫伏表主要由输入衰减器、宽带放大器、线性检波器和表头等组成。

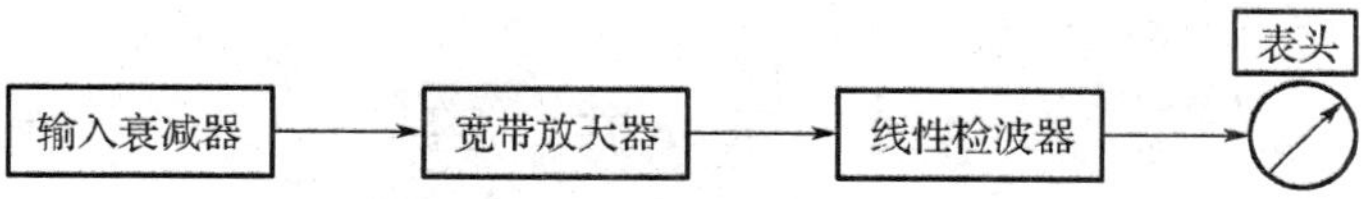

图 3-4 交流毫伏表结构框图

输入衰减器是交流毫伏表的输入级，实际上就是一个阻容分压器，目的是将被测的（高）电压信号衰减到适合宽带放大器的输入要求，以适应不同幅值的被测电压。由于放大器的输入级采用了场效应晶体管，故毫伏表的输入阻抗便取决于阻容分压器的阻抗值。

宽带放大器由多级低噪声、无相移放大电路组成，由于引入了深度负反馈，因此放大器的特性相对比较稳定可靠。宽带放大器性能的好坏往往是决定整个毫伏表质量高低的关键。

线性检波器即平均值检波器，对宽带放大器的输出信号电压进行整流（即检波）和滤波，得到一个与被测电压有效值相对应的直流平均电压，以驱动毫伏表表头指针的偏转。

毫伏表表头指针的偏转角度正比于被测电压的平均值，而表盘的刻度表示正弦交流电压的有效值。因此，交流毫伏表只能用来测量正弦交流电压的有效值。当测量非正弦交流电压时，交流毫伏表的读数没有直接的意义。

3.4.2 双指针交流毫伏表

在进行电路实验时，经常会遇到在一个实验电路中需要同时测量两个电压量的情况，于是就有了双指针交流毫伏表的出现。双指针交流毫伏表分别由两套彼此互相独立、技术性能一致的输入接口、输入衰减器、宽带放大器、线性检波器和一个共用表头组成。双指针晶体管交流毫伏表的两根指针同心地安装在同一根轴上，分别由两组游丝导入各自的驱动电流，于是两根指针偏转的角度就正比于两个被测电压的有效值。

在用双指针交流毫伏表分别对两个电压进行测量时，应视具体情况，通过转换开关的切换，使两个彼此互相独立输入接口共地使用或浮地使用。

3.4.3 交流毫伏表的使用

1. 接电源前，首先应对表头进行机械调零，接通规定的电源后，先预热几分钟。

2. 测量前，要进行电气调零，即将测量线和地线短接，旋动调零旋钮，把指针调至零位。每换一次量限，应重新调零（不需电气调零的仪表除外）。

3. 为保证测量准确，必须将仪表的地线与被测电路的地线连在一起。测量市电时，必须把地线接电源中性线，并应注意机壳是否带电。

4. 接线时，应先接地线，后接测量线；拆线时，应先拆测量线，后拆地线。在使用较高灵敏度挡级（mV 挡）时，应先把量限开关置于低灵敏度挡（V 挡），再按上述方法接、拆线。

5. 交流毫伏表是按正弦量的有效值进行刻度的，如果被测量为非正弦量，则会引起较大的测量误差。

6. 当测量 dB（分贝）时，可将量限开关所置的 dB（分贝）值与表针所指的 dB（分贝）值相加读出。

7. 测量完毕,应将量限置于较大的电压挡。

3.5 示波器

示波器是一种常用的电子仪器,在科学研究、电工电子、工程实验、仪器仪表等领域有着广泛的应用。使用示波器可以动态显示、观察能够转换为电压的各类随时间变化的电信号波形,测量信号相关参数。示波器不但能测出信号的幅度、频率、周期和相位,还能观察信号的非线性失真,测量调制信号的参数,等等。通过各种传感器,示波器还可以应用于各种非电量参数的测量。

3.5.1 示波器的工作原理

1. 示波器的组成

示波器主要由示波管、扫描触发系统、输入放大系统和电源四部分组成。示波管由电子枪、偏转系统和荧光屏三部分组成,其结构如图 3－5 所示。电子枪的阴极(受灯丝加热)产生热电子,控制栅极加负电压,对穿越控制栅极的电子密度进行调节,从而达到调节光点亮度的作用,故调节控制栅极电位的旋钮称为“辉度”旋钮。*X/Y* 偏转第二栅极及第一阳极、第二阳极的电位远高于阴极,它们与控制栅极组成聚焦、加速系统,对阴极发射的电子束进行加速并聚焦,使得电子束以很高的速度射到荧光屏上,故改变第一阳极电位的旋钮称为“聚焦”旋钮。*X/Y* 偏转板电压偏转后轰击荧光屏上的荧光物质使其产生荧光形成亮点。

示波管顶端内壁上涂有一层荧光物质,当高速电子束打到荧光屏上时使它发光。电子束停止轰击后,荧光物质的发光作用还要经过一段时间才停止,这段时间叫做余辉时间。

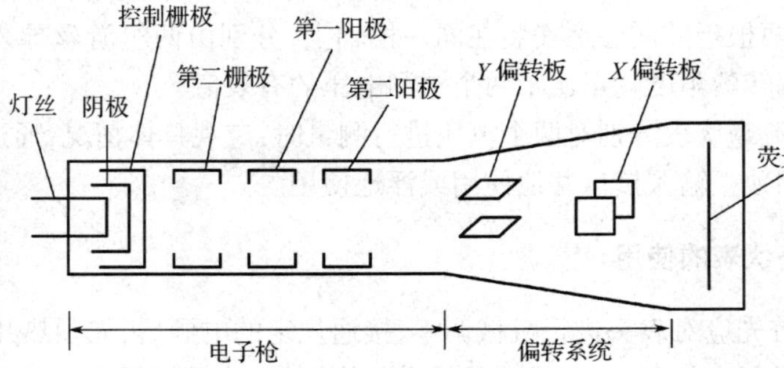

图 3－5　示波管结构示意图

2. 电子束的偏转(示波器测量信号电压的原理)

示波管中的偏转系统主要由两对金属板构成。其中一对金属板位于电子束的左右方向,称为 *X* 轴偏转板,加在其上的直流电压使电子束发生水平方向的偏移。另一对金属板位于电子束的上下方向,称为 *Y* 轴偏转板。加在其上的直流电压使电子束发生垂直方向的偏移。

如图 3－6 所示,在示波管的 *Y* 轴偏转板上加上电压 U_Y 时,电子束将受到电场力的作用而发生偏转,于是产生位移 D。显然,D 与两偏转板之间的电位差 U_Y 成正比,因为 U_Y 越大,电场力越大。据此可定义偏转灵敏度 S:

$$S = \frac{D}{U_Y} \tag{3-1}$$

从数值上

$$S = k\frac{LL_P}{2U_{A2}d} \quad (\mathrm{cm/V}) \tag{3-2}$$

式中 k 为常数；S 表示单位偏转电压引起光点的偏转距离，取其倒数得到偏转因数 K_Y；L_p 为偏转板长度；L 为偏转板与荧光屏之间的距离。

$$K_Y = \frac{1}{S} = \frac{2U_{A2}d}{kLL_P} \quad (\mathrm{V/cm}) \tag{3-3}$$

式中，K_Y 表示单位偏转距离的偏转电压值。当示波管选定后，K_Y 为常数。

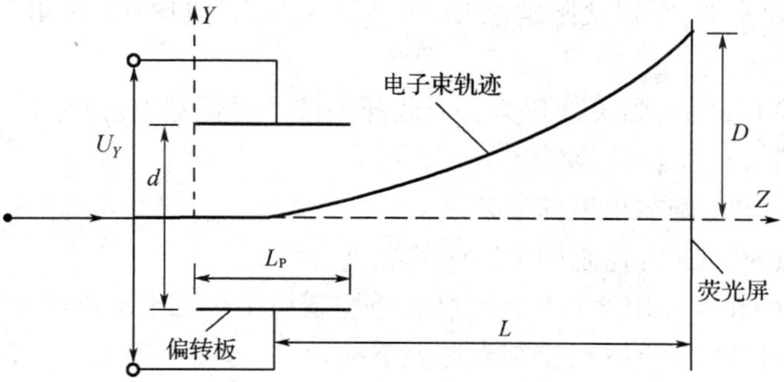

图 3-6 电子束偏转示意图

由公式(3-1)和公式(3-2)可知，当 U_Y 一定时，D 与偏转板与荧光屏之间的距离 L 成正比，这是因为偏转角 α 为定值；D 与偏转板长度 L_P 成正比，L_P 越长，电子束经过偏转板的时间就长；D 与第二阳极电压 U_{A2} 成反比，U_{A2} 小，电子束的速度低，偏转越大；D 与偏转板距离 d 成反比，d 缩短，电场力作用强，偏转加大。

从以上分析可以看出，偏转灵敏度 S 与加速电压 U_{A2} 成反比。当用示波器测高频信号或快速上升沿矩形波时，由于电子束轰击屏面时间短，亮度下降，此时若增加 U_{A2} 以提高电子束动能来加强亮度，将导致灵敏度 S 下降。显然示波亮度和偏转灵敏度这两项指标是互相矛盾的。为解决这一矛盾，在偏转板后面增加后加速极，通常是在示波管锥体内涂石墨层并加以高电压，或涂成螺旋形导电带。这样既提高亮度又不降低灵敏度。

普通示波器垂直衰减旋钮四周标示的数值就是该示波器定标后的系数 K_Y。在校准前提下，由该系数乘以电子束在荧光屏上的偏转距离 D 即是外加电压 U_Y 的大小。

3.5.2 示波器测量信号周期的原理

由于荧光屏上的荧光物质经电子轰击时产生的荧光不会立即消失，只要在示波管的 X 轴或 Y 轴偏转板上加上的交流电压信号的频率足够大，荧光屏上同一位置相邻两次电子轰击间隔的时间短于荧光消失的时间，荧光屏上就可以显示一条水平或垂直亮线。

当扫描电压的周期是被观测信号周期的整数倍（相位差也为0）时，扫描的后一个周期所描绘的波形与前一周期完全一样，荧光屏上得到清晰而稳定的波形，这称为信号与扫描电压同步。当扫描电压的周期与被观测信号周期不成整数倍关系时，后一个扫描周期的图形与前一扫描周期不重合，则显示的波形是不稳定的。

3.5.3 示波器同步与触发

荧光屏上显示的波形是多次扫描的集体效应。为了显示稳定的波形,要求在每一次扫描开始时 Y 轴信号都具有相同的电平和极性(即同步)。示波器的这一同步要求由触发信号来完成,一次扫描结束后需要等到触发信号的到来才进行下一次扫描。触发信号控制着每一次扫描开始时 Y 轴信号具有的电平和极性以及相邻两次扫描间隔的时间。

3.5.4 示波器的使用

示波器的外部调节旋钮较多,使用十分灵活,经过开发,其功能还可扩展。使用示波器之前,应仔细阅读使用说明书,被测信号的电压不能超过允许范围。光点和扫描线不可调得过亮,否则会使读数不准,不仅使眼睛疲劳,而且当光点长时间停留不动时,还会使荧光屏变黑,产生斑点。

(1)电源(POWER):电源线路开关。当此开关按下时仪器电源接通,指示灯亮。

(2)辉度(INTEN):控制显示亮度。

(3)聚焦(FOCUS):调节出最佳清晰度。

(4)刻度照明(SCALE):控制刻度照明的亮度。

(5)扫迹旋转(TRACE ROTATION):机械地控制扫迹与水平刻度线成平行位置。

(6)Y 位移旋钮(POSITION):控制光迹上下移动。

(7)垂直方式(Y 方式):选择垂直工作方式和 $X-Y$ 工作方式。以下方式可供选择:

①通道 1 选择(CH_1):仅显示通道 1 信号。在 $X-Y$ 显示时,通道 1 的作用由触发源开关决定。

②通道 2 选择(CH_2):仅显示通道 2 信号。在 $X-Y$ 显示时,通道 2 的作用也由触发源开关决定。

③双踪选择(DUAL):同时显示 CH_1 和 CH_2 两个通道的输入信号。

④相加(ADD):显示 CH_1 和 CH_2 两个通道的输入信号的代数和。

(8)信号输入通道 1/通道 2(CH_1 INPUT(X)/CH_2 INPUT(Y)):被测信号或 $X-Y$ 显示方式下的信号输入端。

(9)输入耦合(AC - GND - DC)选择开关:用于选择输入信号进入 Y 放大器的耦合方式。

①AC:信号经电容耦合到垂直放大器。信号的直流分量被阻断,交流分量可以通过。

②GND:输入信号从垂直放大器的输入端断开,输入端对地短路,此时没有信号输入 Y 通道,通常用于确定(调整)基准电平位置。

③DC:输入信号的所有成分都送入垂直放大器。

(10)伏特/格(VOLTS/DIV):分挡选择垂直偏转因数。要获得校正的偏转因数,“微调”旋钮必须置于校正(CAL)位置。

(11)微调(VARIABLE):提供在“伏特/格”开关各校正挡位之间连续可调的偏转因数。

(12)极性(POLARITY):用以转换通道 2 显示极性的开关。当按钮处于按入位置时极性反相。

(13)释抑时间(HOLD OFF):调节扫描的休止时间,以获得稳定的同步,在正常位置时,休止时间最短。

(14) X 位移旋钮(POSITION):控制光迹在荧光屏 X 方向的位置。

(15)时间/格(TIME/DIV):分级选择扫描速度。要得到校正的扫描速度,“微调”旋钮必须置于校正(CAL)位置。

(16)扫描微调(SWEEP VARIABLE):提供在“时间/格“开关各校正挡位之间连续可调的扫描速度。

(17)扫描方式(SWEEP MODE):用于选择合适的触发信号。通常选择以下方式:

①自动(AUTO):当“电平”旋钮旋至触发范围以外或无触发信号加至触发电路时,由自激扫描产生一个基准扫迹。

②常态(NORM):当“电平”旋钮旋至触发范围以外或无触发信号加至触发电路时,扫描停止。

(18)耦合方式(COUPLING):选择内触发时为交流耦合(AC),触发信号经交流耦合馈送到触发电路;选择外触发时为直流耦合(DC),触发信号经直流耦合馈送到触发电路。

(19)触发源(TRIGGER SOURCE):在选择通道 1 触发(CH_1)时,连接到(CH_1 INPUT (X))端的信号用于触发;在选择通道 2 触发(CH_2)时,连接到(CH_2 INPUT (Y))端的信号用于触发;在选择外触发(EXT)时,触发信号从连接到触发信号输入端(INPUT)的信号中取得。

应当注意的是,当“垂直工作方式”开关置于 CH_1 或 CH_2 时,触发信号源开关的位置也应相应置于 CH_1 或 CH_2。

(20)触发极性(SLOPE):选择触发的极性,有“+”“-”两挡。置“+”时,在被测波形的上升部分触发,作为观测起点;置“-”时,在被测波形的下降部分触发。

(21)电平(LEVEL):调节触发电平,在屏幕上显示稳定的波形。

(22)校准信号输出(CAL OUT):给定校正电压和频率输出端。

3.5.5 注意事项

(1)示波器使用前,应通电 5 min 预热之后再使用。

(2)示波器不能在强磁场或电场中使用,以免测量受磁场或电场的干扰。

(3)为了防止对示波器的损坏,不要使示波管的扫描线过亮或光点长时间停留在一个点不动。

(4)调节各旋钮开关时,其调节速度应缓慢进行,不要用力过猛,以免损坏控制器件。

(5)示波器 CH_1、CH_2 输入的地端是直接连接在一起的等电位端,因此在同时使用 CH_1、CH_2 输入时,公共地线不可接错。

(6)示波器的接地端应与其他电子仪器以及被测信号电压的地端相连接,以免引入干扰信号。

(7)示波器在使用前,应检查供电电源电压是否符合规定值 $(1\pm10\%)\times220$ V、$(1\pm5\%)\times50$ Hz。

(8)更换熔断器时,只能使用规定类型及额定电流的熔断器,允许使用临时代用熔断器或将熔断器座短接。

3.6 电动系功率表

3.6.1 电动系功率表的原理

电动系功率表的测量机构中的定圈和动圈分别接于与负载串联和并联的支路中,其原理电路如图 3－7 所示。虚框内表示瓦计。水平画出的波折线表示固定线圈 1，垂直画出的波折线表示可动线圈 2。固定线圈与负载串联，负载电流全部通过固定线圈，所以又把它叫做电流线圈。可动线圈与附加电阻 R 串联后与负载并联，可动线圈与附加电阻一起承受整个负载电压 U，所以可动线圈又叫做电压线圈。

1. 工作在直流电路的功率表

流过固定线圈中的电流 I_1 就是负载电流 I，可动线圈里的电流为

$$I_2 = U/R_2 \tag{3-4}$$

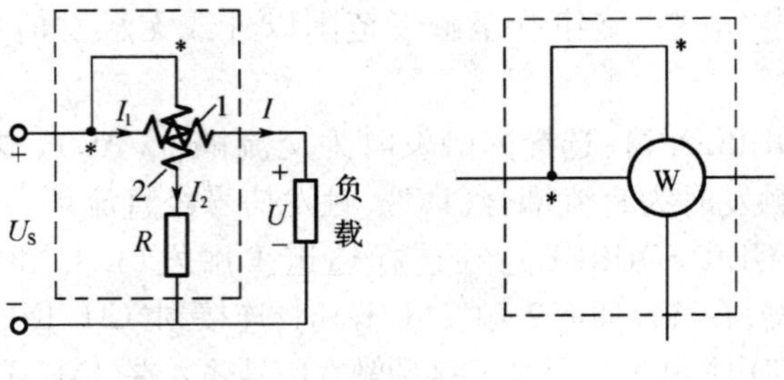

图 3－7　电动系功率表原理电路图

式中，R_2 为电压线圈电阻与分压电阻 R 之和。仪表偏转角 α 为

$$\alpha = kI_1I_2 = \frac{k}{R_2}UI = k_{\mathrm{P}}P \tag{3-5}$$

其中 $k_{\mathrm{P}} = \dfrac{k}{R_2}$。

通过合理的设计，使 k_{P} 为与 α 无关的常数，则电动系功率表的偏转角 α 仅与直流负载的有功功率成正比。

2. 工作在交流电路的功率表

通过固定线圈中的电流 I_1 就是负载中电流的有效值 I，可动线圈中的电流 I_2 与负载电压 U 成正比，即

$$I_2 = \frac{U}{|z_2|} \tag{3-6}$$

式中，$|z_2|$为可动线圈支路中的阻抗的模。一般来说，该支路中电阻 R 较大，可动线圈的感抗与之相比，可以忽略，也就是说，该支路可近似为纯电阻电路，I_2 与 U 是同相的。仪表偏转角为

$$\alpha = kI_1I_2\cos\varphi = \frac{k}{|z_2|}UI\cos\varphi = k_{\mathrm{P}}P \tag{3-7}$$

其中 $k_{\mathrm{P}} = \dfrac{k}{|z_2|}$。

通过合理的设计，使 k_{P} 为与 α 无关的常数，则电动系功率表的偏转角 α 仅与直流负载的有功功率成正比。

功率表一般做成多量程，通常有两个电流量程，两个或多个电压量程。两个电流量程用两个固定线圈串联或并联实现。如果串联为 1 A，并联就是 4 A。

两个固定线圈有 4 个端子，都安装在表的外壳上。改变电流线圈的量程就是选择两个固定线圈是串联还是并联。

不同的电压量程串以不同的附加电阻。电压量程的公共端标有符号"＊"。

电流量程和电压量程决定功率量程。如某一瓦计电流量程为0.5 ~1 A,电压量程为0~300 V。根据被测负载电压和电流大小选瓦计的电压量程为300 V,电流量程为0.5 A,则功率量程:$P=UI=300\times0.5=150$ W,即指针偏转到满刻度时为150 W。当功率因数不等于1时,读数小于150 W。

3.6.2 功率表的选择和正确使用

1. 正确选择量限

功率表有电流、电压、功率三种量限,使用时不能仅仅只看功率量限是否足够,而且还要看电压、电流量限是否合适,不能超载使用。使用中应注意使功率表的电流量限大于或等于负载电流,同时使电压量限能够承受负载电压,这样功率量限就确定了。

2. 正确接线

功率表内有电压线圈和电流线圈,接线时应区别每种线圈的始端和末端,通常功率表线圈的始端用“ * ”或“ ± ”等符号标出,称为线圈的“瓦计发电机端”。

接线时应遵守如下原则:对于电流线圈,有“ * ”号的一端必须接在电源一端,另一端接至负载;对于电压线圈,有“ * ”号一端可以接电流线圈的任意一端,电压线圈的另一端应跨接到负载的另一端,如图3-8所示。

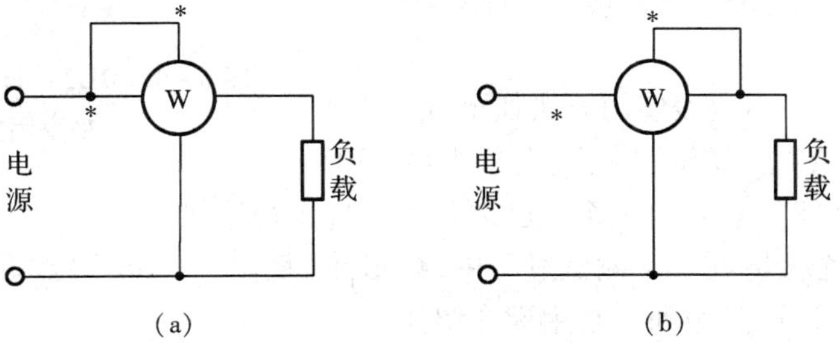

图3-8 电动系功率表正确接法

(a)电压线圈前接;(b)电压线圈后接

如图3-8(a)所示的接法称为电压线圈前接法,适用于负载电阻比功率表电流线圈电阻大得多的情况;如图3-8(b)所示的接法称为电压线圈后接法,适用于负载电阻比功率表电压线圈支路的电阻小得多的情况。这样,功率表本身的功率损耗对测量结果影响较小。当负载功率远大于功率表的功耗时,可以选择任意接线方式。

不论采取何种接线方式,电流线圈的发电机端都应接于电源进线端。需要指出,有时虽然接线正确,但当负载的电压和电流的相位差大于90°时(例如测量某些三相负载电路中的功率),功率表的指针将会发生反偏,这时可将其中一个线圈两端钮的接线调换,改变通入该线圈的电流方向,使功率表正偏,取得读数。有的功率表上专门装有换向开关,使用起来很方便。

3. 功率表的正确读数

一般功率表的表面标度尺只标明分格数,而不标注瓦数。这是因为功率表是多量程的,选择不同的电压、电流量程,功率表上每格所代表的瓦数是不相同的。每格代表的瓦数叫做瓦计分格常数。在一般瓦计中附有一个表格,标明了瓦计在不同电流、电压量程上的分格常数 C,即功率表上每格所代表的瓦数,供读数时查用。若测量时指针偏转格数为 α,则有功

功率为 $P = C\alpha$(W)。

如果功率表上没有标明分格常数,则可以用下式计算分格常数

$$C = \frac{U_N I_N}{\alpha_m} \quad (\mathrm{W/div}) \tag{3-8}$$

式中,U_N,I_N 为所选择的功率表的电压、电流量限;α_m 为功率表的满刻度格数。

3.6.3 智能型功率、功率因数表

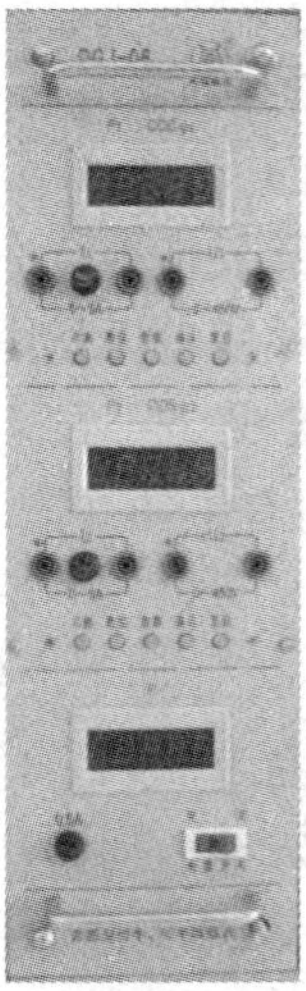

图 3-9 DGJ-06 型智能型功率、功率因数表

智能型功率、功率因数表采用单片机智能控制,将被测电压、电流瞬时值的取样信号送入 A/D 转换器的输入口,经单片机的“均方根”运算和信号处理后,将计算结果显示于 LED 显示器上,根据数码管显示可直接读出某负载的有功功率值。此时,还可通过对面板上键盘的简单操作,切换数码管所显示的内容,读出负载的功率因数。

测量范围:电压为 0~450 V,电流为 0~5 A,测量精度小于 1%;可记录、存储、查询 15 组数据。如图 3-9 所示为 DGJ-06 型智能型功率、功率因数表。

智能型功率、功率因数表使用方法如下:

(1)接通电源或按“复位”键后,面板上各 LED 数码管将循环显示“P”,表示测试系统已准备就绪进入初始状态。

(2)面板上 5 个按键在实际测试过程中,只用到“复位”“功能”“数据”“确认”四个键。“数位”键只在出厂调试时用到。常用键介绍如下:

①“功能”键:仪表测试与功能的选择键,若连续按动该键 7 次,则 5 只 LED 将显示 7 种不同的功能指示符号,如表 3-1 所示。

表 3-1 功能指示符号含义

次数	显示	含义
1	P.	功率
2	COS.	功率因数负载特性
3	FUC.	被测信号频率
4	CCP.	被测信号周期
5	DA. CO	数据记录
6	DSPLA	数据查询
7	PC	无效

②“确认”键:在选定表 3-1 中前 6 个功能后,按一下“确认”键,该组显示器将切换显示该功能下的测试结果数据。

③“复位”键:在任何情况下,只要按一下“复位”键,系统便恢复到初始状态。

(3)接好线,开机或按“复位”键,按表 3 - 1 选定功能,按“确认”键,待显示的数据稳定后,读取数据(功率单位为 W、频率单位为 Hz、周期单位为 ms)。

(4)选定 DA.CO 功能,按“确认”键,显示 1(表示第一组数据已存储好)。如重复上述操作,显示器将顺序显示 2,3,…,E,F,表示共记录并存储了 15 组数据。

(5)选定 DSPLA 功能,按“确认”键,显示最后一组存储的功率值,再按“确认”键显示最后一组存储的功率因数值及负载特性(闪动位表示存储数据的组别;第二位显示负载性质,C 表示容性,L 表示感性;后三位为功率因数值),再按“确认”键,显示倒数第二组的功率因数值。可见在需要查询结果数据时,每组数据需分别按动两次“确认”键,以分别显示功率和功率因数值及负载特性。

注意,在测量过程中,若出现死机,按“复位”键。必须在测试一组数据后,才能使用“DA.CO”项记录。测量过程中显示器显示“COU”,表示要继续按“功能”键。选择测量功率在按过“确认”键后,需要等显示的数据跳变 8 次,稳定后读取数据。

3.7 面包板的使用

面包板是实验室中用于搭试电路的重要工具,熟练掌握面包板的使用方法是提高实验效率,减少实验故障出现机会的基础之一。下面就面包板的结构和使用技巧作一个简单的介绍。

面包板的外观如图 3 - 10 所示,面包板分上、中、下三部分,上下部分各由一行插孔构成窄条,每五列插孔为一组,对于 10 组结构的面包板,左边三组内部电气连通,中间四组内部电气连通,右边三组内部电气连通,但左边三组、中间四组以及右边三组之间是不连通的。

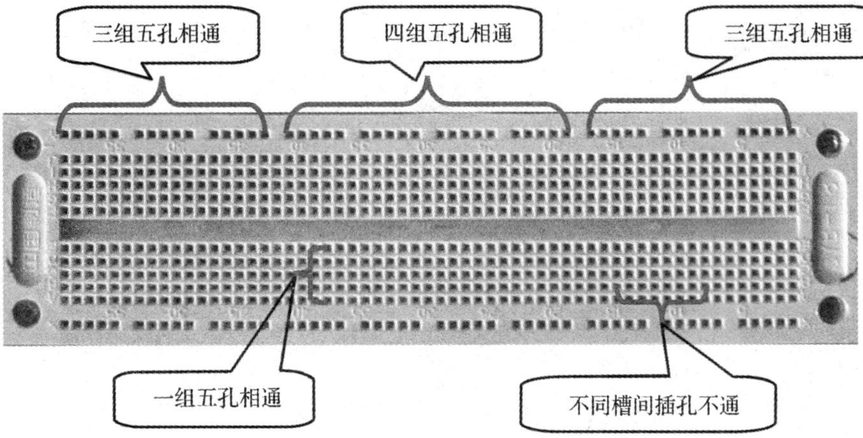

图 3 - 10 面包板外观

若使用的时候需要连通,必须在两者之间跨接导线。中面包板部分是由中间一条隔离凹槽和上下各 5 行的插孔构成。内部结构如图 3 - 11 所示,每一条金属片插入一个塑料槽,在同一个槽的插孔相通,不同槽的插孔不通。在同一列中的 5 个插孔是互相连通的,列和列之间以及凹槽上下部分则是不连通的。

(a)

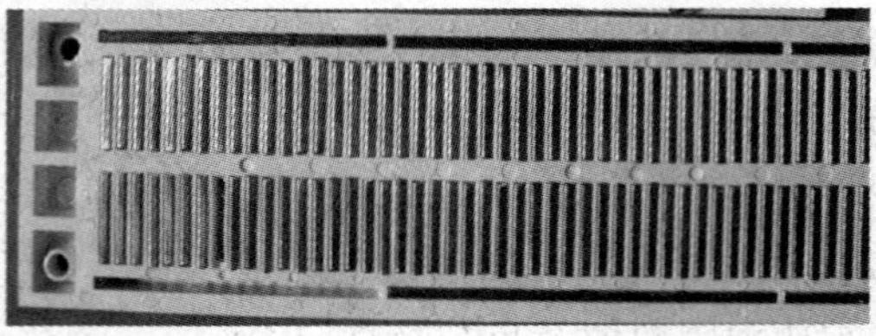

(b)

图 3-11　面包板内部结构

(a)插槽和插孔;(b)面包板背面

使用面包板搭接线路非常灵活,由于不用焊接,器件的更换安装也非常方便。因此在临时性的电路实验中经常用到。但面包板易产生接触不良,尤其是多次使用后,或器件腿粗细不一时,更容易造成接触不良。

第4章 电路基础实验

4.1 元件特性的伏安测量法

4.1.1 实验目的

(1)研究实际独立电源的外特性。

(2)掌握线性电阻元件、非线性电阻元件伏安特性的逐点测试法。

(3)掌握实验台上直流电工仪表和设备的使用方法。

4.1.2 实验原理

任何一个二端元件的特性都可以用该元件上的端电压 U 与通过该元件的电流 I 之间的函数关系 $I=f(U)$ 来表示,即用 $I\sim U$ 平面上的一条曲线来表示,这条曲线称为该元件的伏安特性曲线。

1. 电压源的端电压 $u_s(t)$

电压源的端电压 $u_s(t)$ 是确定的时间函数,而与流过电源的电流大小无关。如果 $u_s(t)$ 不随时间变化(即为常数),则该电压源称为直流电压源 U_s,其伏安特性曲线如图 4-1 中曲线 a 所示。实际电源可以用一个电压源 U_s 和电阻 R_s 相串联的电路模型来表示,如图4-2所示。其伏安特性曲线如图 4-1 曲线 b 所示,显然 R_s 越大,图 4-1 中的角 θ 也越大,其正切的绝对值代表实际电源的内阻值 R_s。

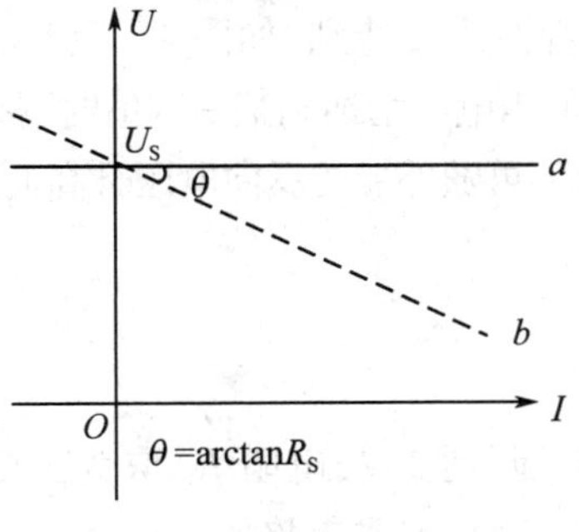

图4-1 直流电压源伏安特性曲线

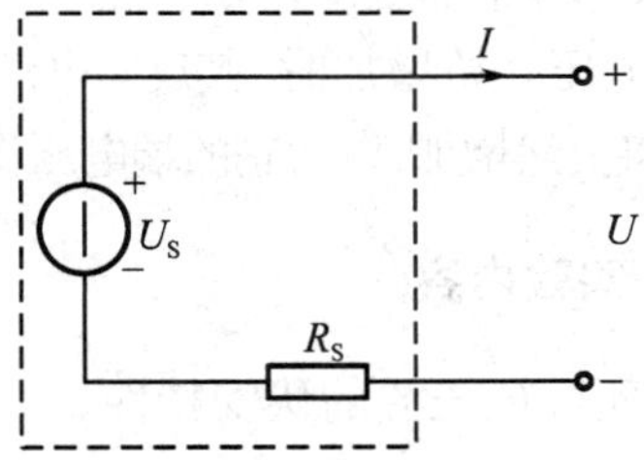

图4-2 直流电压源电路模型

2. 电流源向负载提供的电流 $i_s(t)$

电流源向负载提供的电流 $i_s(t)$ 是确定的时间函数,与电源的端电压大小无关。如果 $i_s(t)$ 不随时间变化(即为常数),则该电流源称为直流电流源 I_s,其伏安特性曲线如图4-3中曲线 a 所示。实际电源可以用一个电流源 I_s 和 G_s 电导相并联的电路模型来表示,如图 4-4 所示。其伏安特性曲线如图 4-3 中曲线 b 所示,显然,G_s 越大,图 4-3 中的 θ 角也越大,其正切的绝对值代表实际电源内部的等效电导值 G_s。

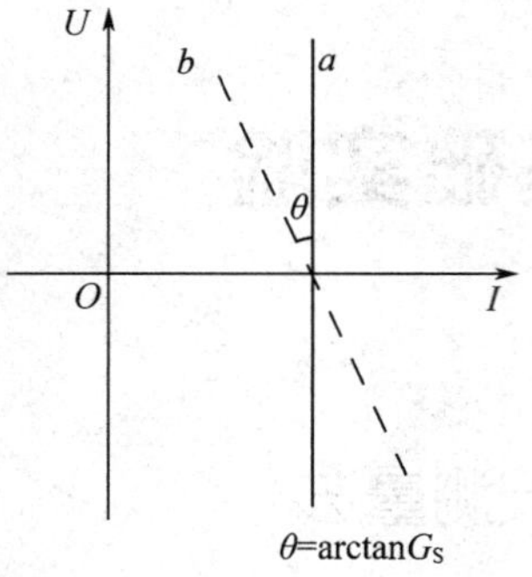

图 4－3　直流电压源伏安特性曲线图

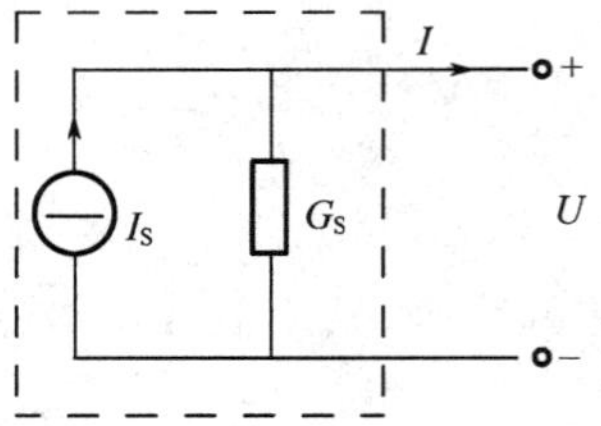

图 4－4　直流电流源电路模型

3. 典型器件的伏安特性

线性电阻器的伏安特性曲线是一条通过坐标原点的直线，如图 4－5(a)所示，该直线的斜率等于该电阻器的电阻值。

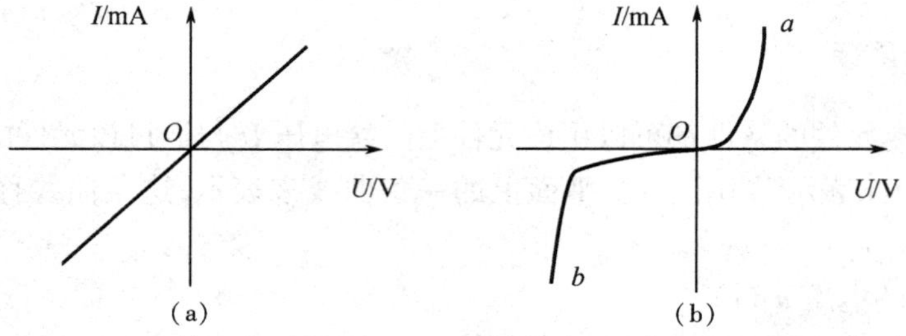

图 4－5　典型器件伏安特性

(a)线性电阻的伏安特性;(b)稳压二极管的伏安特性

稳压二极管是一个非线性电阻元件，其正向特性与普通二极管类似，正向压降很小，一般的锗管约为 0.2～0.3 V，硅管约为 0.5～0.7 V。正向电流随正向压降的升高而急速上升，如图 4－5(b)中曲线 a 所示。稳压二极管反向特性比较特别，如图 4－5(b)中曲线 b 所示。在反向电压开始增加时，其反向电流几乎为零，但当电压增加到某一数值时(称为管子的稳压值)，电流将突然增加，以后它的端电压将维持恒定，不再随外加的反向电压升高而增大。

4.1.3　实验内容

1. 测量实际电压源的伏安特性

按图 4－6 所示接线，把直流稳压电源的电压 U_s 调到 3 V，电阻 R_s 取为 100 Ω，改变十进制电阻箱 R_L 的阻值，记下相应的电压表和电流表读数，完成表格 4－1。

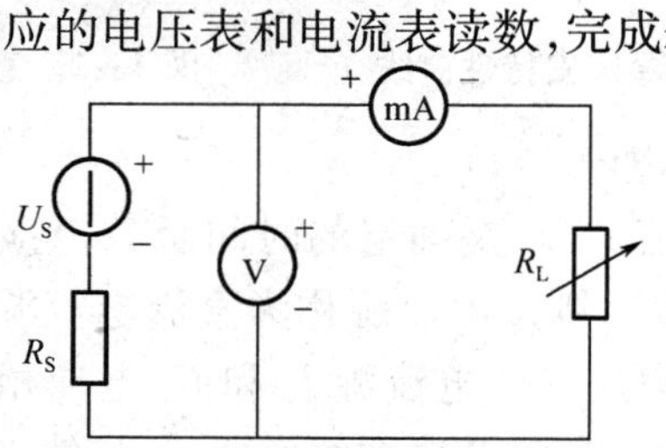

图 4－6　测量电压源伏安特性电路图

表 4－1 实验数据记录表

R_L/Ω	30	50	70	90	110	130	150	170
U_{R_L}/V								
I/mA								

2. 测定线性电阻元件的伏安特性

按图 4－7 接线，电阻 R_1 取为 100 Ω，R_2 取为 500 Ω，调节稳压电源的输出电压，记下相应的电压表和电流表读数，完成表格 4－2。

表 4－2 实验数据记录表

U_s/V	0	2	4	6	8	10
U_{R2}/V						
I/mA						

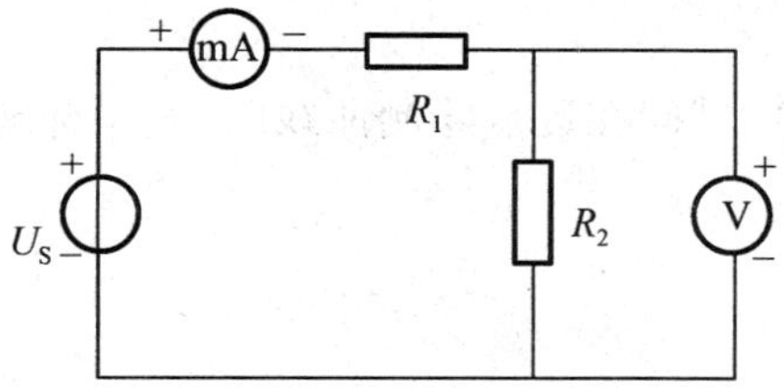

图 4－7 测量线性电阻伏安特性电路图

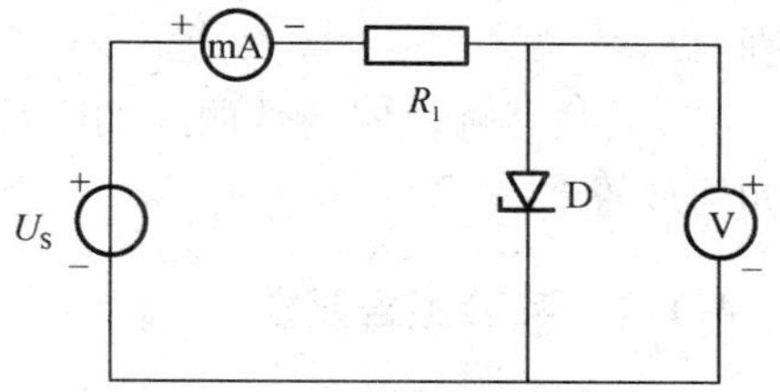

图 4－8 测量二极管伏安特性电路图

3. 测定稳压二极管的伏安特性

（1）正向特性实验：首先用数字万用表判断稳压二极管 D 的极性，然后按图 4－8 所示接线。测二极管的正向特性时，其正向电流不得超过 25 mA。实验时限流电阻 R_1 取为 500 Ω，稳压电源的输出电压从 0 V 缓慢调到 3 V，使二极管 D 正向压降在 0～0.8 V 之间，特别是在 0.5 V～0.8 V 之间更应该多取几个测量点，取值并记录在表格 4－3 中。

表 4－3 正向特性实验数据记录表

U_s/V									
U_D/V									
I/mA									

（2）反向特性实验：将图 4－8 中的稳压二极管 D 反接，稳压电源的输出电压从 0 V 缓慢调到 15 V，取值并记录在表格 4－4 中。

表 4－4 反向特性实验数据记录表

U_s/V						
U_D/V						
I/mA						

4.1.4 实验设备

(1)可调直流稳压电源。

(2)数字万用表或指针式万用表。

(3)实验线路板。

(4)十进制电阻箱,色环电阻,稳压二极管 IN4739。

4.1.5 实验注意事项

(1)进行实验时,应先估算电压和电流值,合理选择仪表的量程,勿使仪表超量程,仪表的极性亦不可接错。

(2)测量电流时要将万用表串联在被测电路中,测量电压时将万用表与被测元件并联。

(3)每次启动稳压电源前,必须将电源输出电压调节到零。

4.1.6 预习思考题

(1)线性电阻与非线性电阻的概念是什么?电阻元件与稳压二极管的伏安特性有何区别?

(2)设某器件伏安持性曲线的函数式为 $I=f(U)$,试问在逐点绘制曲线时,其坐标变量应如何放置?

4.1.7 实验报告要求

(1)根据各实验结果数据,分别在坐标纸上绘制出光滑的伏安特性曲线。

(2)根据实验内容(1)所测数据,求出实际电压源的内阻并进行误差分析。

4.2 基尔霍夫定律与叠加定理

4.2.1 实验目的

(1)验证基尔霍夫定律的正确性,加深对基尔霍夫定律的理解。

(2)验证叠加定理的正确性,加深对叠加定理的理解。

(3)加深对电流和电压参考方向的理解。

4.2.2 实验原理

1. 基尔霍夫定律

基尔霍夫定律阐明了电路整体必须遵守的规律,包括电流定律和电压定律,在电路理论中占有非常重要的地位。

(1)基尔霍夫电流定律(简称 KCL):“对于任一集总电路中的任一结点,在任一时刻,流入(或流出)该结点的所有支路电流的代数和恒等于零”。此处,电流的“代数和”是根据电流是流出结点还是流入结点判断的。若流出结点的电流前面取“ + ”号,则流入结点的电流前面取“ - ”号;电流是流出结点还是流入结点,均根据电流的参考方向判断,所以对任一结

点有

$$\sum i = 0 \tag{4-1}$$

上式取和是对连接于该点的所有支路电流进行的。

(2)基尔霍夫电压定律(简称 KVL):“对于任一集总电路中的任一回路,在任一时刻,沿着该回路的所有支路电压降的代数和恒等于零”。所以沿任一回路有

$$\sum u = 0 \tag{4-2}$$

上式取和时,需要任意指定一个回路的绕行方向,凡支路电压的参考方向与回路的绕行方向一致时,该电压前面取“+”号;支路电压参考方向与回路绕行方向相反时,前面取“-”号。

KCL 在支路电流之间施加线性约束关系;KVL 则对支路电压施加线性约束关系。这两个定律仅与元件的相互连接有关,而与元件的性质无关。不论元件是线性的还是非线性的,时变的还是时不变的,KCL 和 KVL 总是成立的。

对一个电路应用 KCL 和 KVL 时,应对各结点和支路编号,并指定有关回路的绕行方向,同时指定各支路电流和支路电压的参考方向,一般两者取关联参考方向。

2. 叠加定理

叠加定理可表述为:线性电阻电路中,任一电压或电流都是电路中各个独立电源单独作用时,在该处产生的电压或电流的叠加。

叠加定理在线性电路的分析中起着重要的作用,它是分析线性电路的基础。线性电路中很多定理都与叠加定理有关。直接应用叠加定理计算和分析电路时,可将电源分成几组,按组计算以后再叠加,有时可简化计算。

如图 4-9(a)所示电路中有两个独立电源(激励),现在要求解电路中电流 i_2 和电压 u_1(响应)。根据 KCL 和 KVL 可以列出方程 $u_s = R_1(i_2 - i_s) + R_2 i_2$,解得 i_2,再求得 u_1,有

$$\left.\begin{aligned} i_2 &= \frac{u_s}{R_1 + R_2} + \frac{R_2 i_s}{R_1 + R_2} \\ u_1 &= \frac{R_1}{R_1 + R_2}u_s - \frac{R_1 R_2}{R_1 + R_2}i_s \end{aligned}\right\} \tag{4-3}$$

从式(4-3)可看出,i_2 和 u_1 分别是 u_s 和 i_s 的线性组合。将其改写为

$$\left.\begin{aligned} i_2 &= i_2^{(1)} + i_2^{(2)} \\ u_1 &= u_1^{(1)} + u_1^{(2)} \end{aligned}\right\} \tag{4-4}$$

其中 $i_2^{(1)} = i_2 |_{i_s=0}$,$u_1^{(1)} = u_1 |_{i_s=0}$;$i_2^{(2)} = i_2 |_{i_s=0}$,$u_1^{(2)} = u_1 |_{i_s=0}$。

$i_2^{(1)}$ 和 $u_1^{(1)}$ 为原电路中将电流源 i_s 置零时的响应,也即是激励 u_s 单独作用时产生的响应;$i_2{}^{(2)}$ 和 $u_1{}^{(2)}$ 为原电路中将电压源 u_s 置零时的响应,也即是激励 i_s 单独作用时产生的响应。电流源置零时相当于开路,电压源置零时相当于短路。故激励 u_s 与 i_s 分别单独作用时电路图如图 4-9(b)和图 4-9(c)所示,称为 u_s 和 i_s 分别作用时的分电路。从分电路图 4-9(b)可求得

$$\left.\begin{aligned} i_2^{(1)} &= \frac{1}{R_1 + R_2}u_s \\ u_2^{(1)} &= \frac{R_1}{R_1 + R_2}u_s \end{aligned}\right\} \tag{4-5}$$

而从分电路图 4-9(c)可求得

$$\left.\begin{aligned} i_2^{(2)} &= \frac{R_1}{R_1+R_2}i_s \\ u_2^{(2)} &= \frac{R_1R_2}{R_1+R_2}i_s \end{aligned}\right\} \tag{4-6}$$

与式(4-3)和式(4-4)一致。

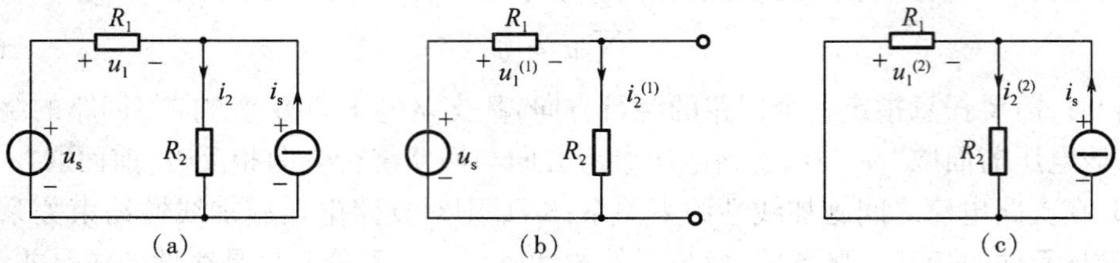

图4-9 激励源电路图

(a)双激励回路;(b)激励源 u_s 独立作用;(c)激励源 i_s 独立作用

当电路中存在受控源时,叠加定理仍然适用。受控源的作用反映在回路电流或结点电压方程中的自阻或自导和互导中,所以求某一处的电流或电压仍可按照各独立电源作用时在该处产生的电流或电压的叠加计算,以及对含有受控源的电路应用叠加定理,在进行各分电路计算时,仍应把受控源保留在各分电路之中。

使用叠加定理时应注意以下几点:

(1)叠加定理适用于线性电路,不适用于非线性电路。

(2)在叠加的各分电路中,不作用的电压源置零,在电压源处用短路代替;不作用的电流源置零,在电流源处用开路代替。电路中所有电阻都不予变动,受控源则保留在各分电路中。

(3)叠加时各分电路中的电压和电流的参考方向可以取为与原电路中的相同。取和时,应注意各分量前的"+""-"号。

(4)原电路的功率不等于按各分电路计算所得功率的叠加,这是因为功率是电压和电流的乘积。

线性电路的齐次性是指当激励信号(某独立源的值)增加 K 倍或减少到 $1/K$ 时,电路的响应(即在电路中各电阻元件上所得到的电流和电压值)也增加 K 倍或减少到 $1/K$。

4.2.3 实验内容

1. 基尔霍夫定律

实验线路如图4-10所示。

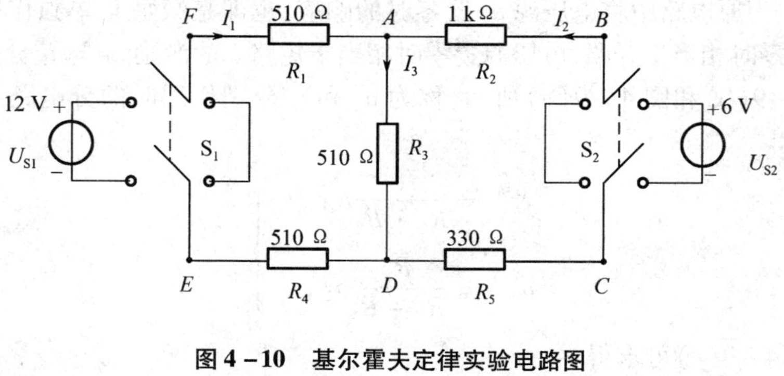

图4-10 基尔霍夫定律实验电路图

(1)实验前先任意设定三条支路的电流参考方向,如图中的 I_1,I_2,I_3,并熟悉线路结构,掌握电压和电流的测量方法。

(2)分别将两路直流稳压源接入电路,令 $U_{s1}=12\ \text{V}$,$U_{s2}=6\ \text{V}$。

(3)用直流数字电压表分别测量两路电源及电阻元件的电压值,数据记录在表格 4-5 中。

(4)用直流数字电流表分别测量三条支路的电流 I_1,I_2,I_3,数据记录在表格 4-5 中。

表 4-5 实验数据记录表

被测量	I_1/mA	I_2/mA	I_3/mA	U_{EF}/V	U_{CB}/V	U_{FA}/V	U_{AB}/V	U_{AD}/V	U_{CD}/V	U_{DE}/V
计算值										
测量值										
相对误差(%)										

2. 叠加定理

(1)按照图 4-11 所示实验线路接线,U_{s1}和 U_{s2}为稳压电源。取 $U_{s1}=+12\ \text{V}$,$U_{s2}=+6\ \text{V}$。

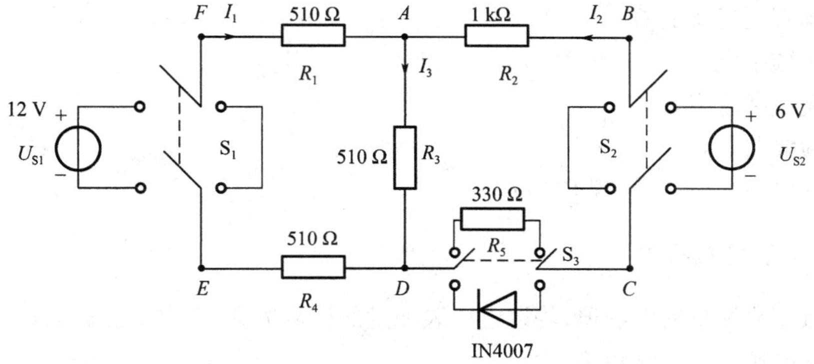

图 4-11 叠加原理实验电路图

(2)令 U_{S1}电源单独作用时(将开关 S_1 投向 U_{s1}侧,开关 S_2 投向短路侧),用直流数字表和毫安表测量各支路电流及各电阻元件两端的电压,数据记录在表格 4-6 中。

表 4-6 实验数据记录表

测量项目 / 实验内容	U_{EF}/V	U_{CB}/V	I_1/mA	I_2/mA	I_3/mA	U_{AB}/V	U_{CD}/V	U_{AD}/V	U_{DE}/V	U_{FA}/V
U_{s1}单独作用										
U_{s2}单独作用										
U_{s1},U_{s2}共同作用										
$2U_{s2}$单独作用										

(3)令 U_{s2}电源单独作用时(将开关 S_1 投向短路侧,开关 S_2 投向 U_{s2}侧),重复实验步骤(2)的测量和记录。

(4)令 U_{s1} 和 U_{s2} 共同作用时(开关 S_1 和 S_2 分别投向 U_{s1} 和 U_{s2} 侧),重复上述的测量和记录。

(5)将 U_{s2} 电源数值调至 12 V,重复实验步骤(3)并记录。

(6)将 R_5 换成一只二极管 IN4007(即将开关 S_3 投向二极管侧)重复实验步骤(1)~(2)的测量过程,数据记录在表格 4-7 中。

表 4-7 实验数据记录表

测量项目 / 实验内容	U_{EF}/V	U_{CB}/V	I_1/mA	I_2/mA	I_3/mA	U_{AB}/V	U_{CD}/V	U_{AD}/V	U_{DE}/V	U_{FA}/V
U_{s1} 单独作用										
U_{s2} 单独作用										
U_{s1},U_{s2} 共同作用										
$2U_{s2}$ 单独作用										

4.2.4 实验设备

(1)可调直流稳压电源。

(2)直流数字电压表。

(3)直流数字毫安表。

(4)实验线路板。

(5)色环电阻,整流二极管 IN4007 等。

4.2.5 实验注意事项

(1)所有需要测量的电压值,均以电压表测量的读数为准,不以电源表盘指示值为准。

(2)防止电源两端碰线短路。

(3)若用指针式电流表进行测量时,要识别测量电流时所接电流表时的“+”“-”极性。倘若不换接极性,则电表指针可能反偏(电流为负值时),此时必须调换电流表极性,重新测量,此时指针可正偏,但读得的电流值必须冠以负号。

(4)测量各支路电压和电流时,应该注意仪表的极性及数据表格中“+”“-”号的记录。

(5)注意仪表量程的及时更换。

4.2.6 预习思考题

(1)根据图 4-10 所示的电路参数,计算出待测的电流 I_1,I_2,I_3 和各电阻上的电压值,记入表中,以便实验测量时,可正确地选定毫安表和电压表的量程。

(2)实验中,若有一个电阻器改为二极管,试问叠加原理的叠加性和齐次性还成立吗,为什么?

(3)叠加原理中 U_{s1}、U_{s2} 分别单独作用,在实验中应如何操作,可否直接将不作用的电源(U_{s1} 或 U_{s2})置零(短接)?

4.2.7 实验报告要求

(1)根据实验数据,选定实验电路中的任一个结点,验证 KCL 的正确性。

(2)根据实验数据,选定实验电路中的任一个闭合回路,验证 KVL 的正确性。

(3)分析产生的误差原因。

(4)根据实验数据表格,进行分析、比较、归纳。总结实验结论,验证线性电路的叠加性和齐次性。

(5)各电阻器所消耗的功率能否用叠加定理计算得出?试用上述实验数据,进行计算并得出结论。

4.3 受控源特性测试

4.3.1 实验目的

(1)熟悉四种受控电源的基本特性。

(2)学习用运算放大器电路构成受控源电路的方法。

4.3.2 实验原理

电源可分为独立电源和受控源(或称非独立电源)两种,受控源在网络分析中已经成为经常遇到的电路元件。

1. 受控源与独立电源的不同点

独立电源的电动势或电流是某一固定数值或某一时间函数,不随电路其他部分的状态而改变,理想独立电压源的电压不随其输出电流而改变,理想独立电流源的输出电流与其端电压无关,独立电源作为电路的输入,它代表了外界对电路的作用。受控电源的电动势或电流则受到同一网络中其他某个电气量(电压或电流)的控制。

2. 受控源与无源元件不同点

无源元件的电压和它自身的电流有一定的函数关系,而受控源的电压或电流则和控制电压或电流有某种函数关系。

3. 当受控源的电压(或电流)与控制元件的电压(或电流)成正比时,该受控源是线性的,理想受控源的控制支路只有一个独立变量(电压或电流),另一个独立变量等于零,即从入口看,理想受控源或者是短路(即输入电阻 $R=0$),控制支路只有一个独立变量——电流 I 作用;或者是开路(即输入电导 $g=0$),控制支路只有输入电源 U 作用。从出口看,理想受控源或者是一理想电压源,或者是一理想电流源,受控源为双口元件,一个为控制端口,另一个为受控端口。受控端口的电流或电压受到控制端电流或电压的控制,施加于控制端口的控制量可以是电压或电流,因此有两种受控电压源,即电压控制电压源 VCVS,电流控制电压源 CCVS。同样受控电流源也有两种,即电压控制电流源 VCCS 及电流控制电流源 CCCS。

受控源的控制端与受控端的关系式称为转移函数,四种受控源的转移函数参量分别用 μ,g,γ,α 表示,它们的定义如下。

(1)电压控制电压源(VCVS):如图 4－12(a)所示为运算放大器组成的 VCVS 电路,根

据运算放大器的特性可得

$$U_2 = I_1R_1 + I_2R_2 \tag{4-7}$$

而

$$I_1 = I_2 = U_1/R_2 \tag{4-8}$$

所以

$$U_2 = (1 + R_1/R_2)U_1 = \mu U_1 \tag{4-9}$$

式中$\mu = 1 + R_1/R_2$，即输出电压U_2受输入电压U_1的控制，它的理想电路模型可表示为如图4-12(b)所示，它实际是一个非倒相比例放大器，比例系数μ称为电压放大系数。

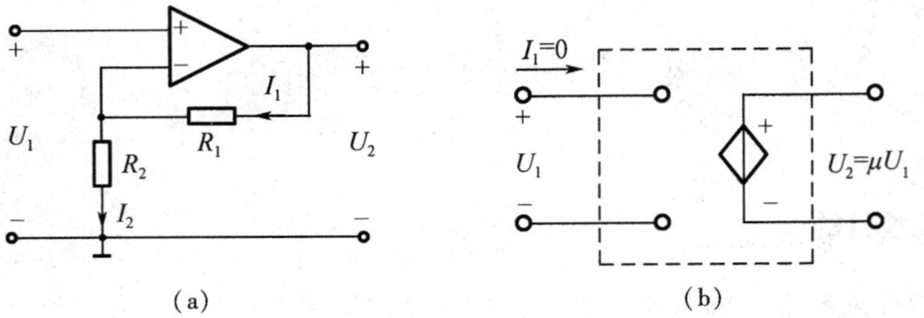

图4-12　VCVS电路及理想电路模型

(a)VCVS电路；(b)VCVS理想电路模型

(2)电压控制电流源(VCCS)：如图4-13(a)所示为运算放大器组成的VCCS电路，根据运算放大器的特性可得

$$I_S = I_2 = U_1/R_2 = gU_1 \tag{4-10}$$

式中$g = 1/R_2$，具有电导的量纲，称为转移电导。

可见，输出电流I_S受输入电压U_1的控制，与负载电阻R_L无关。它的理想电路模型可用图4-13(b)表示。

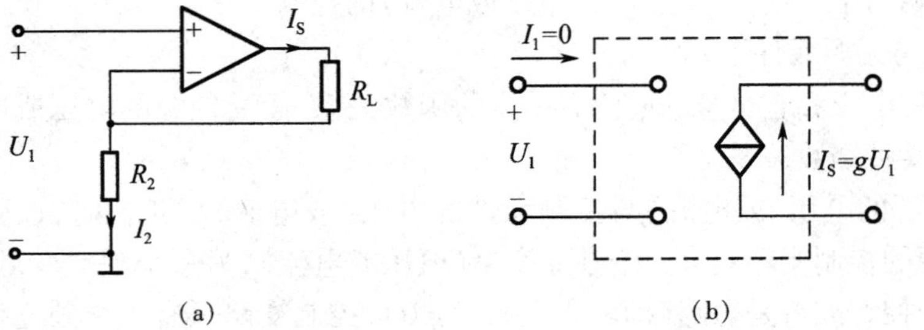

图4-13　VCCS电路及理想电路模型

(a)VCCS电路；(b)VCCS理想电路模型

(3)电流控制电压源(CCVS)：如图4-14(a)所示为运算放大器组成的CCVS电路，根据运算放大器的特性可得

$$U_2 = -I_1R = \gamma I_1 \tag{4-11}$$

式中$\gamma = -R$，具有电阻的量纲，称为转移电阻。

可见,输出电压 U_2 受输入电流 I_1 的控制。其理想电路模型可用图 4-14(b)表示。

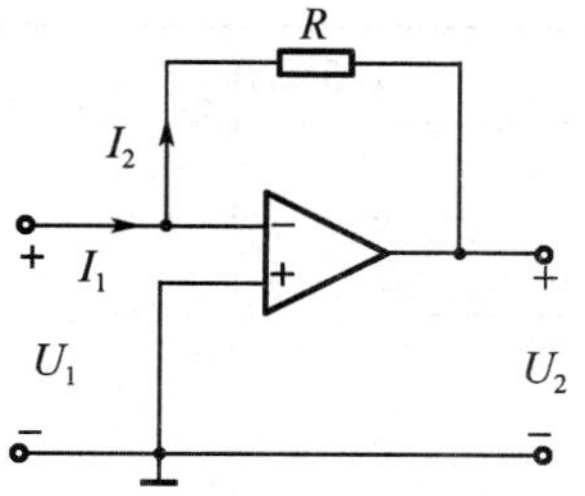

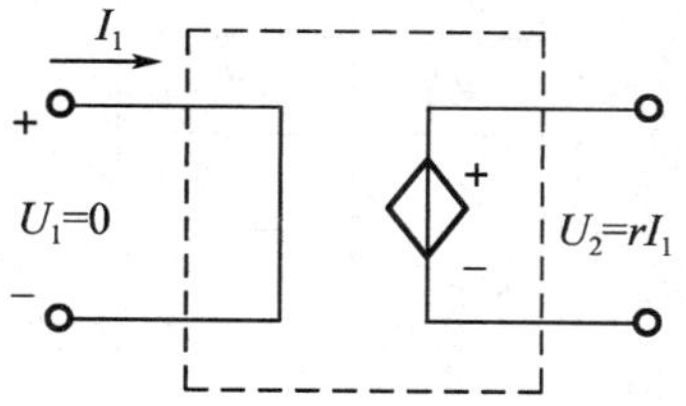

图 4-14 CCVS 电路及理想电路模型

(a)CCVS 电路;(b)CCVS 理想电路模型

(4)电流控制电流源(CCCS):如图 4-15(a)所示为运算放大器组成的 CCCS 电路,根据运算放大器的特性可得

$$I_S = I_2 + I_3 \tag{4-12}$$

而 $I_2 = I_1, U_a = I_1R_2 = I_3R_3$

所以

$$I_S = I_1 + I_1R_2/R_3 = (1 + R_2/R_3)I_1 = \alpha I_1 \tag{4-13}$$

即 I_S 只受输入电流 I_1 的控制,$\alpha = 1 + R_2/R_3$ 称为该放大电路的电流放大系数,其理想电路模型可表示为如图 4-15(b)所示。

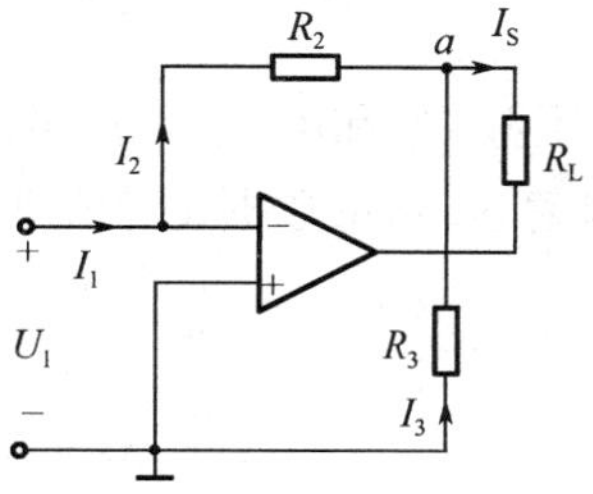

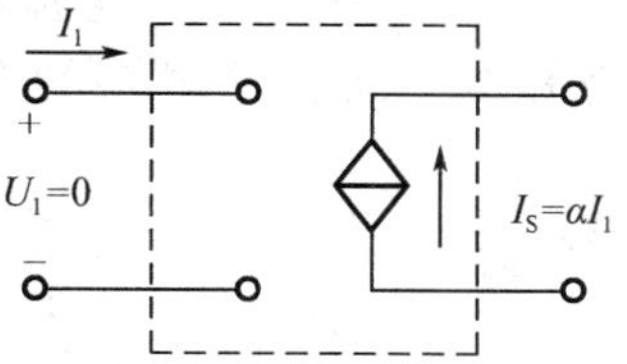

图 4-15 CCCS 电路及理想电路模型

(a)CCCS 电路;(b)CCCS 理想电路模型

4.3.3 实验内容

1. 测试电压控制电压源和电压控制电流源的特性

实验线路及参数如图 4-16 所示。

(1)电路接好后,先不要给激励源 U_1,将运算放大器"+"端对地短路,电源工作正常时,应有 $U_2 = 0$ 和 $I_S = 0$。

(2)接入激励源 U_1,取 U_1 分别为 0.5 V,1 V,1.5 V,2 V,2.5 V(操作时每次都要注意测定一下),测量 U_2 及 I_S 值并逐一记录在表格 4-8 中。

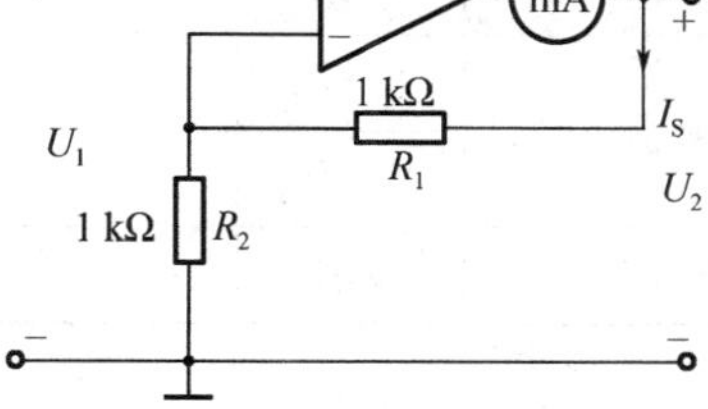

图 4-16 电压控制电压源和电流源实验线路图

表 4-8　实验数据记录表

给定值		U_1/V	0	0.5	1	1.5	2	2.5
VCVS	测量值	U_2/V						
	计算值	μ	/					
VCCS	测量值	I_S/mA						
	计算值	g/S	/					

(3)保持 U_1 为 1.5 V 而改变 R_1 的阻值，分别测量 U_2 及 I_S 值并逐一记录在表格 4-9 中。

表 4-9　实验数据记录表

给定值		R_i/kΩ	1	2	3	4	5
VCVS	测量值	U_2/V					
	计算值	μ					
VCCS	测量值	I_S/mA					
	计算值	g/S					

(4)核算表 4-8 和表 4-9 中的 μ 和 g 值，分析受控源特性。

2. 测试电流控制电压源特性

(1)实验电路如图 4-17 所示，输入电流由电压源 U_1 和电阻 R_i 提供。取 $U_1=1.5$ V，$R=500\ \Omega$，调节 R_i 使 I_1 为不同值，测相应的 U_2，计算 γ，测量数据记录在表格 4-10 中。

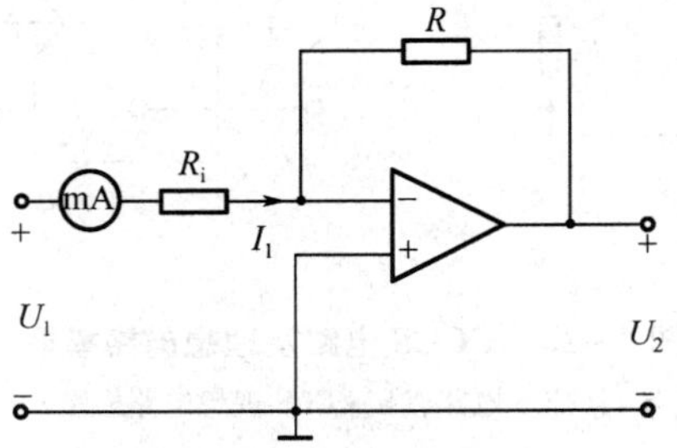

图 4-17　电流控制电压源实验线路图

表 4-10　实验数据记录表

给定值	R_i/kΩ	1	2	3	4	5
测量值	I_1/mA					
	U_2/V					
计算值	γ/Ω					

(2)不改变电压源 U_1 的值，改变电阻 $R=1\ 000\ \Omega$，调节 R_i 使 I_1 为不同值，测相应的 U_2，计算 γ，测量数据记录在表格 4-11 中。

表 4-11 实验数据记录表

给定值	R_i/kΩ	1	2	3	4	5
测量值	I_1/mA					
	U_2/V					
计算值	γ/Ω					

(3)核算表格 4-10 和表格 4-11 中的 γ 值,分析受控源特性。

3. 测试电流控制电流源特性

(1)实验电路如图 4-18 所示,输入电流由电压源 U_1 和电阻 R_i 提供。取 $U_1=1.5$ V,$R_3=R_2=500$ Ω,调节 R_i 使 I_1 为不同值,测相应的 I_S,计算电流放大倍数 α,测量数据记录在表 4-12 中。

表 4-12 实验数据记录表

给定值	R_i/kΩ	1	2	3	4	5
测量值	I_1/mA					
	I_S/mA					
计算值	α					

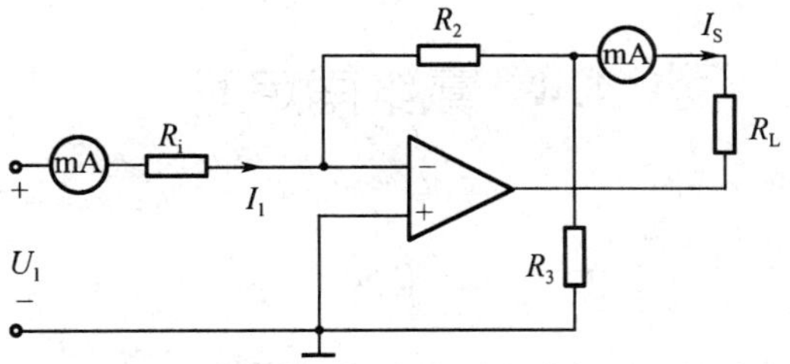

图 4-18 电流控制电流源实验线路图

(2)不改变电压源 U_1 和电阻 R_3 的值,改变电阻 $R_2=1\ 000$ Ω,调节 R_i 使 I_1 为不同值,测相应的 I_S,计算 α,测量数据记录在表 4-13 中。

表 4-13 实验数据记录表

给定值	R_i/kΩ	1	2	3	4	5
测量值	I_1/mA					
	I_S/mA					
计算值	α					

(3)核算表格 4-12 和表格 4-13 中的 α 值,分析受控源特性。

4.3.4 实验设备

(1)可调直流稳压电源。

(2)数字万用表或指针式万用表。

(3)受控源线路板。
(4)十进制电阻箱。

4.3.5 实验注意事项

(1)实验电路确认无误后方可接通电源,每次在运算放大器外部换接电路元件时,必须先断开电源。
(2)为使受控源正常工作,运算放大器输出端不能与地短路。
(3)运算放大器应由直流电源(±12 V 或 ±15 V)供电,其正负极性和管脚不能接错。

4.3.6 预习思考题

(1)受控电源与独立电源有何区别?
(2)四种受控电源中的 μ,g,γ,α 的含义各是什么,如何测得?
(3)受控电源的输出特性是否适合交流信号?

4.3.7 实验报告要求

(1)整理各组实验数据,并从原理上加以讨论和说明。
(2)写出通过实验对受控源特性所加深的认识。
(3)根据所测数据中受控源系数,与理论值进行比较,分析产生误差的原因。

4.4 戴维南定理

4.4.1 实验目的

(1)验证戴维南定理的正确性,加深对该定理的理解。
(2)掌握测量有源二端网络等效参数的一般方法。

4.4.2 实验原理

1. 戴维南定理指出:任何一个线性有源网络,总可以用一个理想电压源与电阻串联的电路模型来代替。所以任何一个线性有源网络,如果仅研究其中一条支路的电压和电流,则可将电路的其余部分看作是一个有源二端网络(或称为有源一端口网络)。

如图 4-19 所示,此电压源的电压 U_{es} 等于这个有源二端网络的开路电压 U_{oc},电压源内阻 R_0 等于该网络上所有独立源均除去(理想电压源视为短接,理想电流源视为开路)后,在端口处得到的等效电阻 R_{eq}。U_{oc} 和 R_{eq} 称为有源二端网络的等效参数。

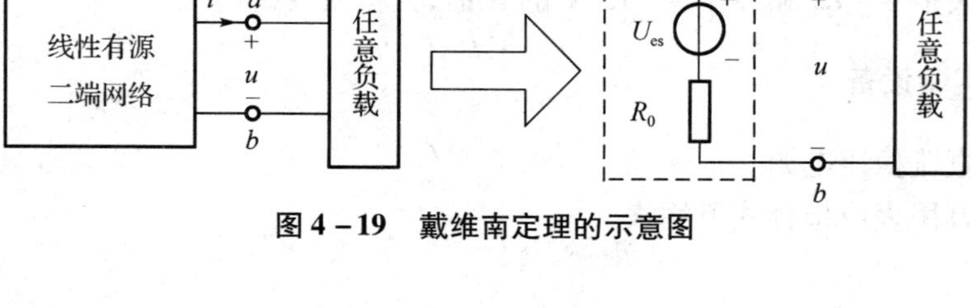

图 4-19　戴维南定理的示意图

2. 应用戴维南定理时，被变换的二端网络必须是线性的，可以包含独立电源或受控电源，但是与外部电路之间除直接相联系外，不允许存在任何耦合，例如通过受控电源的耦合或者是磁的耦合（互感耦合）等。外部电路可以是线性、非线性或时变元件，也可以是由它们合成的网络。

3. 测定线性有源一端口网络等效参数的方法。

（1）开路电压、短路电流法（方法一）：使用数字万用表直接测量二端网络输出端的开路电压 U_{oc}，然后将其输出端短路，用电流表测量其短路电流 I_{sc}，则等效电阻为

$$R_{eq}=\frac{U_{oc}}{I_{sc}} \tag{4-14}$$

这种方法适用于端口的等效内阻 R_{eq} 较大，且其短路电流不超过额定电流的情况，否则有损坏电源，烧毁仪表的危险。

（2）伏安法（方法二）：如果线性网络不允许 a、b 端之间开路或短路，可以通过测量线性两端网络的外特性，即在被测网络端口接一可变电阻 R_L，改变 R_L 值两次，分别测量 R_L 两端的电压 U 和流过 R_L 的电流 I 后，则可列出方程组

$$\left.\begin{aligned} U_{oc}-R_{eq}I_1&=U_1\\ U_{oc}-R_{eq}I_2&=U_2\end{aligned}\right\} \tag{4-15}$$

求解方程组（4－15）得到

$$\left.\begin{aligned} U_{oc}&=\frac{U_1I_2-U_2I_1}{I_2-I_1}\\ R_{eq}&=\frac{U_1-U_2}{I_2-I_1}\end{aligned}\right\} \tag{4-16}$$

（3）半电压法（方法三）：先用数字万用表测量出有源二端线性网络的开路电压 U_{oc}，然后在其两端接一个可变负载电阻 R_L，调节电阻 R_L 大小，使负载两端的电压为被测网络的开路电压的一半时，负载电阻值即为被测有源二端网络的等效电阻值 R_{eq}。

（4）零示法（方法四）：当有源二端线性网络的等效内阻 R_{eq} 较高时，在用万用表直接测量其开路电压时，由于其内阻的影响，会给测量造成较大的误差。为了消除万用表内阻的影响，往往采用零示法，如图 4－20 所示。

零示法是用一个低内阻的稳压电源与被测有源二端网络进行比较，当稳压电源的输出电压与含源二端网络的开路电压相等时，万用表的读数将为“0”，然后将电路断开，用万用表测量此时稳压电源的输出电压，即为被测有源二端网络的开路电压。

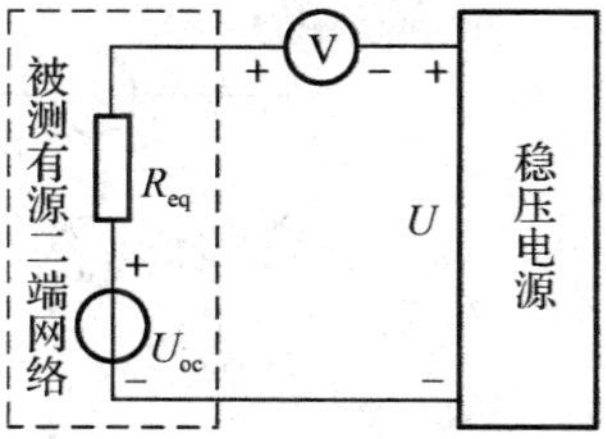

图 4－20　零示法图

4.4.3　实验内容

被测有源二端网络如图 4－21（a）或图 4－22（a）所示。

1. 测定戴维南等效电路的开路电压和等效内阻

测量参考电路如图 4－21（a）或 4－22（a）所示，分别采用开路电压和短路电流法、伏安法、半电压法、零示法测量有源二端网络的开路电压和等效电阻，将测量结果记录在表 4－14 中。

表 4－14　开路电压和等效电阻的测量记录表

	方法一	方法二	方法三	方法四
开路电压 U_{oc}/V				
等效电阻 R_{eq}/Ω				

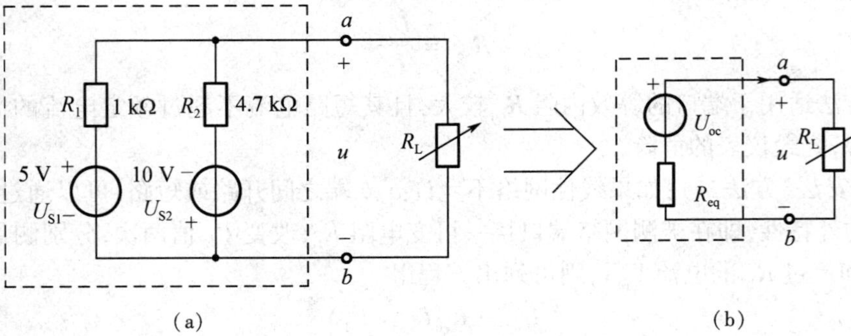

图 4－21　戴维南定理实验原理图 1

(a)实验电路；(b)戴维南等效电路

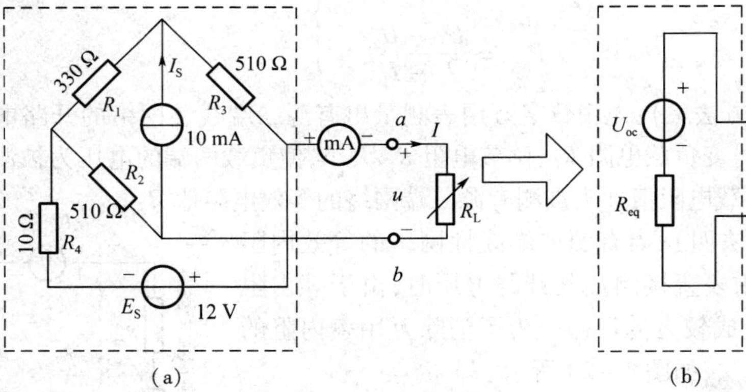

图 4－22　戴维南定理实验原理图 2

(a)实验电路；(b)戴维南等效电路

2. 负载实验

如图 4－21(a)或 4－22(a)所示，改变 R_L 阻值，测量有源二端网络的外特性，完成表格 4－15。

表 4－15 实验数据记录表

R_L/Ω	0	∞
U_L/V		
I/mA		

3. 验证戴维南定理

用一个可变电阻箱，将其阻值调整到等于按实验内容 1 所得的等效电阻 R_{eq}之值，然后令其与直流稳压电源（调到实验内容 1 时所测得的开路电压 U_{oc}之值）相串联，如图 4 – 21（b）或 4 – 22（b）所示，仿照实验内容 2 测其外特性，完成表格 4 – 16，对戴维南定理进行验证。

表 4 – 16 实验数据记录表

R_L/Ω	0									∞
U_L/V										
I/mA										

4.4.4 实验设备

（1）可调直流稳压电源。
（2）可调直流恒流源。
（3）直流数字电压表。
（4）直流数字毫安表。
（5）数字万用表。
（6）实验线路板。
（7）十进制电阻箱，色环电阻等元件。

4.4.5 实验注意事项

（1）在测量电流时，要注意提前调整电流表的量程。
（2）电源置零时不可将稳压源短接。
（3）用万用表直接测 R_{eq}网络内的独立源必须先置零，以免损坏万用表，其次，欧姆挡必须经调零后再进行测量。
（4）改接线路时，要关掉电源。

4.4.6 预习思考题

（1）在求戴维南等效电路时，做短路试验，测 I_{sc}在本实验中可否直接做负载短路实验？请实验前对实验线路预先做好计算，以便调整实验线路及测量时可准确地选取电表的量程。
（2）说明测有源二端网络开路电压及等效内阻的几种方法，并比较其优缺点。

4.4.7 实验报告要求

（1）根据实验内容 2 和 3，分别绘出曲线，验证戴维南定理的正确性，并分析产生误差的原因。
（2）根据实验内容 1 方法测得的 U_{oc}与 R_{eq}与预习时电路计算的结果作比较，思考你能得出什么结论。
（3）解释用半电压法求 R_{eq}的原理。
（4）归纳、总结实验结果。

4.5　示波器与信号发生器的使用

4.5.1　实验目的

(1)学习信号发生器的使用方法。

(2)学习使用示波器观察各种信号波形和测量正弦信号的电压、频率及相位差。

4.5.2　实验原理

1. 用示波器测量正弦信号的电压、频率

由示波器的工作原理可知,电子束在荧光屏垂直方向偏转的距离与输入电压成正比(校准状态下比例系数为衰减旋钮值 K_Y),水平方向偏转的距离与扫描电压/时间成正比(校准状态下水平偏转距离与时间之间的比例系数为扫描时间旋钮值 K_X)。如图 4－23 所示,测得正弦信号在垂直方向的幅度 Y 和水平方向上一个周期的宽度 L_0 即可求待测信号的电压 V_{P-P}和周期 T,即 $V_{P-P}=Y\cdot K_Y,T=1/f=L_0\cdot K_X$。

2. 用示波器测量正弦信号的相位差的两种方法

(1)双踪测量法(方法一):通道 CH_1、通道 CH_2 分别加同频正弦波,如图 4－23 所示,测得正弦信号水平方向上一个周期的宽度 L_0 以及两个同频率正弦信号相同相位点之间的水平距离 L_1,即可求得相位差 $\varphi=\dfrac{L_1}{L_0}\times360°$。

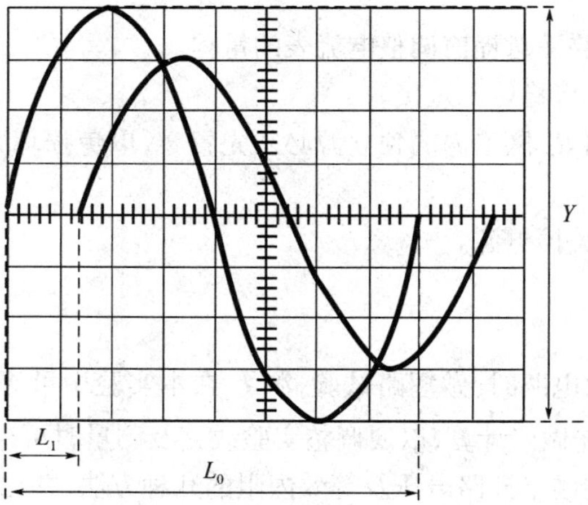

图 4－23　电压、频率及相位差测量示意图

(2)椭圆法(方法二):扫描开关置 $X-Y$ 位置,两个同频正弦波分别加到 X,Y 输入端,并调 X,Y 衰减器使两个信号的振幅相同,荧光屏上显示图 4－24 所示的椭圆图,则

$$\varphi=\arcsin^{-1}\frac{B}{A}$$

3. RC 电路的相移

如图 4－25 所示电路中,在 RC 串联电路两端加上频率为 f 的交流正弦电压 u_s 时,电容的容抗特性将使电容两端的电压 u_c 与电源电压 u_s 之间存在相位差:$\varphi_0=\arctan2\pi/RC$,这种

电路常被称为移相电路。

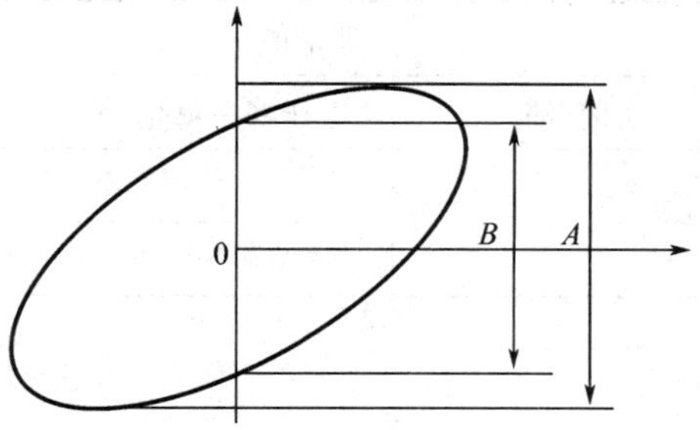

图 4-24 椭圆法测相位差

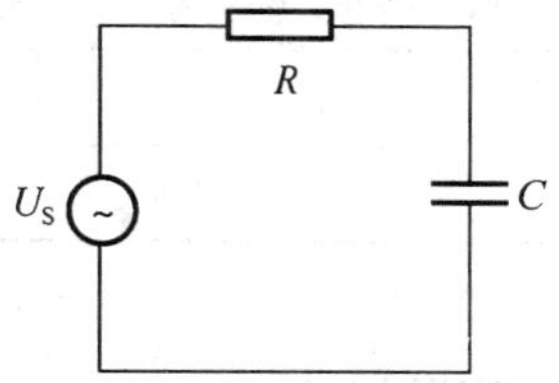

图 4-25 RC 串联电路

4.5.3 实验内容

1. 交流电压和时间的测量

将 Y 输入耦合方式置 AC 位置,输入 U_S 的有效值 $U_S=1$ V(即电压峰-峰值 $V_{P-P}=2.83$ V)、$f=1$ kHz 的正弦波。计算示波器 Y 轴和 X 轴处于不同挡位时应显示的格数,以及示波器实际显示的格数,并比较计算百分偏差 B,记录在表格 4-17 中。

表 4-17 交流电压和时间测量表

校验档位	Y 轴(峰-峰值)		X 轴(每周期格数)	
	1 V/cm 挡位	0.5 V/cm 挡位	0.5 ms/cm 挡位	0.2 ms/cm 挡位
挡位应显示标准格数 N_0				
实际显示格数 N_1				
$B=100\times\lvert N_1-N_0\rvert/N_0$(%)				

2. 相位差测量

图 4-26 所示用电容和电阻组成一个串联电路,其中电容 $C=0.1$ μF,电阻 $R=1$ kΩ。输入端加以正弦信号(频率 1 kHz、电压峰-峰值 2 V),用示波器同时观测并记录输入信号 u_i 和电阻 u_c 的电压波形,并比较两者之间的相位关系。将读数记录在表格 4-18 中,并与理论值比较。设输入信号 u_i 初相为 0。

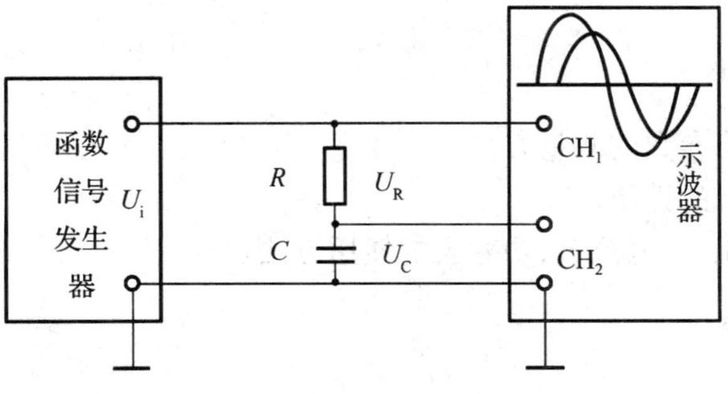

图 4-26 RC 移相器

表 4-18 相位差测量表

	测量值		理论值		
	电压峰-峰值/V	相位	超前/滞后	电压峰-峰值/V	相位
u_i					
u_c					

4.5.4 实验设备

(1)函数信号发生器。
(2)双通道交流毫伏表。
(3)可调电阻箱。
(4)十进式电容箱。

4.5.5 实验注意事项

(1)示波器荧光屏显示的波形应大小适中,便于观察读数。测量信号频率和电压峰-峰值时,相应的微调旋钮应放在校准位置。

(2)用毫伏表测量时,要选择合适的量程,使表针处于满刻度的1/3以上位置读数。

(3)示波器的辉度不应过亮,尤其是光点长期停留在荧光屏上不动时,应将辉度调暗,以延长示波器的使用寿命。

4.5.6 预习思考题

(1)用示波器测量周期信号的周期和电压时,垂直微调和扫描微调应放在什么位置?

4.5.7 实验报告要求

(1)画出实验所用仪器的连接图。
(2)在坐标纸上绘出移相器两个端口的电压波形,测出相位差,并与理论值进行比较。

4.6 交流参数的测定

4.6.1 实验目的

(1)学习交流电路参数的测量方法。
(2)学会判别阻抗的性质。
(3)学会交流电压表、电流表、功率表的使用方法。

4.6.2 实验原理

交流电路中,元件的阻抗值或无源一端口网络的等效阻抗值可用实验方法测量,常用的方法有三表法和三电压法。

1. 三表法(电压表、电流表和功率表)测量交流电路的参数

三表法是测量 50 Hz 交流电路参数的基本方法。在交流电路中,对一个未知阻抗 $Z=R+\mathrm{j}X$,可用交流电压表、交流电流表和功率表分别测出其端电压 U、流过它的电流 I 和其所消耗的有功功率 P 后,再通过计算得出。功率因数为

$$\lambda = \cos\varphi = \frac{P}{UI} \tag{4-17}$$

阻抗的模、等效电阻和等效电抗分别为

$$|Z| = \frac{U}{I} \tag{4-18}$$

$$R = \frac{P}{I^2} = |Z|\cos\varphi \tag{4-19}$$

$$X = |Z|\sin\varphi \tag{4-20}$$

或

$$X = X_{\mathrm{L}} = 2\pi fL \tag{4-21}$$

$$X = X_{\mathrm{C}} = \frac{1}{2\pi fC} \tag{4-22}$$

当不能确定元件(或网络)的性质时,用三表法测得的 U,P,I 的数值还不能判别被测阻抗是容性还是感性,可用在被测元件两端并联电容或将被测元件与电容串联的方法来判别。将被测元件两端并联一只适当容量的试验电容 C_0,若电流表的读数增大,则被测元件为容性;若电流表的读数减小,则被测元件为感性(注意:C_0 值不宜过大,其额定工作电压要高于测试电路的电压峰值)。

将被测元件两端串联一只适当容量的试验电容,若被测阻抗的端电压下降,则被测元件为容性;端电压上升则为感性,判定条件为

$$\frac{1}{\omega C'} < |2X|$$

式中 X 为被测阻抗的电抗值,C' 为串联实验电容值。

2. 三电压法测量交流电路的参数

用电压表测出电路中各元件的电压,依据电压向量图可以计算出元件的参数,这种方法称为三电压法。

(1)将被测元件与一个已知电阻 R 串联,如图 4-27(a)所示。对于电感元件,实际上是测量电感线圈,它含有电阻 r 和电感 L,可用 r 和 L 串联模型来等效。

用电压表分别测量已知电阻电压 U_{R}、被测元件上的电压 U_{Z} 及总电压 U_{RS}。用向量图表示此三个电压的关系,如图 4-27(b)所示为一个闭合三角形。

电感线圈阻抗

$$Z_{\mathrm{L}} = r + \mathrm{j}\omega L = |Z_{\mathrm{L}}|(\cos\varphi + \mathrm{j}\sin\varphi) \tag{4-23}$$

则

$$r = |Z_{\mathrm{L}}|\cos\varphi, L = \frac{|Z_{\mathrm{L}}|}{\omega}\sin\varphi$$

$$I = \frac{U_{\mathrm{R}}}{R} = \frac{U_{\mathrm{Z}}}{|Z_{\mathrm{L}}|} \Rightarrow |Z_{\mathrm{L}}| = \frac{U_{\mathrm{Z}}}{U_{\mathrm{R}}}R \tag{4-24}$$

由电压向量图可知

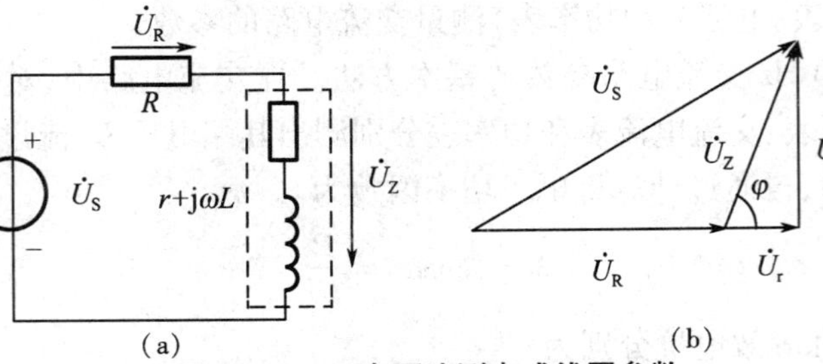

图 4 - 27　三电压法测电感线圈参数

(a)测量电路;(b)电压向量图

$$\left.\begin{aligned} \cos\varphi &= -\frac{U_R^{\,2} + U_Z^{\,2} - U_S^{\,2}}{2U_RU_Z} \\ \sin\varphi &= \sqrt{1 - \left(\frac{U_R^{\,2} + U_Z^{\,2} - U_S^{\,2}}{2U_RU_Z}\right)^2} \end{aligned}\right\} \tag{4-25}$$

则电感线圈参数

$$\left.\begin{aligned} r &= \frac{U_Z}{U_R}R\left|\frac{U_R^{\,2} + U_Z^{\,2} - U_S^{\,2}}{2U_RU_Z}\right| \\ L &= \frac{U_ZR}{U_R\omega}\sqrt{1 - \left(\frac{U_R^{\,2} + U_Z^{\,2} - U_S^{\,2}}{2U_RU_Z}\right)^2} \end{aligned}\right\} \tag{4-26}$$

上式中 R,ω 为已知,U_R,U_Z,U_S 为测量值。

(2)将被测元件与一个已知电阻 R 串联,如图 4 - 28(a)所示。对于电容元件,实际上是测量电容器,它含有电阻 r 和电容 C,可用 r 与 C 并联模型来等效。但一般来说,并联电阻 r 非常大,可忽略不计,将其看成理想电容 C。

用电压表分别测量已知电阻电压 U_R、被测元件上的电压 U_C 及总电压 U_S。用向量图表示此三个电压的关系,如图 4 - 28(b)所示为一个闭合三角形。

电容容抗

$$Z_C = \frac{1}{j\omega C} \tag{4-27}$$

$$I = \frac{U_R}{R} = \frac{U_C}{\left|\frac{1}{j\omega C}\right|} = U_C\omega C \tag{4-28}$$

则

$$C = \frac{U_R}{U_CR\omega} \tag{4-29}$$

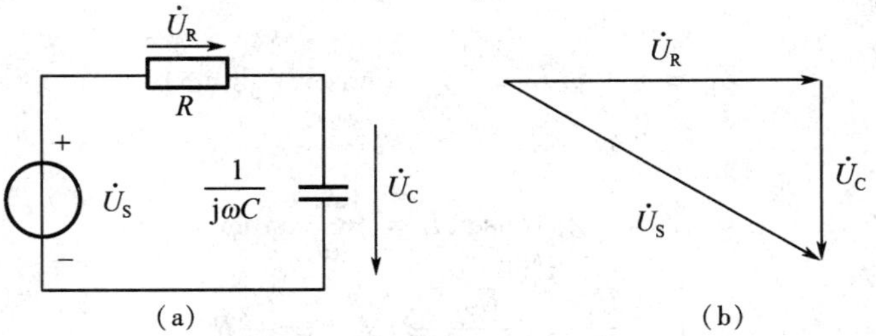

图 4 - 28　三电压表法测电容线圈参数

(a)测量电路;(b)电压向量图

4.6.3 实验内容

1. 用三表法测量交流等效参数

(1)按图 4-29 所示接线,并经指导教师检查后,方可接通市电电源。

(2)分别测量 15 W 白炽灯(R)、40 W 日光灯镇流器(L)和 4.7 μF 电容器(C)的等效参数,将实验数据记录在表格 4-19 中。要求 R 和 C 两端所加电压为 220 V,L 中流过电流小于 0.4 A。

(3)测量 L,C 串联与并联后的等效参数,将实验数据记录在表格 4-19 中。

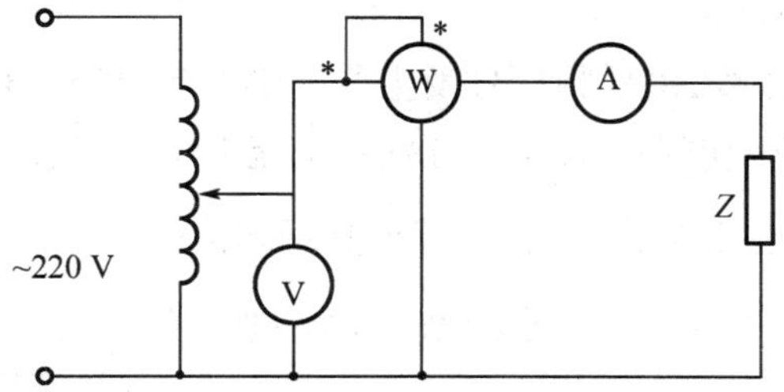

图 4-29 测量交流参数电路

表 4-19 实验数据

被测阻抗	测量值				计算值			电路等效参数	
	U/V	I/A	P/W	$\cos\varphi$	Z/Ω	$\cos\varphi$	R/Ω	L/mH	C/μF
15 W 白炽灯 R									
电感线圈 L									
电容器 C									
L 与 C 串联									
L 与 C 并联									

2. 用三电压法测量电感线圈参数 r,L

按图 4-27(a)所示接线,由低频信号发生器提供交流电源,电源频率 $f=1$ kHz,取 $R=1$ kΩ,电感 $L=0.1$ H,改变电源电压 U_S,分别用交流电压毫伏表测量 U_R,U_Z,共测 3 组,记录在表 4-21 中,计算出相应的 r 及 L 值,并算出其平均值 $\bar{r}$,$\bar{L}$。

(4)验证用串、并实验电容法判别负载性质的正确性。

实验线路如图 4-29 所示,但不必接功率表,按表 4-20 内容进行测量和记录。

表 4-20 实验数据

被测元件	串 1 μF 电容		并 1 μF 电容	
	串前电压/V	串后电压/V	并前电流/A	并后电流/A
R(3 只 15 W 白炽灯)				
C(4.7 μF)				
L(1 H)				

表 4－21 实验数据

U_S/V	测量值		计算值			
	U_R/V	U_Z/V	r/Ω	L/H	$\bar{r}$/Ω	$\bar{L}$/H
1						
3						
5						

3. 用三电压法测电容线圈参数 C

按图 4－28(a)所示接线，由低频信号发生器提供交流电源，电源频率 $f=1$ kHz，取 $R=1$ kΩ，电容 $C=0.1$ μF，改变电源电压 U_S，分别用交流电压毫伏表测量 U_R，U_C，共测 3 组，记录在表格 4－22 中，计算出相应的 C 值，并算出其平均值$\bar{C}$。

表 4－22 实验数据

U_S/V	测量值		计算值	
	U_R/V	U_C/V	C/μF	$\bar{C}$/μF
2				
4				
6				

4.6.4 实验设备

(1)交流调压器。
(2)交流电压表。
(3)交流电流表。
(4)功率表。
(5)自耦调压器。
(6)白炽灯(15 W/220 V)。
(7)镇流器(与 40 W 日光灯配用)。
(8)函数信号发生器。
(9)十进式电感箱。
(10)十进式电容箱。

4.6.5 实验注意事项

(1)自耦调压器在接通电源前，应将其手柄置在零位上，调节时，使其输出电压从零开始逐渐升高。每次改接实验线路或实验完毕，都必须先将其旋柄慢慢调回零位，再断电源。必须严格遵守这一安全操作规程。

(2)功率表的电流线圈与待测元件串联，电压线圈与待测元件并联，其电流、电压线圈的同名端应与电路中设定的电流、电压参考方向一致。

4.6.6 预习思考题

(1)预习功率表的使用方法。

(2)系统电路中有功功率如何计算?理想电容、理想电感的有功功率为多少?

(3)用并联小试验电容的方法,判断无源一端口网络是容性还是感性的依据是什么。

4.6.7 实验报告要求

(1)完成表格计算,并把相应步骤写到实验报告上。

(2)系统电路中有功功率如何计算?理想电容、理想电感的有功功率为多少?

(3)由三电压法实验测得的$\overline{L}$,$\overline{C}$与理论值L,C作比较,进行误差分析。

4.7 功率因数的提高

4.7.1 实验目的

(1)研究正弦稳态交流电路中电压、电流相量之间的关系。

(2)了解日光灯电路的组成和工作原理,掌握日光灯线路的接线。

(3)学会使用交流电压表、交流电流表和功率表测量交流电路参数。

(4)理解改善电路功率因数的意义并掌握提高感性电路功率因数的方法。

4.7.2 实验原理

1. 如图4-30所示为发电机或变压器把能量经传输互送给感性负载的简化电路图,设线路损耗功率为P_L,负载吸收功率为P_2,则输入效率为

$$\eta = \frac{P_2}{P_2 + P_L} \times 100\% \qquad (4-30)$$

感性负载的电流为I_2、滞后负载的电压为U_2且滞后角度为φ_L,负载吸收的功率为

$$P_2 = U_2 I_2 \cos\varphi_L \qquad (4-31)$$

如果负载的端电压恒定,功率因数越低,线路上的电流越大,输电线上的功率损耗越大,传输效率越低,发电机容易得不到充分利用,这是很不经济的,所以提高线路系统的功率因数是很有意义的。

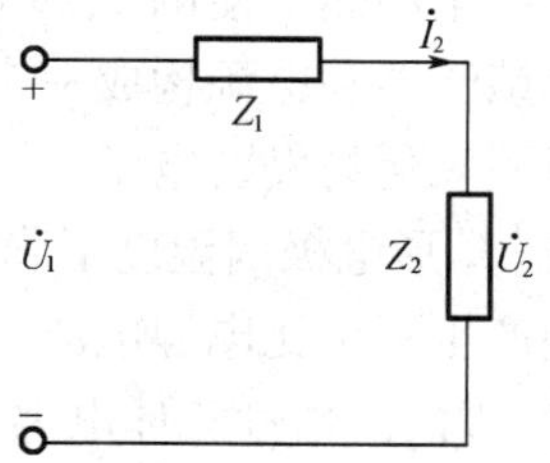

图4-30 能量传输简化电路图

可通过在负载的两端并联电容器来提高功率因数,如图4-31所示。并联电容前,电路的总电流$\dot{I}_2$就是负载的电流$\dot{I}_L$,电路的功率因数就是负载的功率因数$\cos\varphi_L$。并联电容后,电路总电流$\dot{I}_2 = \dot{I}_L + \dot{I}_C$,电路的功率因数变为$\cos\varphi_2$。由于$\varphi_2 < \varphi_L$,所以$\cos\varphi_2 > \cos\varphi_L$。只要$C$值选择恰当,便可将电路的功率因数提高到希望的数值。

由图4-31(b)可知,C的改变只影响线路系统的功率因数和电流I_2,不改变负载吸收的功率

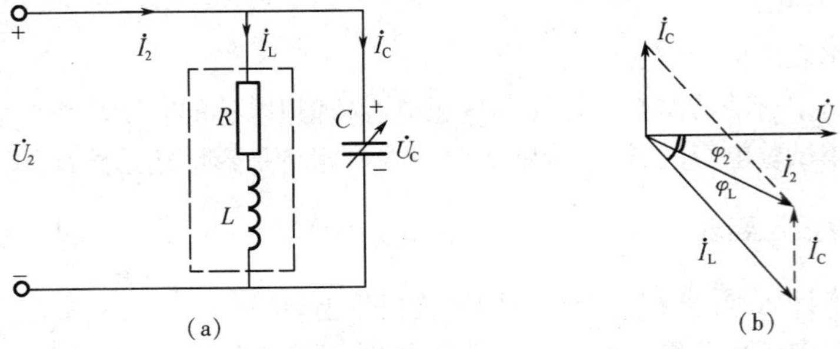

图 4－31　功率因数提高

(a)实验电路;(b)电流向量图

$$P_2 = U_2 I_L \cos\varphi_L = U_2 I_2 \cos\varphi_2 \tag{4-32}$$

2. 日光灯电路的组成及工作原理

日光灯主要由灯管、镇流器和启辉器组成。其电路如图 4－32 所示。灯管是一根内壁均匀涂有荧光物质的细长玻璃管,管的两端装有灯丝电极,灯丝上涂有受热后易于发射电子的氧化物,管内充有稀薄的惰性气体和水银蒸气。镇流器为一带有铁芯的电感线圈。启辉器由一个辉光管和一个小容量的电容器组成,它们装在一个圆柱形的外壳内。

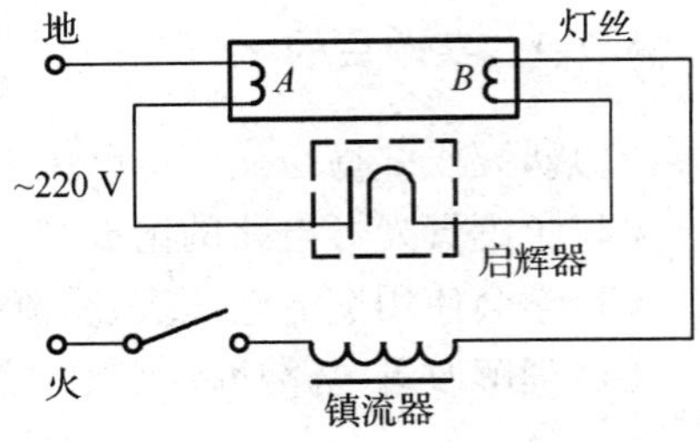

图 4－32　日光灯电路图

当接通电源时,由于日光灯没有点亮,电源电压全部加在启辉器辉光管的两个电极间使辉光管放电,放电产生的热量使倒 U 形电极受热趋于伸直,两电极接触,这时日光灯的灯丝通过此电极以及镇流器和电源构成一个回路,灯丝因有电流(称为启动电流或预热电流)通过而发热,从而使氧化物发射电子。同时,辉光管的两个电极接通时,电极间电压为零,辉光管放电停止,倒 U 形电极因温度下降而复原,两电极脱开,回路中的电流突然被切断,于是在镇流器两端产生一个比电源电压高得多的感应电压。这个感应电压连同电源电压一起加在灯管两端,使管内的惰性气体电离而产生弧光放电。随着管内温度的逐渐升高,水银蒸气游离并猛烈碰撞惰性气体分子而放电。水银蒸气弧光放电时,辐射出不可见的紫外线,紫外线激发灯管内壁的荧光粉后发出可见光,此为日光灯启辉过程。

4.7.3　实验内容

1. 日光灯电路连接与测量

如图 4－33 所示。图中 AB 是日光灯管,L 是镇流器,S 是启辉器,C_1,C_2,C_3 是补偿电容器。

先不接入补偿电容器,调节自耦调压器的输出,使其输出电压缓慢增大,直到日光灯刚启辉点亮为止,记下三个表的指示值。然后将电压调至 220 V,测量功率 P,电流 I,电压 U,U_L,U_{AB} 等值,并记录在表格 4－23 中。

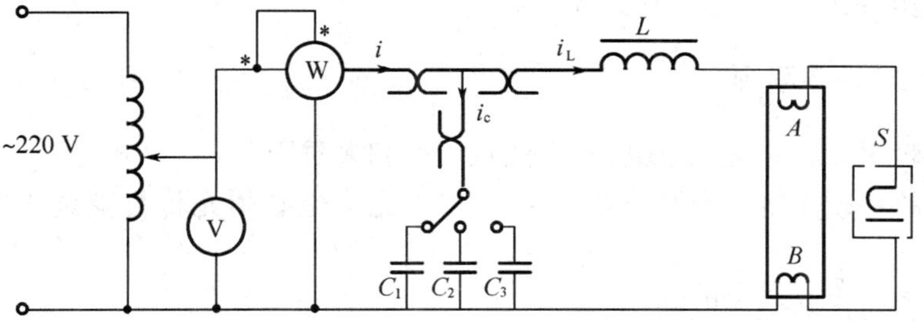

图 4－33 感性负载提高功率因数实验图

表 4－23 实验数据

	测量数值				计算值			
	P/W	$\cos\varphi$	I/A	U/V				
启辉值								
正常工作值								

2. 提高功率因数

将功率因数提高所需的电容并联在电路上，保持电压 $U=220$ V，将测试结果记录在表格 4－24 中。

表 4－24 实验数据

电容值/μF	测量数值						计算值	
	P/W	$\cos\varphi$	U/V	I/A	I_L/A	I_C/A	I'/A	$\cos\varphi$

4.7.4 实验设备

(1)电工技术实验装置。
(2)自耦调压器。
(3)交流电压表。
(4)交流电流表。
(5)功率表。
(6)镇流器(与 40 W 灯管配用)。
(7)启辉器(与 40 W 灯管配用)。
(8)日光灯灯管(40 W)。
(9)电容器(若干)。

(10)实验电箱(提供电流插孔、开关等)。

4.7.5 实验注意事项

(1)本实验用220 V交流市电,务必注意用电和人身安全。

(2)实验前必须先将自耦调压器调到0,实验完毕也必须先将自耦调压器调到0,再关闭电源。

(3)功率表要正确接入电路。

(4)线路接线正确,日光灯不能启辉时,应检查启辉器及其接触是否良好;接换线路时,必须关闭电源开关。

4.7.6 预习思考题

(1)在日常生活中,当日光灯上缺少了启辉器时,人们常用一根导线将启辉器的两端短接一下,然后迅速断开,使日光灯点亮;或用一只启辉器去点亮多只同类型的日光灯,这是为什么?

(2)为了提高电路的功率因数,常在感性负载上并联电容器,此时增加了一条电流支路,试问电路的总电流是增大还是减小,此时感性元件上的电流和功率是否改变?

(3)日光灯在正常工作时可近似视为什么元件?镇流器可近似视为什么元件?

4.7.7 实验报告要求

(1)完成数据表格中的计算,进行必要的误差分析。

(2)讨论改善电路功率因数的意义和方法。本实验中当电容为多大时电路的功率因数最高,电容值越大电路的功率因数是否越高,随着电容值的改变,哪些物理量应随之改变,如何改变,哪些物理量应不变,用实验数据举例说明。

(3)提高功率因数为什么只采用并联电容法,而不采用串联电容法,所并的电容是否越大越好?

4.8 一阶电路的时域响应

4.8.1 实验目的

(1)学习用示波器测定RC一阶电路的零输入响应、零状态响应及全响应。

(2)学习用示波器测量一阶电路的时间常数。

(3)掌握有关微分电路和积分电路的概念。

4.8.2 实验原理

1. 在含有LC储能元件的电路(动态电路)中,当电路的结构或元件的参数发生变化时,电路从原来的工作状态需要经历一个过渡过程才能转换到另一种工作状态。动态电路的过渡过程可以用微分方程来求解。由一个储能元件和若干个电阻元件构成的一阶电路是可以用一阶微分方程来描述和求解的。

2. 所有储能元件的初始值为零的电路对外加激励的响应称为零状态响应。对于图 4－34 所示的一阶电路，当 $t=0$ 时，开关 S 由位置 2 转到位置 1，直流电源通过 R 向 C 充电。

由方程

$$\begin{cases} u_C + RC\dfrac{du_C}{dt} = U_S, & t>0 \\ u_C(0_+) = u_C(0_-), & t=0 \end{cases} \tag{4-33}$$

可以得出电容的电压和电流随时间变化的规律

$$\begin{cases} u_C(t) = U_S(1-e^{-\frac{t}{\tau}}) \\ i_C(t) = \dfrac{U_S}{R}e^{-\frac{t}{\tau}} \end{cases}, \quad t \geqslant 0 \tag{4-34}$$

式中 $\tau = RC$ 称为时间常数；τ 越大，过渡过程持续的时间越长。

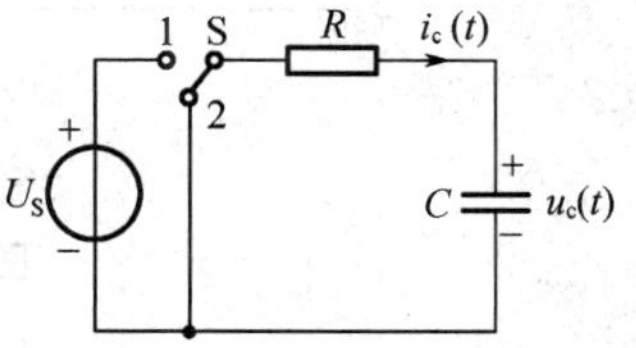

图 4－34　零状态响应情况

3. 电路在无激励情况下，由储能元件的初始状态引起的响应称为零输入响应。在图 4－34 所示中，当开关 S 置于位置 1，$u_c(0_-)=U_S$ 时，再将开关 S 转到位置 2，电容器的初始电压 $u_c(0_-)$ 经 R 放电。

由方程

$$\begin{cases} u_C + RC\dfrac{du_C}{dt} = U_S, & t>0 \\ u_C(0_+) = u_C(0_-) = U_S, & t=0 \end{cases} \tag{4-35}$$

可以得出电容器上的电压和电流随时间变化的规律

$$\begin{cases} u_C(t) = U_S e^{-\frac{t}{\tau}} \\ i_C(t) = -\dfrac{U_S}{R}e^{-\frac{t}{\tau}} \end{cases}, \quad t \geqslant 0 \tag{4-36}$$

上式表明，零输入响应是初始状态的线性函数。

4. 电路在输入激励和初始状态共同作用下引起的响应称为全响应。根据叠加定理，可将初始状态和外加激励作为两个独立源，全响应为零状态响应和零输入响应之和，即

全响应＝零状态响应＋零输入响应

对图 4－35 所示的电路，换路前开关 S 合在 1 端，并且电路已处于稳态。当 $t=0$ 时将开关 S 转到位置 2，则描述电路的微分方程为

$$\begin{cases} u_C + RC\dfrac{du_C}{dt} = U_S & t>0 \\ u_C(0_+) = u_C(0_-) = U_0 & t=0 \end{cases} \tag{4-37}$$

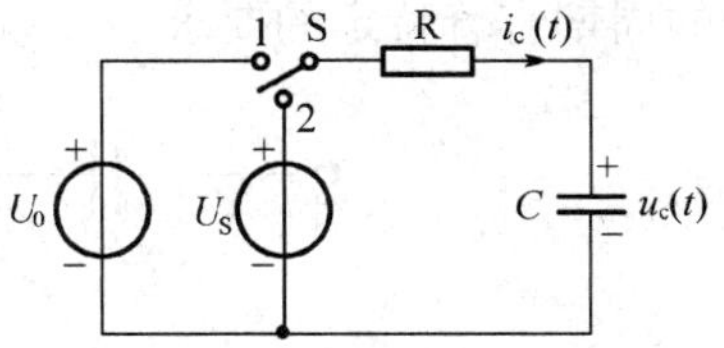

图 4－35　全响应情况

可以得出全响应

$$\begin{cases} u_C(t) = U_S(1-e^{-\frac{t}{\tau}}) + U_0 e^{-\frac{t}{\tau}}) \\ i_C(t) = \dfrac{U_S}{R}e^{-\frac{t}{\tau}} + \dfrac{U_0}{R}e^{-\frac{t}{\tau}} \end{cases}, \quad t \geqslant 0 \tag{4-38}$$

5. 为了使用一般双踪示波器观察 RC 电路的暂态过程，可利用信号发生器输出的方波来模拟阶跃激励信号作用于 RC 电路，如图 4－36(a)所示，方波的半周期远大于电路的时间常数($T/2=(3\sim4)\tau$)，可以认为方波的一个边沿到来之前，前一边沿所引起的过渡过程已结束。这样，电路对方波的上升沿就是零状态应；而下降沿就是零输入响应。此时，方波响应就是零状态响应和零输入响应的多次过程。此时，信号发生器输出的方波 $u_S(t)$、电容器端电压 $u_C(t)$ 的波形如图 4－36(b)所示。

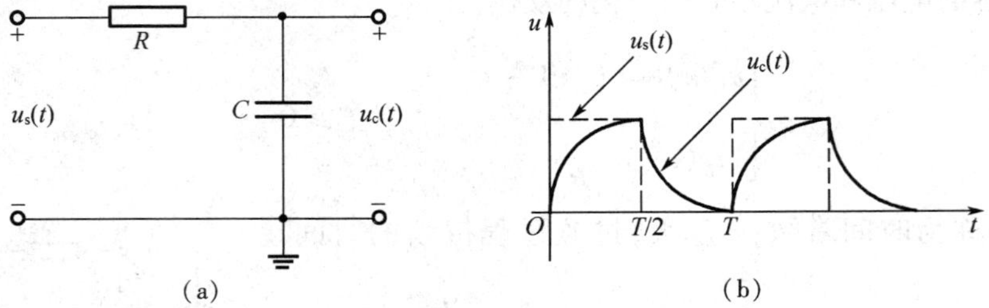

图 4－36　方波作用于 RC 电路的波形图

(a)电路图；(b)波形图

6. 电路充放电的时间常数 τ 可以从响应波形中估算出来。设时间坐标单位 t 确定，对于充电曲线来说，幅值上升到终值的 63.2% 所对应的时间即为一个 τ，如图 4－37(a)所示。对于放电曲线，幅值下降到初始值的 36.8% 所对应的时间即为一个 τ 值，如图 4－37(b)所示。

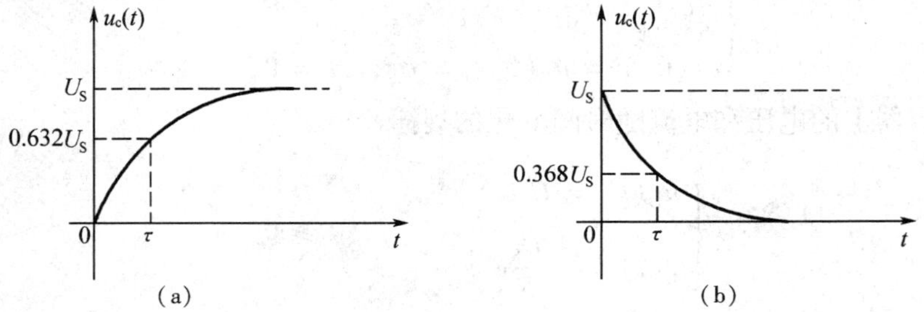

图 4－37　充放电时间常数图

(a)充电时间常数 τ；(b)放电时间常数 τ

7. 微分电路和积分电路是 RC 一阶电路中较典型的电路，它对电路元件参数和输入信号的周期有着特定的要求。

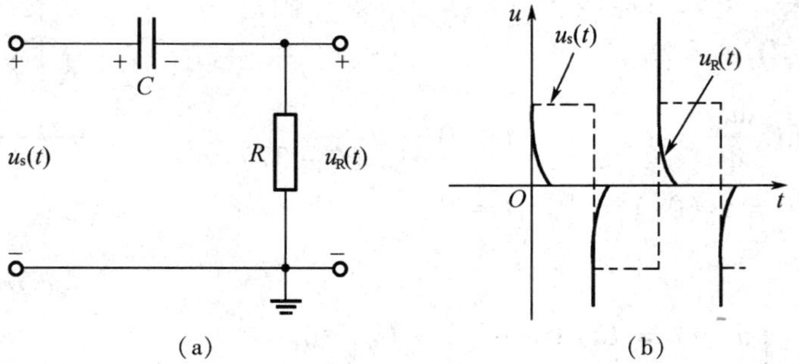

图 4－38　RC 微分电路及其输入、输出波形

(a)一阶微分电路；(b)输入、输出波形方波信号作用在一个简单的 RC 串联电路中，当满足电路的时间常数 τ 远远小于方波周期 $T/2$ 的条件时（一般取 $\tau \leqslant T/10$），电阻两端输出的电压 u_R 与方波输入信号成微分关系，如图 4－38 所示，响应的幅度始终是方波幅度的 2 倍。当满足电路的时间常数 τ 远远大于方波周期 $T/2$ 的条件时（一般取 $\tau \geqslant 10T$），电容两端输出的电压 u_C 与方波输入信号成积分关系，如图 4－39 所示。

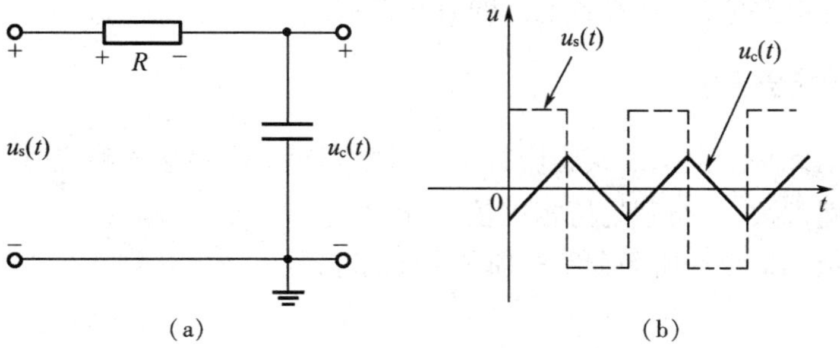

图 4－39　RC 积分电路及其输入、输出波形

(a)一阶积分电路；(b)输入、输出波形

4.8.3　实验内容

1. 时间常数 τ 的确定

选择 R，C 元件，取 $R=5.1\ \text{k}\Omega$，$C=0.02\ \mu\text{F}$，组成如图 4－39 所示的 RC 电路，输入幅度为 4 V、频率为 1 kHz 的方波，用示波器观察输入、输出波形，测量时间常数，记录波形。

2. 积分电路

选择 R、C 元件，取 $R=10\ \text{k}\Omega$、$C=0.1\ \mu\text{F}$，组成如图 4－39 所示的 RC 电路，输入幅度为 4 V、频率为 1 kHz 的方波，用示波器观察输入、输出波形，测量时间常数，记录波形。

3. 微分电路

选择 R、C 元件，取 $R=10\ \text{k}\Omega$、$C=0.01\ \mu\text{F}$，组成如图 4－38 所示的 RC 电路，输入幅度为 4 V，频率为 1 kHz 的方波，用示波器观察输入、输出波形，测量时间常数，记录波形。

4.8.4　实验设备

(1) 函数信号发生器。

(2) 双通道交流毫伏表。

(3) 双踪示波器。

(4) 可调电阻箱。

(5) 十进式电容箱。

4.8.5　实验注意事项

(1) 示波器的公共端一般和信号发生器的地端通过大地连接在一起，不能接在电路中电位不同的点上。

(2) 在观察 $u_C(t)$ 和 $u_R(t)$ 的波形时，其幅度相差很大，注意调节 Y 轴灵敏度，使波形容易观察。

4.8.6 预习思考题

(1)要在示波器上观察零输入响应、零状态响应和全响应,应该用什么样的电信号作为一阶电路的激励信号?

(2)一阶 RC 电路在什么条件下可以作为积分电路、微分电路?

(3)根据给定电路的值,计算各电路的时间常数。

4.8.7 实验报告要求

(1)在同一坐标平面上描绘实验内容 1 中零状态响应和零输入响应时 $u_C(t)$ 的波形。

(2)测出时间常数,并与理论值相比较,分析误差。

(3)在坐标纸上描绘一阶微分和一阶积分电路波形。

4.9 二阶电路的时域响应

4.9.1 实验目的

(1)研究 R,L,C 参数对电路响应的影响。

(2)学习二阶电路的衰减系数、振荡频率的测量方法。

(3)观察、分析二阶电路在过阻尼、临界阻尼、欠阻尼三种情况下的响应波形及特点,加深对二阶电路响应的认识和理解。

4.9.2 实验原理

1. 二阶动态电路的状态方程

图 4-40 所示 RLC 串联电路为一典型的二阶电路。它可以用下述线性二阶常系数微分方程来描述

$$LC = \frac{d^2u_c(t)}{dt^2} + RC\frac{du_c(t)}{dt} + u_c(t) = u_s(t) \tag{4-39}$$

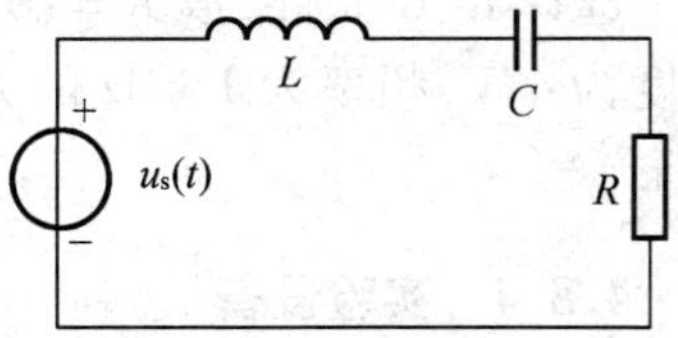

图 4-40 RLC 串联电路

初始值:

$$u_c(0_+) = u_c(0_-) = U_0$$

$$\frac{du_c(0_+)}{dt} = \frac{i_L(0_+)}{C} = \frac{i_L(0_-)}{C} = \frac{I_0}{C}$$

求解微分方程,可以得出电容上的电压 $u_c(t)$。再根据 $i(t) = C\frac{du_c(t)}{dt}$,求得 $i(t)$。

改变初始状态和输入激励可以得到不同的二阶时域响应。全响应是零状态响应和零输入响应的叠加。无论是零输入响应,或是零状态响应,其电路过渡过程的性质,完全由其微分方程的特征方程的 $p^2 + \frac{R}{L}p + \frac{1}{LC} = 0$ 的两个特征根 $p_{1,2} = -\frac{R}{2L} \pm \sqrt{(\frac{R}{2L})^2 - (\frac{1}{\sqrt{LC}})^2}$ 来决

定。定义衰减系数 $\alpha=\dfrac{R}{2L}$,自由振荡角频率 $\omega_0=\dfrac{1}{\sqrt{LC}}$,振荡角频率 $\omega_d=\sqrt{\omega_0{}^2-\alpha^2}$,则 $p_{1,2}=-\alpha\pm\omega_d$。其振荡幅度衰减的快慢取决于衰减系数 α,而振荡的快慢则取决于振荡频率 ω_d。由于电路的参数不同,响应一般有以下三种形式。

(1)当 $R>2\sqrt{\dfrac{L}{C}}$,特征根 p_1 和 p_2 是两个不相等的负实数,电路的瞬态响应为非振荡性的,称为过阻尼情况。

(2)当 $R=2\sqrt{\dfrac{L}{C}}$,特征根 p_1 和 p_2 是两个相等的负实数,电路的瞬态响应仍为非振荡性的,称为临界阻尼情况。

(3)当 $R<2\sqrt{\dfrac{L}{C}}$,特征根 p_1 和 p_2 是一对共轭复数,电路的瞬态响应为振荡性的,称为欠阻尼情况。

2. 衰减系数和振荡角频率的测量

对于欠阻尼情况,可以从响应波形中测量出其衰减系数 α 和振荡角频率 ω_d。其响应波形如图 4-41 所示。

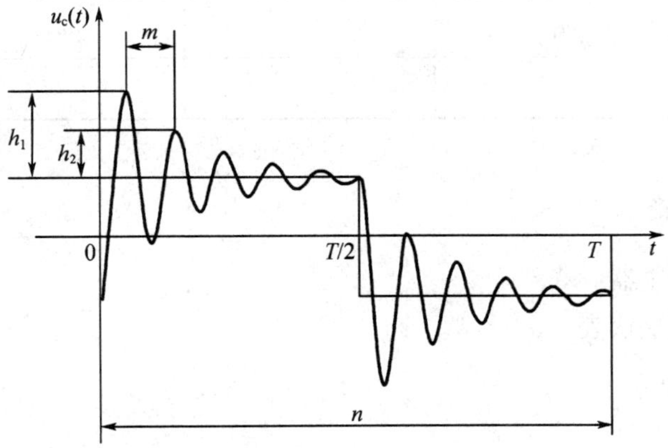

图 4-41 欠阻尼情况下响应波形

因为

$$T_d = m\frac{T}{n} \tag{4-40}$$

式中 m 为振荡周期 T_d 所占格数;n 为方波周期 T 所占格数。

所以振荡角频率为

$$\omega_d = 2\pi f_d = \frac{2\pi}{T_d} \tag{4-41}$$

衰减系数为

$$\alpha = \frac{1}{T_d}\ln\frac{h_1}{h_2} \tag{4-42}$$

为了观测二阶电路的响应,也可仿照一阶电路的方法,用方波激励 RLC 串联电路,用示波器观察 $u_C(t)$,$i(t)$,$u_L(t)$等波形。

4.9.3 实验内容

1. 观察响应波形随电路参数的变化情况

取 $L=0.1\ \text{H}$、$C=3\ 000\ \text{pF}$、$R=10\ \text{k}\Omega$ 的十进制电阻箱组成如图 4－42 所示二阶动态电路，输入幅度为 4 V，频率为 1 kHz 的方波。调节十进制电阻箱阻值，用示波器观察输入、输出波形的变化，并记录过阻尼、临界阻尼、欠阻尼三种情况下的波形，当出现三种波形时，记录元件参数，与理论值相比较。

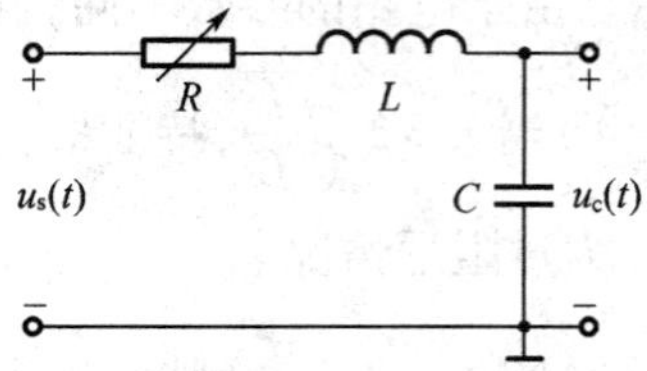

图 4－42　二阶动态电路测量参考电路

2. 衰减系数和振荡角频率的测量

调节电位器，使 $R=2\ \text{k}\Omega$，当示波器呈现稳定的欠阻尼波形时，用示波器测定振荡周期 T_d，两个相邻电压最大值所占格数 h_1 和 h_2，记录在表格 4－25 中。根据测量结果计算衰减系数 α，振荡角频率 ω_d。

改变电路的参数，观察电路参数 R、L、C 对衰减系数和振荡角频率的影响，记录振荡波形。

表 4－25　实验数据

T_d	h_1	h_2	ω_d	α

4.9.4 实验设备

(1) 函数信号发生器。

(2) 双通道交流毫伏表。

(3) 双踪示波器。

(4) 可调电阻箱。

(5) 十进式电容箱。

(6) 十进式电感箱。

4.9.5 实验注意事项

(1) 示波器的公共端一般和信号发生器的地端通过大地连接在一起，不能接在电路中电位不同的点上。

(2) 用示波器观察曲线时，测量信号源和电容电压。

4.9.6 预习思考题

(1) 什么是二阶电路的零状态响应和零输入响应，它们的变化规律和哪些因素有关？

(2) 根据二阶实验电路元件的参数，计算出处于临界阻尼状态的 R 值。

(3) 在示波器荧光屏上，如何测得二阶电路零状态响应和零输入响应“欠阻尼”状态的衰减系数 α 和振荡角频率 ω_d？

4.9.7 实验报告要求

(1)写出设计二阶 RLC 串联电路的过程，画出实验电路。
(2)计算出二阶电路的衰减系数 α 和振荡角频率 ω_d，并与理论计算值进行比较。
(3)电路对衰减系数和振荡角频率的影响是怎样的?
(4)在什么情况下衰减振荡可以变为等幅振荡?

4.10 RC 一阶电路频率特性研究

4.10.1 实验目的

(1)了解 RC 低通和高通选频网络的结构特点和频率特性。
(2)掌握传输电压比频率特性的两种测量表示方法。

4.10.2 实验原理

在实际电路中，激励信号通常是很复杂的，由许多不同频率的正弦信号组成，即信号具有一定的频率范围，而动态元件对不同频率的信号又呈现不同的阻抗，所以研究电路的频率响应具有重要的实际意义。

对信号频率具有选择性的二端网络通常称为滤波器，它允许某些频率的信号通过，而其他频率的信号则受到衰减和抑制。能通过网络的信号频率范围称为“通带”，不能通过网络的信号频率范围称为“阻带”。因为网络的输出电压是频率的函数，当输出电压为输入电压的 0.707 倍时，其对应的频率为截止频率，截止频率也是通带和阻带的频率界限。常见滤波器的类型主要有低通滤波器、高通滤波器、带通滤波器和带阻滤波器等。

1. 一阶 RC 低通滤波器

图 4-43 所示是一个一阶 RC 低通电路，它可使低频信号通过，对高频信号具有衰减和抑制作用。电路的电压转移函数为

$$H(j\omega) = \frac{\dot{U}_2}{\dot{U}_1} = \frac{1}{1 + j\omega RC} \qquad (4-43)$$

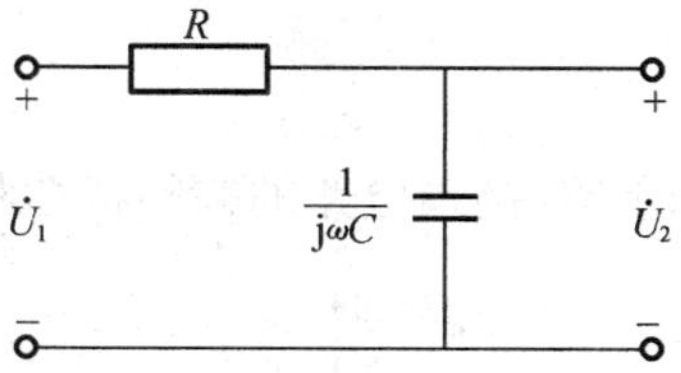

图 4-43 RC 低通滤波器

其幅频特性为

$$H(j\omega) = \left|\frac{\dot{U}_2}{\dot{U}_1}\right| = \frac{1}{\sqrt{1 + (\omega RC)^2}} \qquad (4-44)$$

其相频特性为

$$\varphi(\omega) = -\arctan(\omega RC) \qquad (4-45)$$

据其幅频特性和截止频率的定义可得该电路的截止频率为

$$\omega_C = \frac{1}{RC} \qquad (4-46)$$

一阶 RC 低通电路的幅频特性和相频特性如图 4-44 所示。

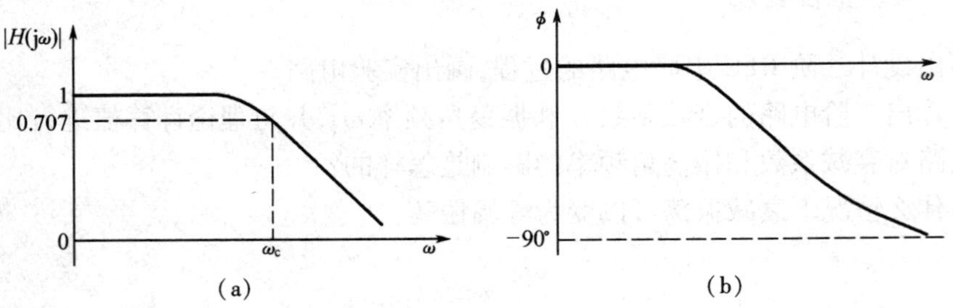

图 4-44　一阶 RC 低通电路的频率特性

(a)幅频特性;(b)相频特性

2. 一阶 RC 高通滤波器

图 4-45 所示是一阶 RC 高通电路,它可使高频信号通过,对低频信号具有衰减和抑制作用。电路的电压转移函数为

$$H(j\omega) = \frac{\dot{U}_2}{\dot{U}_1} = \frac{1}{1 - j\dfrac{1}{\omega RC}} \tag{4-47}$$

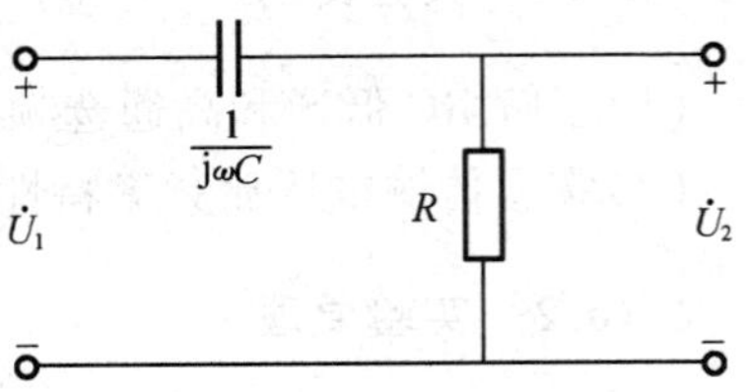

图 4-45　一阶 RC 高通电路

其幅频特性为

$$H(j\omega) = \left|\frac{\dot{U}_2}{\dot{U}_1}\right| = \frac{1}{\sqrt{1 + \dfrac{1}{(\omega RC)^2}}} \tag{4-48}$$

其相频特性为

$$\varphi(\omega) = \arctan \frac{1}{\omega RC} \tag{4-49}$$

根据其幅频特性和截止频率的定义可得该电路的截止频率为

$$\omega_C = \frac{1}{RC} \tag{5-50}$$

一阶 RC 高通电路的幅频特性和相频特性如图 4-46 所示。

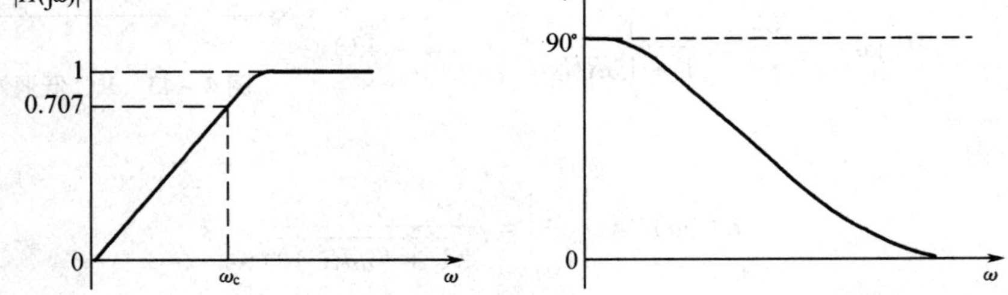

图 4-46　一阶 RC 高通电路的频率特性

3. 逐点法测量电路的幅频和相频特性

在被测 RC 电路工作频率范围内,选取一定数量的频率点,保持信号源输出幅度不变,改变信号源的频率,用毫伏表测量电路在各频率点处的输入电压 U_1 和输出电压 U_2,则传输电压比的模随频率的变化关系即为电路的幅频特性。根据测量数据,可绘出幅频特性曲线。

相频特性是指电路输出电压 U_2 与输入电压 U_1 的相位差随频率的变化规律。保持信号源输出幅度不变，改变信号源的频率，采用双迹法，在示波器上测量输入电压与输出电压在不同频率下的相位差，根据测量数据，可绘出相频特性曲线。

4. 频率特性曲线的绘制

在绘制频率特性曲线时，频率轴坐标若使用均匀刻度表示，在测试频率范围很宽时，由于刻度是等分的，轴长是有限的，低频段不得不被压缩而挤压在一起，这就难以将低频段内曲线细微的变化反映出来。为此，频率轴引入对数标尺刻度，它能使低频段展宽而高频段压缩，这样在很宽的频率范围内也能将频率特性清晰地反映出来。

取对数标尺后，其刻度是对数的而并非等分，它的整刻度（10^n）才是等分的。应当注意，对数坐标是将轴按对数规律进行定刻度，而非对频率取对数。

当横轴（频率轴）取对数坐标时，网络函数的模 $|H(j\omega)|$ 以分贝表示，仍采用均匀坐标，此时所绘制的幅频特性曲线称为幅频波特图，所用坐标系被称为半对数坐标系（X 轴为对数刻度，Y 轴为均匀刻度）。

绘制曲线时，应特别注意一些特殊频率点的测试，如滤波器电路中的截止频率。滤波器的截止频率是指输出信号的幅度是输入信号幅度的 $1/\sqrt{2}$，也就是输出衰减为 -3 dB 时的频率点。

5. 电平的概念

在研究滤波器、衰减器、放大器等电路时，通常并不直接考察电路中某点的电压，而是要了解各个环节的增益或衰耗，即传输电压比。因电压比本身是无量纲的，且往往数量级太大不便于作图或计算，所以在工程上引入电平的概念，电平的单位为奈培。其定义如下：当 U_1（I_1）取任意值时，α 称为 U_2 相对于 U_1 的相对电平。当输入电压 U_1（或电流 I_1）与输出电压 U_2（或电流 I_2）相差 e(2.718) 倍时，称 U_2 相对于 U_1 的电平为 1 Np（奈培），即

$$\alpha = \ln\frac{U_2}{U_1} = \ln\frac{I_2}{I_1}(\text{Np}) \tag{4-51}$$

如果不取自然对数，而用以 10 为底的常用对数，则电平的单位称为分贝（dB），此时有

$$20\lg\frac{U_2}{U_1} = 10\lg\frac{P_2}{P_1}(\text{dB}) \tag{4-52}$$

分贝与奈培之间的关系为：1 dB = 0.115 1 Np 或 1 Np = 8.686 dB。

电平是一个相对量，要进行电平的测量就必须确定一个基准功率或基准电压。基准功率规定为在 600 Ω 电阻上消耗 1 mW 的功率，并用 P_0 表示，所以功率电平为

$$10\lg\frac{P_2}{P_1} = 10\lg P_X(\text{dB}) \tag{4-53}$$

该式表示的电平称为 P_2 的绝对功率电平。若电路中某点的功率为 1 mW，此点的功率电平为 0 dB。

由 $P_0 = U_0^2/R$，$R = 600\ \Omega$，可知 $U_0 = 0.775$ V，即基准电压为 0.775 V，所以电压电平为

$$20\lg\frac{U_2}{U_0} = 20\lg\frac{U_2}{0.775}(\text{dB}) \tag{4-54}$$

该式表示的电平称为 U_2 的绝对电压电平。显然，若电路中某点的电压为 0.775 V，则此点的绝对电压电平为 0 dB。

当电压大于 0.775 V 时，电压电平为正值，小于 0.775 V 的电压电平为负值。

网络分析仪、毫伏表等许多测量仪表都可以直接进行电平测量。电平测量实质上也就

是电压测量,只是刻度不同而已。例如,YB2173 型毫伏表上的 dB 刻度线就是对 1 V 档的电压指示取绝对电平后进行刻度的。

当毫伏表的量程置于 1 V 档时,直接由表头的读数得到分贝值。当量程为其他档位时,应将读数加上修正值。修正值为各量程开关上的分贝值,如表 4 – 26 所示。

例如,量程为 +10 dB(×3 V)挡时,表头读数为 –4 dB,则实际电平值为 –4 dB + 10 dB = +6 dB。量程为 –20 dB(×100 mV)档时,表头读数为 +2 dB,则实际电平值为 +2 dB + (–20 dB) = –18 dB。

表 4 – 26　毫伏表各量程的分贝修正值

量　程	300 μV	1 mV	3 mV	10 mV	30 mV	100 mV	300 mV
修正值/dB	–70	–60	–50	–40	–30	–20	–10
量　程	1 V	3 V	10 V	30 V	100 V	300V	—
修正值/dB	0	10	20	30	40	50	—

4.10.3　实验内容

1. 测量一阶 RC 低通电路的频率特性

选取 $R=5.1\ \text{k}\Omega$,$C=0.047\ \mu\text{F}$,按图 4 – 43 所示正确连接。电路的输入端输入一个零电平(即 0.775 V)的正弦信号 U_1,从低到高改变信号发生器的频率 f,粗略观察一下电路是否具有低通特性。找出 –3 dB 截止频率点,然后再逐点测量,其幅频特性用“dB”表示,相频特性用“°”表示。将所有原始测量数据均记录在表格 4 – 27 中。

表 4 – 27　RC 低通滤波器测量列表

f/Hz										
U_2/V										
绝对电平/dB										
φ										

2. 测量一阶 RC 高通电路的频率特性

选取 $R=5.1\ \text{k}\Omega$,$C=0.047\ \mu\text{F}$,按图 4 – 45 所示正确连接。电路的输入端输入一个 1 V 的正弦信号 U_1,从低到高改变信号发生器的频率 f,粗略观察一下电路是否具有高通特性。找出截止频率点,然后再逐点测量,其幅频特性用“倍”表示,相频特性用“°”表示。将所有原始测量数据均记录在表格 4 – 28 中。

表 4 – 28　RC 高通滤波器测量列表

f/Hz										
U_2/V										
绝对电平/倍										
φ										

4.10.4 实验设备

(1)函数信号发生器。

(2)双通道交流毫伏表。

(3)双踪示波器。

(4)十进式电容箱。

(5)可调电阻箱。

4.10.5 实验注意事项

(1)在测试过程中,低通电路在改变频率后要始终保持输入电平为0 dB(即0.775 V);高通电路在改变频率后要始终保持输入电压为1 V。

(2)测试频率点要根据特性曲线的变化趋势合理选择,但不少于10个。最后一边记录数据,一边把"点"描在坐标纸上,一旦发现所绘曲线存在不足,可及时增加测试点。

4.10.6 预习思考题

(1)如何确定一个滤波电路的截止频率?

(2)测电路的幅频特性时,绝对电平测试方法和相对电平测试方法对输入电压的大小有什么要求,为什么?

4.10.7 实验报告要求

(1)总结RC低通电路的工作原理,简述实验方案及实验过程。

(2)根据测试数据在坐标纸上绘制低通的幅频特性曲线和相频特性曲线,采用半对数坐标系,横坐标用对数坐标,单位为Hz,纵坐标采用均匀刻度,单位为dB或"°"。

(3)总结RC高通电路的工作原理,简述实验方案及实验过程。

(4)根据测试数据在坐标纸上绘制高通的频率特性曲线。

4.11 RLC串联谐振电路的研究

4.11.1 实验目的

(1)学习用实验方法绘制RLC串联电路的幅频特性曲线。

(2)加深理解电路发生谐振的条件、特点,掌握电路品质因数(电路Q值)的物理意义及其测定方法。

4.11.2 实验原理

1. 串联电路的阻抗是电源角频率ω的函数,即

$$Z = R + \mathrm{j}(\omega L - \frac{1}{\omega C}) = |Z|\angle\varphi \tag{4-55}$$

当$\omega L - \frac{1}{\omega C} = 0$时,电路处于串联谐振状态,谐振角频率为

$$\omega_0 = \frac{1}{\sqrt{LC}} \tag{4-56}$$

振频率为

$$f_0 = \frac{1}{2\pi\sqrt{LC}} \tag{4-57}$$

显然,谐振频率仅与元件 L、C 的数值有关,而与电阻 R 和激励电源的角频率 ω 无关。当 $\omega < \omega_0$ 时,电路呈容性,阻抗角 $\varphi<0$;当 $\omega>\omega_0$ 时,电路呈感性,阻抗角 $\varphi>0$。

2. 电路处于谐振状态时的特性

(1)由于回路总电抗 $X_0=\omega_0 L-\frac{1}{\omega_0 C}=0$,因此,回路阻抗 $|Z_0|$ 为最小值,整个回路相当于一个纯电阻电路,激励电源的电压与回路的响应电流同相位。

(2)由于感抗 $\omega_0 L$ 与容抗 $\frac{1}{\omega_0 C}$ 相等,所以电感上的电压 U_L 与电容上的电压 U_C 数值相等,相位相差 180°。

(3)在激励电压(有效值)不变的情况下,回路中的电流 $I=\frac{U_s}{R}$ 为最大值。

(4)谐振时感抗(或容抗)与电阻 R 之比称为品质因数 Q,即

$$Q = \frac{\omega_0 L}{R} = \frac{\frac{1}{\omega_0 C}}{R} = \frac{\sqrt{\frac{L}{C}}}{R} \tag{4-58}$$

在 L 和 C 为定值的条件下,Q 值仅仅取决于回路电阻 R 的大小。

3. 串联谐振电路的频率特性

(1)回路的响应电流与激励电源的角频率的关系称为电流的幅频特性(表明其关系的图形为串联谐振曲线),表达式为

$$I = \frac{U_s}{\sqrt{R^2+\left(\omega L-\frac{1}{\omega C}\right)^2}} = \frac{U_s}{R\sqrt{1+Q^2\left(\frac{\omega}{\omega_0}-\frac{\omega_0}{\omega}\right)^2}} \tag{4-59}$$

当电路的 L 和 C 保持不变时,改变 R 的大小,可以得出不同 Q 值时电流的幅频特性曲线。显然,Q 值越高,曲线越尖锐。

为了反映一般情况,通常研究电流比 I/I_0 与角频率比 ω/ω_0 之间的函数关系

$$\frac{I}{I_0} = \frac{1}{\sqrt{1+Q^2\left(\frac{\omega}{\omega_0}-\frac{\omega_0}{\omega}\right)^2}} \tag{4-60}$$

这时,I_0 为谐振时的回路响应电流。

对于 Q 值相同的任何 RLC 串联电路只有一条曲线与之对应,所以这种曲线称为串联谐振电路的通用曲线。

为了衡量谐振电路对不同频率的选择能力,定义通用幅频特性中幅值下降至峰值的 0.707倍时频率范围(-3 dB)为相对通频带(以 B 表示),即

$$B = \frac{\omega_2}{\omega_0}-\frac{\omega_1}{\omega_0} = \frac{1}{Q} \tag{4-61}$$

如图 4－47 所示为串联谐振电路 Q 与通频带关系曲线。显然，Q 值越高相对通频带越窄，电路的选择性越好。

（2）激励电压和回路响应电流的相角差 φ 与激励源角频率 ω 的关系称为相频特性，它可由公式（4－62）计算或由实验测定。

$$\varphi(\omega)=\arctan\frac{\omega L-\frac{1}{\omega C}}{R} \quad (4-62)$$

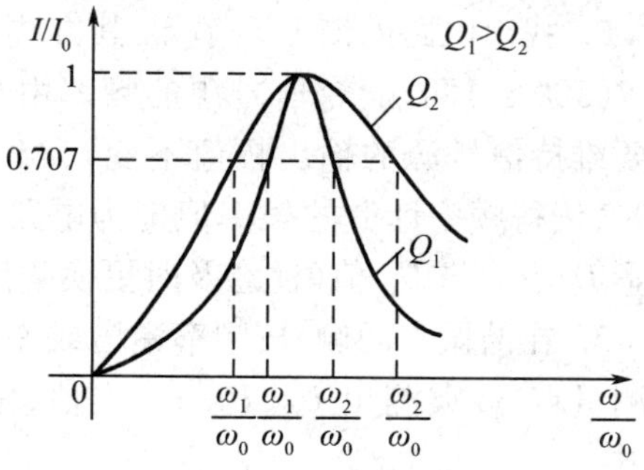

图 4－47 串联谐振电路 Q 与通频带关系曲线

相角 φ 与 $\frac{\omega}{\omega_0}$ 的关系称为通用相频选频特性，如图 4－48 所示。

（3）串联谐振电路中，电感电压频率特性为

$$U_L=I\omega L=\frac{\omega LU_s}{\sqrt{R^2+(\omega L-\frac{1}{\omega C})^2}} \quad (4-63)$$

电容电压的频率特性为

$$U_C=I\frac{1}{\omega C}=\frac{U_s}{\omega C\sqrt{R^2+(\omega L-\frac{1}{\omega C})^2}} \quad (4-64)$$

显然，U_L 和 U_C 都是激励电源角频率的函数，曲线如图 4－49 所示。当 $Q>0.707$ 时，U_L 和 U_C 才能出现峰值 U_{Lmax}、U_{Cmax}。U_L 的峰值出现在 $\omega>\omega_0$ 处，其对应的角频率为

$$\omega_L=\omega_0\sqrt{\frac{2}{2-1/Q^2}} \quad (4-65)$$

U_C 的峰值出现在 $\omega<\omega_0$ 处，其对应的角频率为

$$\omega_C=\omega_0\sqrt{\frac{2-1/Q^2}{2}} \quad (4-66)$$

Q 值越大，出现峰值点离 ω_0 越近。

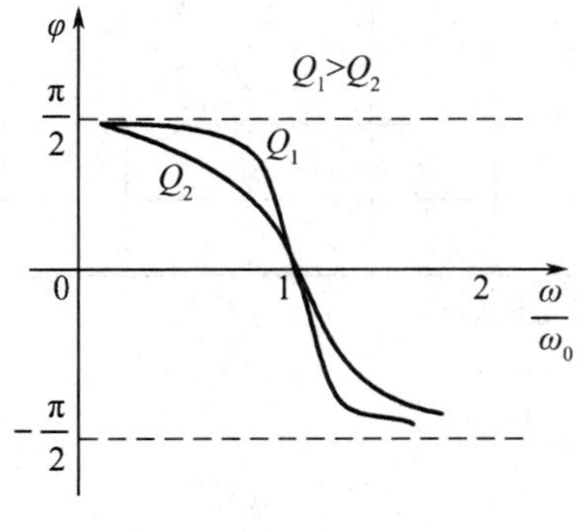

图 4－48 谐振电路中相频选频特性曲线

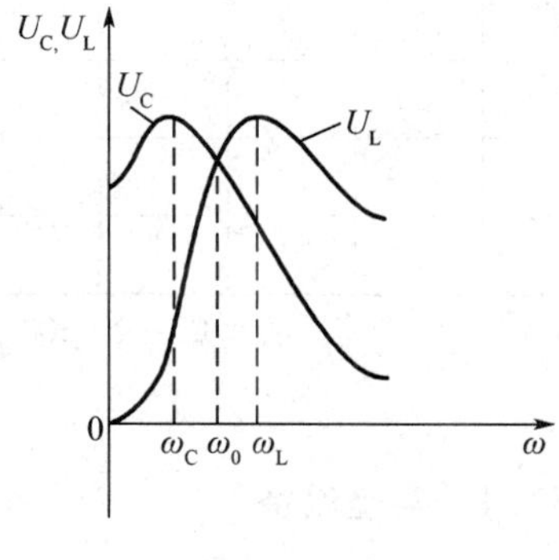

图 4－49 谐振电路中幅频特性曲线

4.11.3 实验内容

1. 按图 4－50 所示组成测量电路，用交流毫伏表测电压，用示波器监视信号源输出，令

其输出电压有效值 $U_S=1\ \text{V}$，并保持不变。

2. 找出电路的谐振频率 f_0，其方法是，将毫伏表接在 $R(500\ \Omega)$ 两端，令信号源的频率由小逐渐变大（注意要维持信号源的输出幅值不变），当 U_0 的读数为最大时，读得频率计上的频率值即为电路的谐振率 f_0，并测量 U_R、U_L 与 U_C 值（注意及时更换毫伏表的量限）。

3. 在谐振点两侧，按频率递增或递减，依次各取几个测量点，逐点测出 U_R，U_L，U_C 之值，记录在表格 4－29 中。

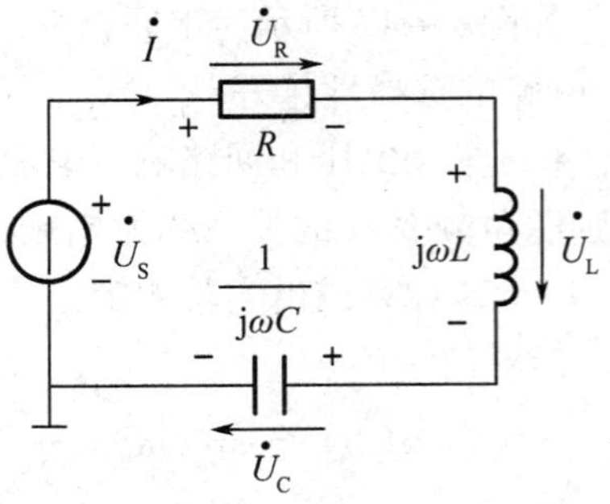

图 4－50　串联谐振电路特性测试原理图

表 4－29　实验数据

f/Hz	300	500	700	900	1 100	1 300	1 500	f_0	1 700	1 800	1 900	2 100
U_R/V												
U_L/V												
U_C/V												
I/mA												
I/I_0												
ω/ω_0												

$U_S=1\ \text{V}, R=500\ \Omega, L=0.1\ \text{H}, C=0.1\ \mu\text{F}, f_0=\qquad, Q=$

4. 改变电阻值，重复步骤 2、3 的测量过程，记录在表格 4－30 中。

表 4－30　实验数据

f/Hz	300	500	700	900	1 100	1 300	1 500	f_0	1 700	1 800	1 900	2 100
U_R/V												
U_L/V												
U_C/V												
I/mA												
I/I_0												
ω/ω_0												

$U_S=1\ \text{V}, R=500\ \Omega, L=0.1\ \text{H}, C=0.1\ \mu\text{F}, f_0=\qquad, Q=$

4.11.4　实验设备

(1) 函数信号发生器。
(2) 双通道交流毫伏表。
(3) 可调电阻箱。
(4) 十进式电感箱。
(5) 十进式电容箱。

(6)频率计。

4.11.5 实验注意事项

(1)在调频过程中要始终保持信号输入电压不变。

(2)在测量谐振频率及上下截止频率时,必须反复细致地测量,才能找到正确的频率点。

(3)测量谐振曲线时,在谐振频率附近曲线变化较快,应多取一些测试点,才能保证画出正确的曲线。

4.11.6 预习思考题

(1)根据实验线路给出的元件参数值,估算电路的谐振频率 f_0 和品质因数 Q。

(2)改变电路的哪些参数可使电路发生谐振?电路中 R 的数值是否影响谐振频率值?

(3)如何判别电路是否发生谐振?

(4)要提高 RLC 串联电路的品质因数,电路参数应如何改变?

4.11.7 实验报告要求

(1)绘制 $R=500\ \Omega$ 时,U_R、U_L、U_C 的幅频特性曲线。

(2)绘制不同品质因数 Q 值下串联谐振电路的通用谐振曲线。

(3)找出谐振频率,与理论值比较。

(4)分析谐振电路的通频带和品质因数的关系。

(5)为什么串联谐振时的 U_R 小于电源电压 U_S?

4.12 无源二端口网络等效参数的测定

4.12.1 实验目的

(1)加深理解二端口网络传输参数的基本理论。

(2)掌握直流二端口网络传输参数的测量技术。

(3)研究二端口网络及其等效电路在有载情况下的性能。

4.12.2 实验原理

1. 对于无源二端口网络,如图 4-51 所示,可以用网络参数来表征它的特性,这些参数只决定于二端口网络内部的元件和结构,而与输入无关。网络参数确定后,两个端口处的电压电流关系即网络的特性方程就唯一确定了。

(1)若将二端口的输入端电流 $\dot{I}_1$ 和输出端电流 $\dot{I}_2$ 作自变量,电压 $\dot{U}_1$ 和 $\dot{U}_2$ 作因变量,则有特性方程

$$\left.\begin{aligned}\dot{U}_1 &= Z_{11}\dot{I}_1 + Z_{12}\dot{I}_2\\ \dot{U}_2 &= Z_{21}\dot{I}_1 + Z_{22}\dot{I}_2\end{aligned}\right\} \tag{4-67}$$

图 4－51　无源二端口网络

式中 Z_{11},Z_{12},Z_{21},Z_{22} 称为二端口网络的 Z 参数,它们具有阻抗的性质,分别表示为

$$Z_{11}=\left.\frac{\dot{U}_1}{\dot{I}_1}\right|_{\dot{I}_2=0},Z_{12}=\left.\frac{\dot{U}_1}{\dot{I}_2}\right|_{\dot{I}_1=0},Z_{21}=\left.\frac{\dot{U}_2}{\dot{I}_1}\right|_{\dot{I}_2=0},Z_{22}=\left.\frac{\dot{U}_2}{\dot{I}_2}\right|_{\dot{I}_1=0}$$

从上述 Z 参数的表达式可知,只要将二端口网络的输入端和输出端分别开路,测出其相应的电压和电流后,就可以确定二端口网络的 Z 参数。

当二端口网络为互易网络时,有 $Z_{12}=Z_{21}$,因此四个参数中只有三个是独立的。

(2)若将二端口网络的输出端电压 $\dot{U}_2$ 和 $-\dot{I}_2$ 作为自变量,输入端电压 $\dot{U}_1$ 和电流 $\dot{I}_1$ 作因变量,则有方程

$$\left.\begin{aligned}\dot{U}_1&=A_{11}\dot{U}_2+A_{12}(-\dot{I}_2)\\ \dot{I}_1&=A_{21}\dot{U}_2+A_{22}(-\dot{I}_2)\end{aligned}\right\}\qquad(4-68)$$

式中 A_{11},A_{12},A_{21},A_{22} 称为传输参数,分别表示为

$$A_{11}=\left.\frac{\dot{U}_1}{\dot{U}_2}\right|_{\dot{I}_2=0},A_{12}=\left.\frac{\dot{U}_1}{-\dot{I}_2}\right|_{\dot{U}_2=0},A_{21}=\left.\frac{\dot{I}_1}{\dot{U}_2}\right|_{\dot{I}_2=0},A_{22}=\left.\frac{\dot{I}_1}{-\dot{I}_2}\right|_{\dot{U}_2=0}$$

可见,A 参数同样可以用实验的方法求得。当二端口网络为互易网络时,有 $A_{11}A_{22}-A_{12}A_{21}=1$,因此四个参数中只有三个是独立的。在电力及电信传输中常用 A 参数方程来描述网络特性。

(3)若将二端口网络的输入端电流 $\dot{I}_1$ 和输出端电压 $\dot{U}_2$ 作为自变量,输入端电压 $\dot{U}_1$ 和输出端电流 $\dot{I}_2$ 作为因变量,则有方程

$$\left.\begin{aligned}\dot{U}_1&=h_{11}\dot{I}_1+h_{12}\dot{U}_2\\ I_1&=h_{21}\dot{I}_1+h_{22}\dot{U}_2\end{aligned}\right\}\qquad(4-69)$$

式中 h_{11},h_{12},h_{21},h_{22} 称为混合参数,分别表示为

$$h_{11}=\left.\frac{\dot{U}_1}{\dot{I}_1}\right|_{\dot{U}_2=0},h_{11}=\left.\frac{\dot{U}_1}{\dot{U}_2}\right|_{\dot{I}_1=0},h_{21}=\left.\frac{\dot{I}_2}{\dot{I}_1}\right|_{\dot{U}_2=0},h_{22}=\left.\frac{\dot{I}_2}{\dot{U}_2}\right|_{\dot{I}_1=0}$$

h 参数同样可以用实验方法求得。当二端口网络为互易网络时,有 $h_{12}=-h_{21}$,因此,网络的四个参数中只有三个是独立的。h 参数常被用来分析晶体管放大电路的特性。

2. 无源二端口网络的外部特性可以用三个阻抗(或导纳)元件组成的 T 形或 π 形等效电路来代替,其 T 形等效电路如图 4－52 所示。若已知网络的 A 参数,则阻抗 Z_1、Z_2、Z_3 分别为

$$Z_1=\frac{A_{11}-1}{A_{21}},Z_2=\frac{1}{A_{21}},Z_3=\frac{A_{22}-1}{A_{21}}$$

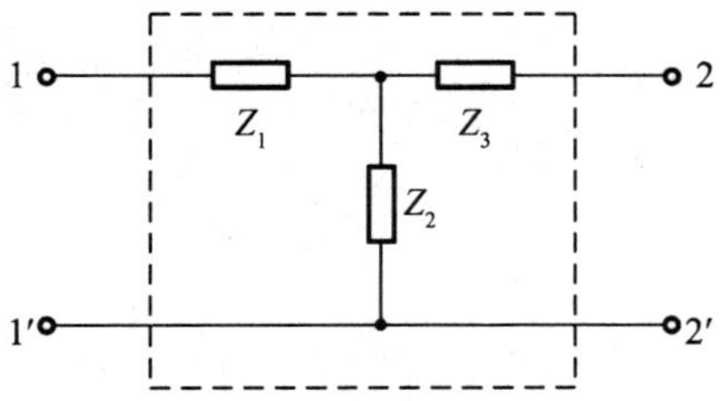

图 4-52 T 形等效电路

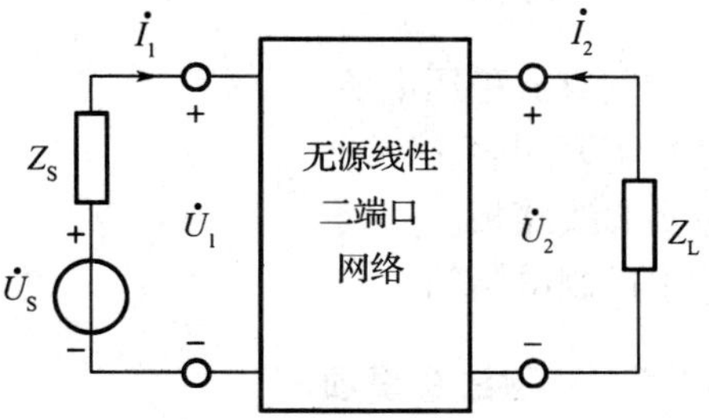

图 4-53 二端口网络

因此,求出二端口网络的 A 参数之后,网络的 T 形(或 π 形)等效电路的参数也就可以求得。

3. 在二端口网络输出端接一个负载阻抗,在输入端接入一实际电源(由电压源 U_S 和阻抗 Z_S 串联构成),如图 4-53 所示,则二端口网络输入阻抗为输入端电压和电流之比,即

$$Z_{in} = \frac{\dot{U}_1}{\dot{I}_1} \tag{4-70}$$

根据 A 参数方程,得

$$Z_{in} = \frac{A_{11}Z_L + A_{12}}{A_{21}Z_L + A_{22}} \tag{4-71}$$

输入阻抗、输出阻抗可以根据网络参数计算得到,也可以通过实验测得。

4. 本实验仅研究直流二端口的特性,因此只需将上述各公式中的 $\dot{U}$、$\dot{I}$、Z 改为相应的 U、I、R 即可。

4.12.3 实验内容

图 4-54 所示为给定的无源二端口网络。

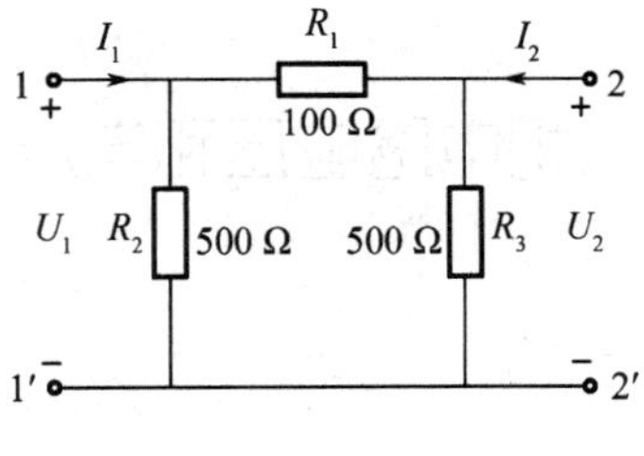

图 4-54 π 形无源二端口网络

(1)测定二端口网络的 Z 参数、A 参数和 h 参数。

(2)测定二端口网络在有载情况下(即 U_2 端接入负载 Z_L)的输入电阻,并验算在此有载情况下的端口阻抗 Z_{in}参数和 A 参数方程。

(3)验证二端口网络 T 形等效电路的等效性。

根据实验内容 1 测得的参数计算出 T 形等效电路的参数 R_1、R_2 和 R_3,并用电阻箱组成该T 形电路,然后测出 T 形等效电路 A 参数和 h 参数,以及测出在有载情况下(与实验内容 2 相同)的输入电阻。

4.12.4 实验设备

(1)可调直流稳压电源。
(2)数字万用表。
(3)实验线路板。
(4)十进制电阻箱。

4.12.5 实验注意事项

(1)在测量流入(流出)端口的电流时,要注意判别电流表的极性及选取适合的量程(根据所给的电路参数,估算电流表的量程)。

(2)设计的实验统一线路要安全可靠,操作简单方便。

(3)在换接线路时,先把稳压电源的输出调到零,然后断开电源,防止将稳压电源的输出端短路。

4.12.6 预习思考题

(1)二端口网络的参数为什么与外加电压或流过网络的电流无关?
(2)拟定实验数据记录表格。

4.12.7 实验报告要求

(1)用实验内容1测得的A参数或Z参数计算出对应的h参数,并与实验内容3测得的h参数相比较。

(2)用实验内容1测得的A参数计算出二端口网络的输入电阻,并与实验内容2的测量值相比较。

(3)根据实验数据比较π形二端口网络和T形等效电路的等效性。

(4)从测得的A参数和Z参数判别本实验所研究的网络是互易网络还是对称网络。

4.13 三相电路电压和电流的测量

4.13.1 实验目的

(1)掌握三相负载作星形连接和三角形连接的方法。

(2)验证三相负载作星形连接和三角形连接时,负载相电压和线电压、相电流和线电流之间的关系。

(3)了解不对称负载作星形连接时中(性)点位移和中线的作用。

4.13.2 实验原理

三相负载既可接成星形(Y形),又可接成三角形(△形)。

1. 当三相电路对称负载星形连接时,线电压U_L是相电压U_P的$\sqrt{3}$倍。线电流I_L等于相电流I_P,即

$$\left.\begin{aligned} U_L &= \sqrt{3}U_P \\ I_L &= I_P \end{aligned}\right\} \tag{4-72}$$

因为流过中性线的电流 $I_P=0$,所以可以省去中性线。

2. 当三相对称负载三角形连接时

$$\left.\begin{aligned} U_L &= U_P \\ I_L &= \sqrt{3}I_P \end{aligned}\right\} \tag{4-73}$$

3. 当三相不对称负载星形连接时,必须采用三相四线制接法,即 Y_0 接法。而且中性线必须牢固连接,以保证三相不对称负载的每相电压维持对称不变。

如果没有中线或中线断开,负载中性点出现位移,会导致三相负载相电压的不对称,使负载轻的一相相电压过高,而负载重的一相相电压又过低,使负载不能正常工作。所以当三相负载不对称时,中性线不能省去。

当三相不对称负载三角形连接时,只要电源的线电压 U_L 对称,加在三相负载上的电压仍然是对称的,对各相负载工作没有影响。

4.13.3 实验内容

1. 三相负载星形连接

按图 4-55 所示线路组接实验电路,即三相灯组负载经三相自耦调压器接通三相对称电源,并将三相调压器的旋柄置于三相电压输出为 0 V 的位置(即逆时针旋到底),经指导教师检查合格后,方可合上三相电源开关,然后调节调压器的输出,使输出的三相线电压为 220 V,按数据表格所列各项要求分别测量三相负载的线电压、相电压、线电流(相电流)、中线电流、电源与负载中间点的电压。将所测得的数据记录在表格 4-31 中,并观察各相灯组亮暗的变化程度,要特别注意观察中线的作用。

表 4-31 实验数据

测量数据实验内容(负载情况)	开灯盏数			线电流/A			线电压/V			相电压/V			中线电流	中线电压
	A 相	B 相	C 相	I_A	I_B	I_C	U_{AB}	U_{BC}	U_{CA}	U_{A0}	U_{B0}	U_{C0}	I_0/A	U_{N0}/V
Y_0 接对称负载	2	2	2											
Y 接对称负载	3	3	3										/	/
Y_0 接不对称负载	1	2	3											
Y 接不对称负载	1	2	3										/	/
Y_0 接 B 相断开	1	/	3											
Y 接 B 相断开	1	/	3										/	/
Y 接 B 相短路	1	/	3										/	/

2. 负载三角形连接

按图 4-56 所示改接线路,经指导教师检查合格后接通三相电源,并调节调压器,使其输出线电压为 220 V,并按表 4-32 的内容进行测试。

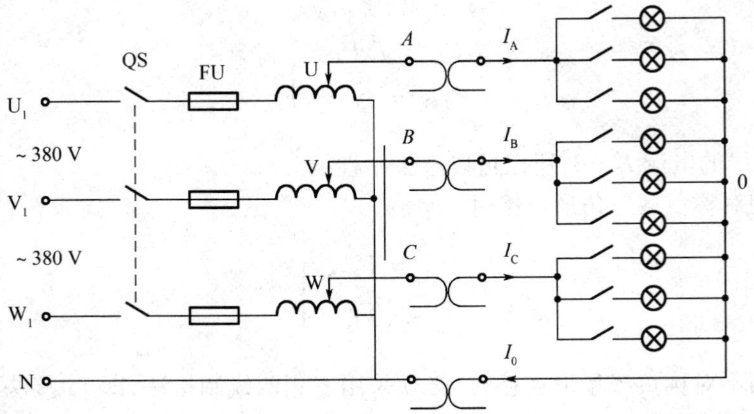

图4-55　星形连接的实验线路图

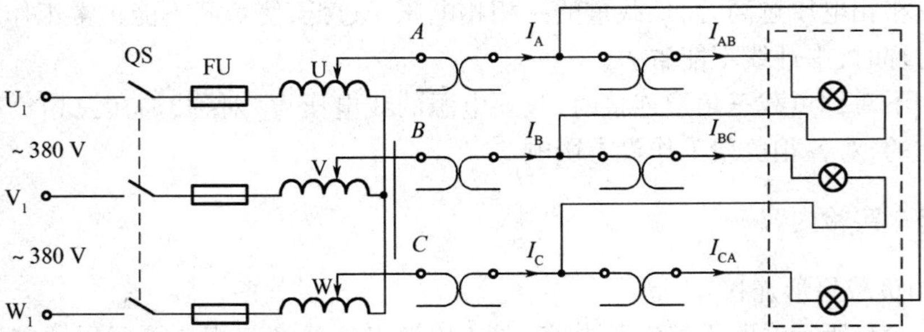

图4-56　三角形连接的实验线路图

表4-32　实验数据

测量数据实验内容(负载情况)	开灯盏数			电压=相电压/V			线电流/A			相电流/A		
	A,B相	B,C相	C,A相	U_{AB}	U_{BC}	U_{CA}	I_A	I_B	I_C	I_{AB}	I_{BC}	I_{CA}
三相对称	3	3	3									
三相不对称	1	2	3									

4.13.4　实验设备

(1)三相交流电源。

(2)三相自耦调压器。

(3)交流电压表(0 V~500 V)。

(4)交流电流表(0 A~5 A)。

(5)三相灯组负载(15 W/220 V白炽灯)。

4.13.5　实验注意事项

(1)本实验采用三相交流市电,线电压为380 V。实验时要注意人身安全,不可触及导电部件,防止意外事故发生。

(2)每次接线完毕,同组同学应自查一遍,然后由指导教师检查后,方可接通电源,必须严格遵守先断电、再接线、后通电;先断电、后拆线的实验操作原则。

(3)星形负载做短路实验时,必须首先断开中线,以免发生短路事故。

4.13.6 预习思考题

(1)三相负载根据什么条件作星形或三角形连接?

(2)了解中线的作用。

(3)复习三相交流电路有关内容,试分析三相星形连接不对称负载在无中线情况下,当某相负载开路或短路时会出现什么情况?如果接上中线,情况又如何?

(4)本次实验中,为什么要通过三相调压器将380 V的线电压降为220 V的线电压使用?

4.13.7 实验报告要求

(1)用实验测得的数据验证对称三相电路中的$\sqrt{3}$关系。

(2)用实验数据和观察到的现象,总结三相四线供电系统中中线的作用。

(3)不对称三角形连接的负载能否正常工作,实验是否能证明这一点。

(4)根据不对称负载三角形连接时的相电流值作相量图,并求出线电流值,然后与实验测得的线电流作比较并分析。

4.14 三相电路的功率测量

4.14.1 实验目的

(1)学习用一瓦特表法、二瓦特表法测量三相电路的有功功率。

(2)进一步熟练掌握功率表的使用方法。

4.14.2 实验原理

1. 测量三相四线制供电系统的三相星形连接负载(即Y_0接法)总有功功率,可用一只功率表分别测各相的有功功率P_A、P_B、P_C,将结果相加即可。

$$\sum P = P_A + P_B + P_C \tag{4-74}$$

这种方法称为一瓦特表法,若三相负载是对称的,则只需测量一相的功率,再乘以3,即得三相总的有功功率。测量线路如图4-57所示。

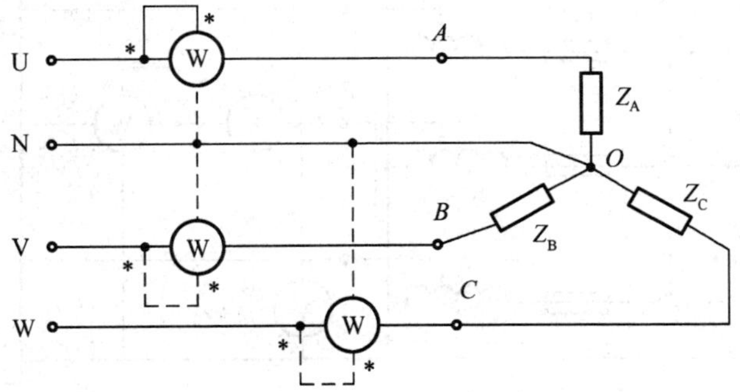

图4-57 一瓦特表法

2. 三相三线制供电系统中，不论三相负载是否对称，也不论负载是Y形接还是△接，都可测量三相负载的总有功功率。测量线路如图4-58所示。

若负载为感性或容性，且当相位差$\varphi>60°$时，线路中的一只功率表指针将反偏（数字式功率表将出现负读数），这时应将功率表电流线圈的两个端子调换（不能调换电压线圈端子），其读数应记为负值。而三相总功率

$$\sum P = P_1 + P_2 \quad (P_1, P_2 \text{本身不含任何意义})$$

除图4-58所示的I_A、U_{AC}与I_B、U_{BC}接法外，还有I_B、U_{AB}与I_C、U_{AC}以及I_A、U_{AB}与I_C、U_{BC}两种接法。

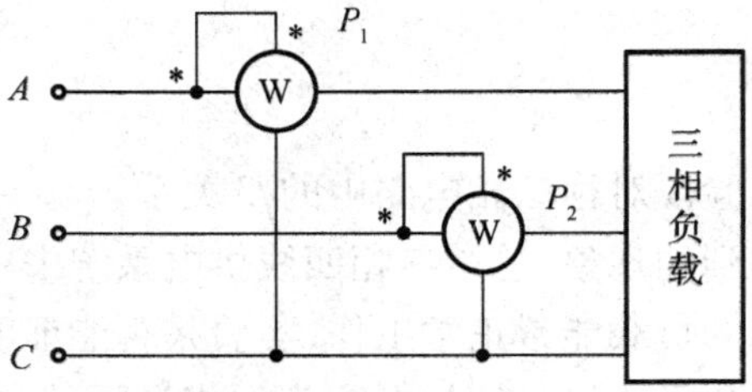

图4-58　二瓦特表法

4.14.3　实验内容

1. 用一瓦特表法测定三相对称Y_0接以及不对称Y_0接负载的总功率$\sum P$。

（1）实验按图4-59所示线路接线，线路中的电流表和电压表用以监视该相的电流和电压，不要超过功率表电压和电流的量程。

（2）经指导教师检查后，接通三相电源，调节调压器输出，使输出线电压为220 V，按表4-33的要求进行测量及计算。

表4-33　实验数据

负载情况	开灯盏数			测量值			计算值
	A相	B相	C相	P_A/W	P_B/W	P_C/W	$\sum P$/W
Y_0接对称负载	3	3	3				
Y_0接不对称负载	1	2	3				

首先将3只表按图4-59接入B相进行测量，然后分别将3只表换接到A相和C相，再进行测量。

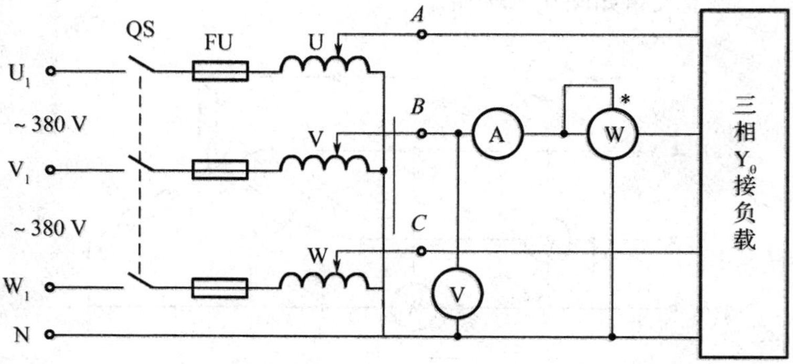

图4-59　一瓦特表法测总功率

2. 用二瓦特表法测定三相负载的总功率

(1)按图4-60所示接线,将三相灯组负载接成Y形。

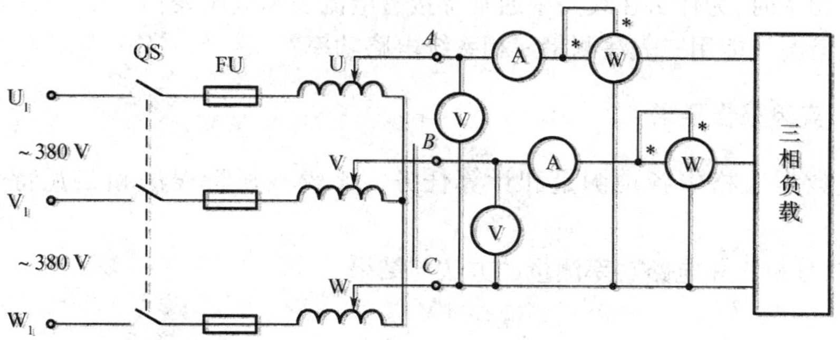

图4-60 二瓦特表法测总功率

(2)经指导教师检查后,接通三相电源,调节调压器的输出线电压为220 V,按表4-34的内容进行测量。

(3)将三相灯组负载改成△形接法,重复上述实验步骤,数据记录在表格4-34中。

表4-34 实验数据

负载情况	开灯盏数			测量值		计算值
	A相	B相	C相	P_1/W	P_2/W	$\sum P$/W
Y接对称负载	3	3	3			
Y接不对称负载	1	2	3			
△接不对称负载	1	2	3			
△接对称负载	3	3	3			

4.14.4 实验设备

(1)三相交流电源。

(2)三相自耦调压器。

(3)交流电压表(0 V~500 V)。

(4)交流电流表(0 A~5 A)。

(5)功率表。

(6)三相灯组负载(15 W/220 V白炽灯)。

4.14.5 实验注意事项

(1)必须严格遵守先接线后通电,接线时先负载后电源;实验后先断电后拆线,拆线先电源后负载的实验操作原则。

(2)实验前,电源的三相电压输出必须从0 V开始调节到220 V(线电压不得超过220 V);实验完毕,必须把电源的三相电压输出调节到0 V,然后再关闭电源。

4.14.6 预习思考题

(1)测量功率时,为什么在线路中通常都接有电流表和电压表?

(2)什么情况下能用二表法测量三相系统电路功率?

4.14.7 实验报告要求

(1)完成数据表格中各项测量和计算任务。比较一瓦特表法和二瓦特表法的测量结果。

(2)总结、分析三相电路功率测量的方法与结果。

第 5 章　模拟电路实验

5.1　晶体三极管共射极单级放大器

5.1.1　实验目的

(1)学会放大器静态工作点的调试方法,分析静态工作点对放大器性能的影响。
(2)掌握电压放大倍数、输入电阻、输出电阻及最大不失真输出电压的测试方法。
(3)熟悉常用电子仪器及模拟电路实验设备的使用。

5.1.2　实验原理

如图 5 - 1 所示为静态工作点稳定的单管放大器实验电路图,采用 R_{B1} 和 R_{B2} 组成电阻分压器偏置电路,并在发射极中接有电阻 R_E,构成直流电流串联负反馈回路以稳定放大器的静态工作点。当在放大器的输入端加入输入信号 u_i 后,在放大器的输出端便可得到一个与 u_i 相位相反,幅值被放大了的输出信号 u_o,从而实现了电压放大。

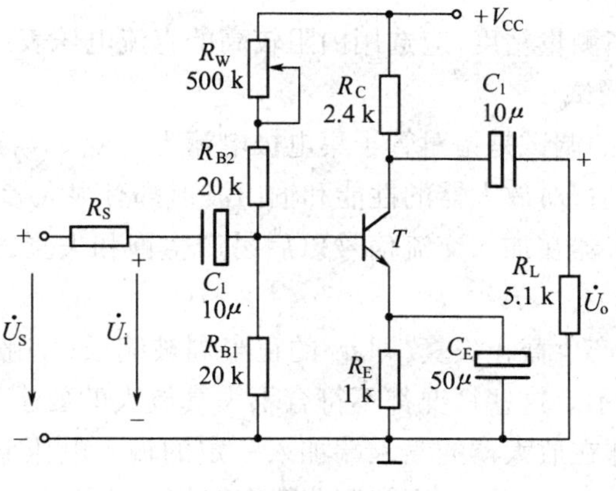

图 5 - 1　共射极单管放大器实验电路

在图 5 - 1 的电路中,当流过偏置电阻 R_{B1}、R_{B2} 和 R_W 的电流远大于晶体管 T 的基极电流 I_B 时(一般 5 ~ 10 倍),则它的静态工作点可用下式估算

$$U_{BQ} \approx \frac{R_{B1}}{R_{B1} + R_{B2} + R_W} V_{CC} \tag{5-1}$$

$$I_{EQ} = \frac{U_B - U_{BE}}{R_E} \approx I_{CQ} \tag{5-2}$$

$$U_{CEQ} = V_{CC} - I_{CQ}(R_C + R_E) \tag{5-3}$$

电压放大倍数

$$A_u = -\beta \frac{R_C // R_L}{r_{be}} \tag{5-4}$$

输入电阻

$$R_i = R_{B1} // R_{B2} // R_W // r_{be} \tag{5-5}$$

输出电阻

$$R_o \approx R_C \tag{5-6}$$

由于电子器件性能的分散性比较大，因此在设计和制作晶体管放大电路时，离不开测量和调试技术。在设计前应测量所用元器件的参数，为电路设计提供必要的依据，在完成设计和装配以后，还必须测量和调试放大器的静态工作点和各项性能指标。一个优质放大器，必定是理论设计与实验调整相结合的产物。因此，除了学习放大器的理论知识和设计方法外，还必须掌握必要的测量和调试技术。

放大器的测量和调试一般包括：放大器静态工作点的测量与调试，消除干扰与自激振荡及放大器各项动态参数的测量与调试等。

1. 放大器静态工作点的测量与调试

(1)静态工作点的测量

测量放大器的静态工作点，应在输入信号 $u_i=0$ 的情况下进行，即将放大器输入端与地端短接，然后选用量程合适的直流毫安表和直流电压表，分别测量晶体管的集电极电流 I_{CQ} 以及各电极对地的电位 U_{BQ}、U_{CQ}和 U_{EQ}。一般实验中，为了避免断开集电极，所以采用测量电压 U_{EQ}或 U_{CQ}，然后算出 I_{CQ}的方法，例如，只要测出 U_{EQ}，即可用 $I_{CQ} \approx I_{EQ} = U_{EQ}/R_E$ 计算出 I_{CQ}（也可根据 $I_{CQ} = (V_{CC} - U_{EQ})/R_C$ 计算出 I_{CQ}），同时也能算出 $U_{BEQ} = U_{BQ} - U_{EQ}$，$U_{CEQ} = U_{CQ} - U_{EQ}$。

为了减小误差，提高测量精度，应选用内阻较高的直流电压表。

(2)静态工作点的调试

放大器静态工作点的调试是指对管子集电极电流 I_{CQ}（或 U_{CEQ}）的调整与测试。

静态工作点是否合适，对放大器的性能和输出波形都有很大影响；

如工作点偏高，放大器在加入交流信号以后易产生饱和失真，此时 u_o 的负半周将被削底，如图 5-2(a)所示；

如工作点偏低则易产生截止失真，即 u_o 的正半周被缩顶（一般截止失真不如饱和失真明显），如图 5-2(b)所示。这些情况都不符合不失真放大的要求，所以在选定工作点以后还必须进行动态调试，即在放大器的输入端加入一定的输入电压 u_i，检查输出电压 u_o 的大小和波形是否满足要求。如不满足，则应调节静态工作点的位置。

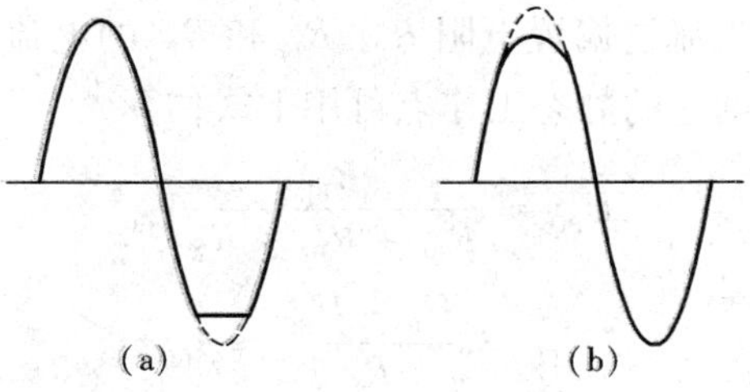

图 5-2　静态工作点对 u_o 波形失真的影响

(a)截止失真；(b)饱和失真

改变电路参数 V_{CC}、R_C、R_{B1}、R_{B2} 和 R_W 都会引起静态工作点的变化，如图 5-3 所示。但通常多采用调节偏置电阻 R_{B2} 和 R_W 的方法来改变静态工作点，如减小 R_{B2}，则可使静态工作点 Q 向上移动。

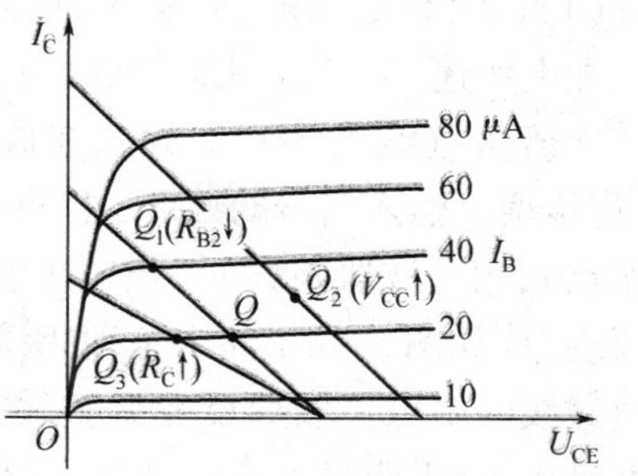

图 5-3　电路参数对静态工作点的影响

最后还要说明的是，上面所说的工作点“偏高”或“偏低”不是绝对的，应该是相对信号的幅度而言，如果输入信号幅度很小，即使工作点较高或较低也不一定会出现失真。所以确切地说，产生波形失真是信号幅度与静态工作点设置配合不当所致。如需满足较大信号幅度的要求，静态工作点最好尽量靠近交流负载线的中点。

2. 放大器动态指标测试

放大器动态指标包括电压放大倍数、输入电阻、输出电阻、最大不失真输出电压（动态范围）和通频带等。

（1）电压放大倍数 A_u 的测量

调整放大器到合适的静态工作点，然后加入输入电压 u_i，在输出电压 u_o 不失真的情况下，用交流毫伏表测出 u_i 和 u_o 的有效值 U_i 和 U_o，则

$$A_u = \frac{U_o}{U_i} \tag{5-7}$$

（2）输入电阻 R_i 的测量

为了测量放大器的输入电阻，在被测放大器的输入端与信号源之间串入一已知电阻 R_S，在放大器正常工作的情况下，用交流毫伏表测出 U_S 和 U_i，则根据输入电阻的定义可得

$$R_i = \frac{U_i}{I_i} = \frac{U_i}{\frac{U_R}{R_S}} = \frac{U_i}{U_S - U_i}R_S \tag{5-8}$$

测量时应注意下列几点：

①由于电阻 R 两端没有电路公共接地点，所以测量 R 两端电压 U_R 时必须分别测出 U_S 和 U_i，然后按 $U_{RS} = U_S - U_i$ 求出 U_{RS} 值。

②电阻 R 的值不宜取得过大或过小，以免产生较大的测量误差，通常取 R 与 R_i 为同一数量级为好，本实验可取 $R_S = 1 \sim 2\ \text{k}\Omega$。

（3）输出电阻 R_o 的测量

在放大器正常工作条件下，测出输出端不接负载 R_L 的输出电压 U_o 和接入负载后的输出电压 R_L，根据

$$U_L = \frac{R_L}{R_o + R_L}U_o \tag{5-9}$$

即可求出

$$R_o = \left(\frac{U_o}{U_L} - 1\right)R_L \tag{5-10}$$

在测试中应注意，必须保持 R_L 接入前后输入信号的大小不变。

(4)最大不失真输出电压 U_{OPP} 的测量(最大动态范围)

如上所述,为了得到最大动态范围,应将静态工作点调在交流负载线的中点。为此在放大器正常工作情况下,逐步增大输入信号的幅度,并同时调节 R_W(改变静态工作点),用示波器观察 u_o,当输出波形同时出现削底和缩顶现象(如图 5-4 所示)时,说明静态工作点已调在交流负载线的中点。然后反复调整输入信号,使波形输出幅度最大,且无明显失真时,用交流毫伏表测出 U_o(有效值),则动态范围等于 $2\sqrt{2}U_o$,或用示波器直接读出 U_{OPP} 来。

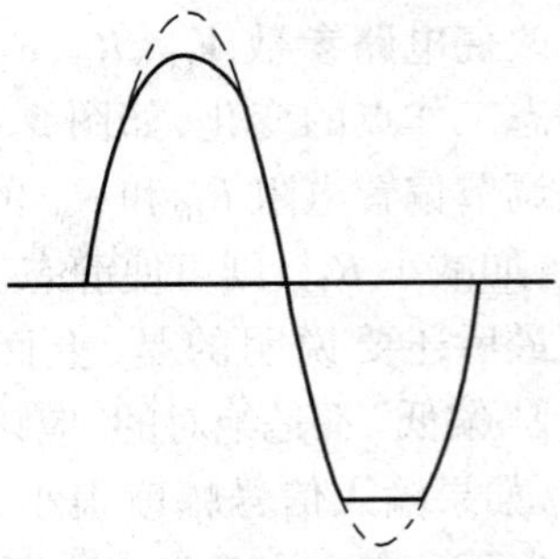

图 5-4 静态工作点正常时输入信号太大引起的失真

(5)放大器幅频特性的测量

放大器的幅频特性是指放大器的电压放大倍数 A_u 与输入信号频率 f 之间的关系曲线。单管阻容耦合放大电路的幅频特性曲线如图 5-5 所示,A_{um} 为中频电压放大倍数,通常规定电压放大倍数随频率变化下降到中频放大倍数的 $1/\sqrt{2}$ 倍,即 $0.707A_{um}$ 所对应的频率分别称为下限频率 f_L 和上限频率 f_H,则通频带 $f_{BW}=f_H-f_L$。

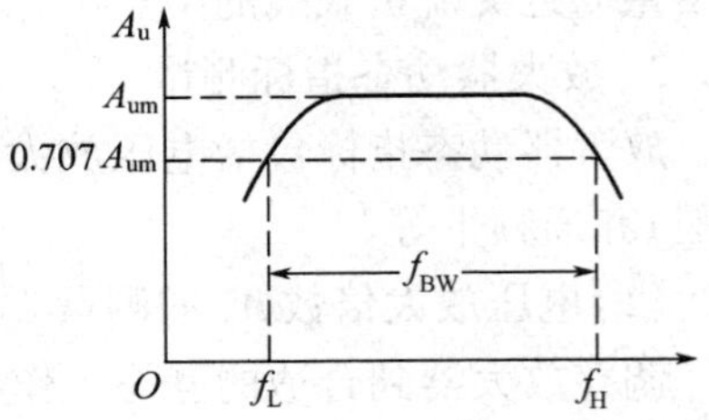

图 5-5 幅频特性曲线

放大器的幅率特性就是测量不同频率信号时的电压放大倍数 A_u。为此,可采用前述测 A_u 的方法,每改变一个信号频率,测量其相应的电压放大倍数,测量时应注意取点要恰当,在低频段与高频段应多测几点,在中频段可以少测几点。此外,在改变频率时,要保持输入信号的幅度不变,且输出波形不得失真。

5.1.3 实验内容

实验电路如图 5-1 所示,其中晶体三极管管脚排列如图 5-6 所示。为防止干扰,各仪器的公共端必须连在一起,同时信号源、交流毫伏表和示波器的引线应采用专用电缆线或屏蔽线,如使用屏蔽线,则屏蔽线的外包金属网应接在公共接地端上。

图 5-6 晶体三极管管脚排列

(a)3DG 和 3CG 系列;(b)9011(NPN),9012 (PNP),9013(NPN)

1. 调试静态工作点

接通直流电源前,先将 R_W 调至最大, 函数信号发生器输出旋钮旋至零。接通 $V_{CC}=+12$ V 电源、调节 R_W,使 $I_C=2.0$ mA(即 $U_E=2.0$ V), 用直流电压表测量 U_B、U_E、U_C 及用万用电表测量 R_{B2} 值,记入表 5-1。

表 5-1 $I_C=2$ mA 时放大器的静态工作点

测量值				计算值		
U_B/V	U_E/V	U_C/V	R_{B2}/kΩ	U_{BE}/V	U_{CE}/V	I_C/mA

2. 测量电压放大倍数

在放大器输入端加入频率为 1 kHz 的正弦信号 u_S，调节函数信号发生器的输出旋钮使放大器输入电压 $U_i\approx 10$ mV，同时用示波器观察放大器输出电压 u_o 波形，在波形不失真的条件下用交流毫伏表测量下述三种情况下的 U_o 值，并用双踪示波器观察 u_o 和 u_i 的相位关系，记入表 5-2。

表 5-2 $I_C=2.0$ mA，$U_i=$ mV

R_C/kΩ	R_L/kΩ	U_o/V	A_u	观察记录一组 u_o 和 u_i 波形
2.4	∞			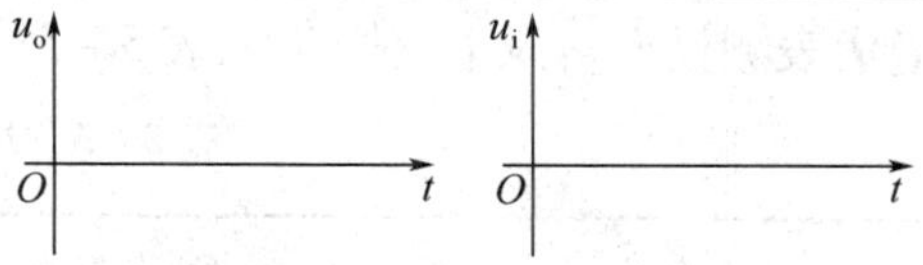
1.2	∞			
2.4	2.4			

3. 观察静态工作点对电压放大倍数的影响

置 $R_C=2.4$ kΩ、$R_L=\infty$，U_i 适量，调节 R_W，用示波器监视输出电压波形，在 u_o 不失真的条件下，测量数组 I_C 和 U_o 值，记入表 5-3。

表 5-3 $R_C=2.4$kΩ，$R_L=\infty$，$U_i=$ mV

I_C/mA			2.0		
U_o/V					
A_u					

测量 I_C 时，要先将信号源输出旋钮旋至零，也就是使 $U_i=0$ V。

4. 观察静态工作点对输出波形失真的影响

置 $R_C=2.4$ kΩ、$R_L=2.4$ kΩ、$u_i=0$，调节 R_W 使 $I_C=2.0$ mA，测出 U_{CE} 值，再逐步加大输入信号，使输出电压 u_o 足够大但不失真。然后保持输入信号不变，分别增大和减小 R_W，使波形出现失真，绘出 u_o 的波形，并测出失真情况下的 I_C 和 U_{CE} 值，记入表 5-4 中。每次测 I_C 和 U_{CE} 值时都要将信号源的输出旋钮旋至零。

表 5-4 $R_C=2.4$ kΩ，$R_L=\infty$，$U_i=$ mV

I_C/mA	U_{CE}/V	u_o 波形	失真情况	管子工作状态
		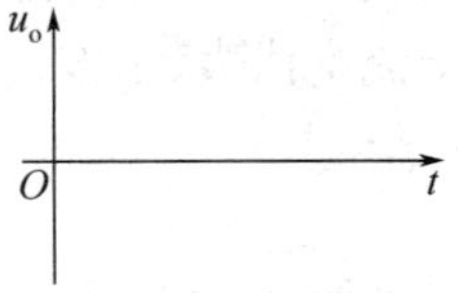		

表 5-4 （续）

I_C/mA	U_{CE}/V	u_o 波形	失真情况	管子工作状态
2.0		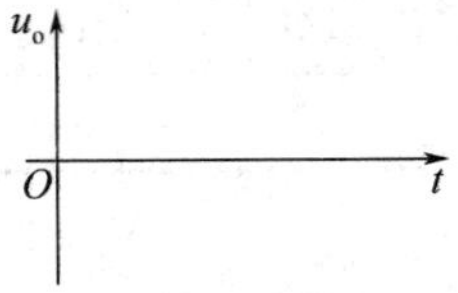		
		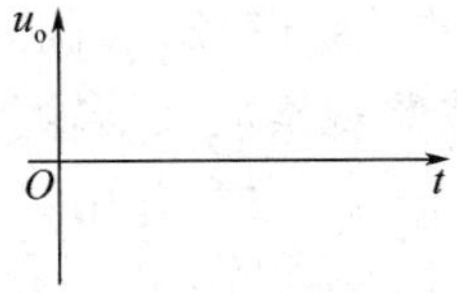		

5. 测量最大不失真输出电压

置 $R_C=2.4\ \text{k}\Omega$、$R_L=2.4\ \text{k}\Omega$，同时调节输入信号的幅度和电位器 R_W，用示波器和交流毫伏表测量 U_{OPP} 及 U_o 值，记入表 5-5。

表 5-5　$R_C=2.4\ \text{k}\Omega$，$R_L=2.4\ \text{k}\Omega$

I_C/mA	U_{im}/mV	U_{om}/V	U_{OPP}/V

5.1.4 实验设备

(1) +12 V 直流稳压电源。
(2) 函数信号发生器。
(3) 双踪示波器。
(4) 交流毫伏表。
(5) 直流电压表。
(6) 直流毫安表。
(7) 频率计。
(8) 万用电表。
(9) 晶体三极管 3DG6×1($\beta=50\sim100$)或 9011×1。
(10) 电阻器、电容器若干。

5.1.5 实验注意事项

(1) 实验电路确认无误后方可接通电源，每次调整电路的时候断开电源。
(2) 实验电路由 +12 V 电源供电，其正负极不能接错。
(3) 测试中，需将函数信号发生器、交流毫伏表、示波器中任一仪器的接地端连在一起。

5.1.6 预习思考题

(1) 改变静态工作点对放大器的输入电阻 R_i 有否影响？改变外接电阻 R_L 对输出电阻

R_o 有否影响？

(2)在测试 A_u、R_i 和 R_o 时怎样选择输入信号的大小和频率？为什么信号频率一般选 1 kHz，而不选 100 kHz 或更高？

(3)测试中，如果将函数信号发生器、交流毫伏表、示波器中任一仪器的两个测试端子接线换位(即各仪器的接地端不再连在一起)，将会出现什么问题？

5.1.7　实验报告要求

(1)深刻体会直流信号和正弦交流信号的测试。

(2)总结 R_C、R_L 及静态工作点对放大器电压放大倍数、输入电阻、输出电阻的影响。

(3)认真记录测试数据，正确描绘波形图。

5.2　负反馈放大器

5.2.1　实验目的

加深理解放大电路中引入负反馈的方法和负反馈对放大器各项性能指标的影响。

5.2.2　实验原理

负反馈在电子电路中有着非常广泛的应用，虽然它使放大器的放大倍数降低，但能在多方面改善放大器的动态指标，如稳定放大倍数，改变输入、输出电阻，减小非线性失真和展宽通频带等。因此，几乎所有的实用放大器都带有负反馈。

负反馈放大器有四种组态，即电压串联、电压并联、电流串联、电流并联。本实验以电压串联负反馈为例，分析负反馈对放大器各项性能指标的影响。

1. 如图 5－7 所示为带有负反馈的两级阻容耦合放大电路，在电路中通过 R_f 把输出电压 u_o 引回到输入端，加在晶体管 T_1 的发射极上，在发射极电阻 R_{F1} 上形成反馈电压 u_f。根据反馈的判断法可知，它属于电压串联负反馈。

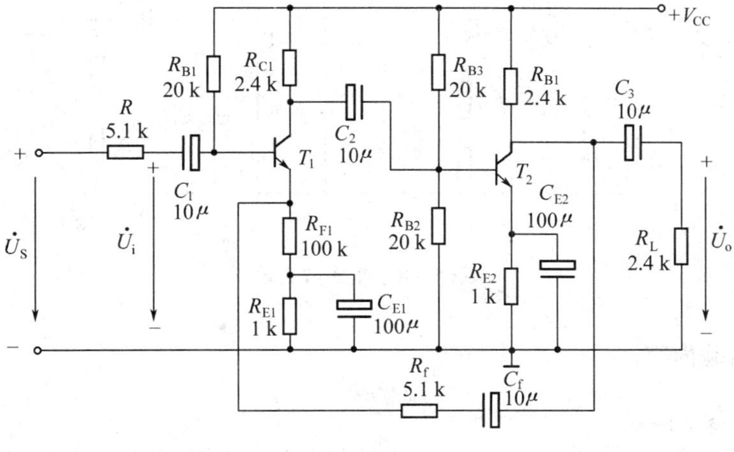

图 5－7　带有电压串联负反馈的两级阻容耦合放大器

负反馈对放大器主要性能指标如下：

(1)闭环电压放大倍数

$$A_{uf} = \frac{A_u}{1 + A_u F_u} \tag{5-11}$$

其中，$A_u = U_o/U_i$ 为基本放大器(无反馈)的电压放大倍数；$1 + A_u F_u$ 为反馈深度，它的大小决定了负反馈对放大器性能改善的程度。

(2)反馈系数

$$F_u = \frac{R_{F1}}{R_f + R_{F1}} \tag{5-12}$$

(3)输入电阻

$$R_{if} = (1 + A_u F_u) R_i \tag{5-13}$$

R_i 为基本放大器的输入电阻。

(4)输出电阻

$$R_{of} = \frac{R_o}{1 + A_{uo} F_u} \tag{5-14}$$

R_o 为基本放大器的输出电阻；A_{uo}为基本放大器 $R_L = \infty$ 时的电压放大倍数。

2. 基本放大器的动态参数测量

怎样实现无反馈而得到基本放大器呢？不能简单地断开反馈支路，而是要去掉反馈作用，但又要把反馈网络的影响(负载效应)考虑到基本放大器中去，为此：

(1)在画基本放大器的输入回路时，因为是电压负反馈，所以可将负反馈放大器的输出端交流短路，即令 $u_o = 0$，此时 R_f 相当于并联在 R_{F1}上。

(2)在画基本放大器的输出回路时，由于输入端是串联负反馈，因此需将反馈放大器的输入端(T_1管的射极)开路，此时($R_f + R_{F1}$)相当于并接在输出端。可近似认为 R_f 并接在输出端。

根据上述规律，就可得到所要求的如图 5-8 所示的基本放大器。

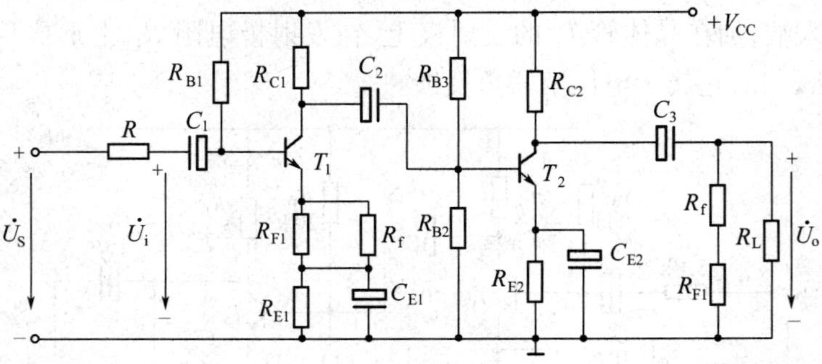

图 5-8 基本放大器

5.2.3 实验内容

1. 测量静态工作点

按图 5-7 连接实验电路，取 $V_{CC} = +12$ V、$U_i = 0$ V，用直流电压表分别测量第一级、第二级的静态工作点，记入表 5-6。

表 5-6　负反馈放大器的静态工作点

	U_B/V	U_E/V	U_C/V	I_C/mA
第一级				
第二级				

2. 测试负反馈放大器的各项性能指标

(1) $U_S \approx 10$ mV，在输出波形不失真的条件下，测量负反馈放大器的 A_{uf}、R_{if} 和 R_{of}，记入表 5-7。

表 5-7　负反馈放大器的测量结果

U_S/mV	U_i/mV	U_o/V	A_{uf}	R_{if}/kΩ	R_{of}/kΩ

(2) 测量负反馈放大器的通频带：在接有 R_L 的情况下，保持 $U_S \approx 10$ mV 不变，然后增加和减小输入信号的频率，找出上、下限频率 f_H 和 f_L，记入表 5-8。

表 5-8　通频带测量结果

负反馈放大器	f_L/kHz	f_H/kHz	Δf/kHz
基本放大器	f_{Lf}/kHz	f_{Hf}/kHz	Δf_f/kHz

4. 测试基本放大器的各项性能指标

将实验电路按图 5-8 改接，即把 R_f 断开后分别并在 R_{F1} 和 R_L 上，其他连线不动。然后测量中频电压放大倍数 A_{uo}、输入电阻 R_i 和输出电阻 R_o。

(1) 以 $f=1$ kHz、$U_S \approx 5$ mV 正弦信号接到放大器输入端，用示波器监视输出波形 u_o，在 u_o 不失真的情况下，用交流毫伏表测量 U_S、U_i、U_L，记入表 5-9。

表 5-9　基本放大器的测量结果

	U_S/mV	U_i/mV	U_o/V	A_u	R_i/kΩ	R_o/kΩ
接有 R_L						
断开 R_L						

(2) 保持 U_S 不变，断开负载电阻 R_L（注意，R_f 不要断开），测量空载时的输出电压 U_o，记入表 5-9。

(3) 测量基本放大器的通频带：在接有 R_L 的情况下，保持 U_S 不变，然后增加和减小输入信号的频率，找出上、下限频率 f_H 和 f_L，记入表 5-8。

5. 观察负反馈对非线性失真的改善

(1) 实验电路改接成基本放大器形式，在输入端加入 $f=1$ kHz 的正弦信号，输出端接示波器，逐渐增大输入信号的幅度，使输出波形开始出现失真，记下此时的波形和输出电压的幅度。

(2)再将实验电路改接成负反馈放大器形式,增大输入信号幅度,使输出电压幅度的大小与(1)相同,比较有负反馈时的输出波形的变化。

5.2.4 实验设备

(1) +12 V稳压直流电源。
(2)函数信号发生器。
(3)双踪示波器。
(4)频率计。
(5)交流毫伏表。
(6)直流电压表。
(7)晶体三极管3DG6×2($\beta=50\sim100$)或9011'×2 电阻器、电容器若干。

5.2.5 实验注意事项

(1)实验电路确认无误后方可接通电源,每次调整电路的时候断开电源。
(2)实验电路由 +12 V电源供电,其正负极不能接错。
(3)测试中,需将函数信号发生器、交流毫伏表、示波器中任一仪器的接地端连在一起。

5.2.6 预习思考题

(1)怎样把负反馈放大器改接成基本放大器?
(2)估算基本放大器的A_u、R_i和R_o,估算负反馈放大器的A_{uf}、R_{if}和R_{of},并验算它们之间的关系?
(3)如输入信号存在失真,能否用负反馈来改善?

5.2.7 实验报告要求

(1)将基本放大器和负反馈放大器动态参数的实测值和理论估算值列表进行比较。
(2)根据实验结果,总结电压串联负反馈对放大器性能的影响。
(3)认真记录测试数据。

5.3 射极跟随器

5.3.1 实验目的

(1)掌握射极跟随器的特性及测试方法。
(2)进一步学习放大器各项参数测试方法。

5.3.2 实验原理

射极跟随器的原理图如图5-9所示是一个电压串联负反馈放大电路,它具有输入电阻高、输出电阻低、电压放大倍数接近于1、输出电压能够在较大范围内跟随输入电压作线性变化以及输入、输出信号同相等特点。

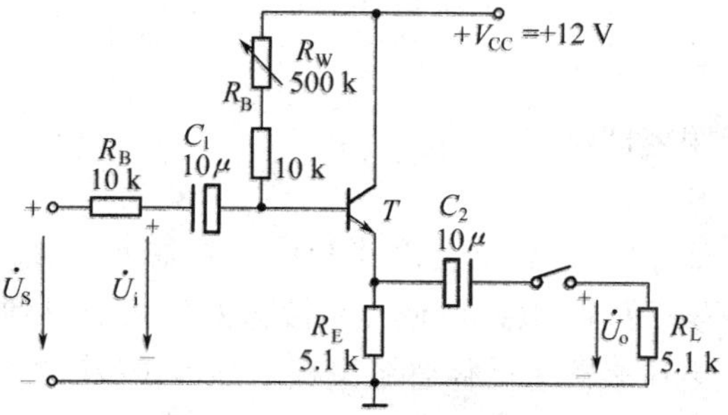

图5－9　射极跟随器电路图

1. 输入电阻 R_i

$$R_i = R_B \mathbin{/\mkern-6mu/} [r_{be} + (1+\beta)(R_E \mathbin{/\mkern-6mu/} R_L)] \tag{5-15}$$

由上式可知射极跟随器的输入电阻 R_i 比共射极单管放大器的输入电阻 $R_i = R_B \mathbin{/\mkern-6mu/} r_{be}$ 要高得多，但由于偏置电阻 R_B 的分流作用，输入电阻难以进一步提高。

输入电阻的测试方法同单管放大器，根据所测得的 U_S 和 U_i，可按下式计算输入电阻 R_i：

$$R_i = \frac{U_i}{I_i} = \frac{U_i}{U_s - U_i}R \tag{5-16}$$

2. 输出电阻 R_o

$$R_o = \frac{r_{be}}{\beta} \mathbin{/\mkern-6mu/} R_E \approx \frac{r_{be}}{\beta} \tag{5-17}$$

如考虑信号源内阻 R_S，则

$$R_o = \frac{r_{be} + R_S \mathbin{/\mkern-6mu/} R_B}{\beta} \mathbin{/\mkern-6mu/} R_E \approx \frac{r_{be} + R_S \mathbin{/\mkern-6mu/} R_B}{\beta} \tag{5-18}$$

由上式可知，射极跟随器的输出电阻 R_o 比共射极单管放大器的输出电阻 $R_o \approx R_C$ 低得多。三极管的 β 值愈高，则输出电阻 R_o 愈小。

输出电阻 R_o 的测试方法亦同单管放大器，即先测出空载输出电压 U_o，再测接入负载 R_L 后的输出电压 U_L，根据下式求出 R_o：

$$R_o = \left(\frac{U_o}{U_L} - 1\right)R_L \tag{5-19}$$

3. 电压放大倍数 A_u

$$A_u = \frac{(1+\beta)(R_E \mathbin{/\mkern-6mu/} R_L)}{r_{be} + (1+\beta)(R_E \mathbin{/\mkern-6mu/} R_L)} \leqslant 1 \tag{5-20}$$

上式说明，射极跟随器的电压放大倍数小于等于1，且为正值。这是深度电压负反馈的结果。但它的射极电流仍比基流大$(1+\beta)$倍，所以它具有电流和功率放大作用。

4. 电压跟随范围

电压跟随范围是指射极跟随器输出电压 u_o 跟随输入电压 u_i 作线性变化的范围。当 u_i 超过一定范围时，u_o 便不能跟随 u_i 作线性变化，即 u_o 波形产生了失真。

为了使输出电压 u_o 正、负半周对称，并充分利用电压跟随范围，静态工作点应选在交流负载线中点，测量时可直接用示波器读取 u_o 的峰－峰值 U_{oP-P}，即电压跟随范围；或用交流毫伏表读取 u_o 的有效值 U_o，则电压跟随范围

$$U_{oP-P} = 2\sqrt{2}U_o \tag{5-21}$$

5.3.3 实验内容

按图 5－9 连接射极跟随器电路。

1. 静态工作点的调整

接通 +12 V 直流电源，在输入端加入 $f=1$ kHz 正弦信号 u_i，输出端用示波器监视输出波形，反复调整 R_W 及信号源的输出幅度，使在示波器的屏幕上得到一个最大不失真输出波形，然后置 $u_i=0$，用直流电压表测量晶体管各电极对地电位，将测得数据记入表 5－10。

表 5－10 射极跟随器的静态工作点

U_E/V	U_B/V	U_C/V	I_E/mA

在下面整个测试过程中应保持 R_W 值不变（即保持静工作点 I_E 不变）。

2. 测量电压放大倍数 A_u

接入负载 $R_L=1$ kΩ，在输入端加入 $f=1$ kHz 正弦信号 u_i，调节输入信号幅度，用示波器观察输出波形 u_o，在输出最大不失真情况下，用交流毫伏表测 U_i、U_L 值，将测得数据记入表 5－11。

表 5－11 电压放大倍数测量数据

U_i/V	U_L/V	A_u

3. 测量输出电阻 R_o

在输入端加 $f=1$ kHz 正弦信号 u_i，用示波器监视输出波形，测空载输出电压有效值 U_o，和负载 $R_L=1$ kΩ 时的输出电压有效值 U_L，记入表 5－12。

表 5－12 输出电阻测量数据

U_o/V	U_L/V	R_o/kΩ

4. 测量输入电阻 R_i

在输入端加入 $f=1$ kHz 的正弦信号 u_S，用示波器监视输出波形，用交流毫伏表分别测出 U_S、U_i，记入表 5－13。

表 5－13 输入电阻测量数据

U_S/V	U_i/V	R_i/kΩ

5. 测试跟随特性

接入负载 $R_L=1$ kΩ，在输入端加入 $f=1$ kHz 正弦信号 u_i，逐渐增大信号 u_i 幅度，用示波器监视输出波形直至输出波形达最大不失真，测量对应的 U_L 值，记入表 5－14。

表 5-14　跟随特性测量数据

U_i/V	
U_L/V	

6. 测试频率响应特性

保持输入信号 u_i 幅度不变,改变信号源频率,用示波器监视输出波形,用交流毫伏表测量不同频率下的输出电压 U_L 值,记入表 5-15。

表 5-15　频率响应特性测量数据

f/kHz	
U_L/V	

5.3.4　实验设备与器件

(1) +12 V 直流电源。
(2)函数信号发生器。
(3)双踪示波器。
(4)交流毫伏表。
(5)直流电压表。
(6)频率计。
(7)3DG12 ×1 ($\beta=50\sim100$)或 9013、电阻器、电容器若干。

5.3.5　实验注意事项

(1)实验电路确认无误后方可接通电源,每次调整电路的时候断开电源。
(2)实验电路由 +12 V 电源供电,其正负极不能接错。
(3)测试中,需将函数信号发生器、交流毫伏表、示波器中任一仪器的接地端连在一起。

5.3.6　预习思考题

(1)复习射极跟随器的工作原理。
(2)根据图 5-9 的元件参数值估算静态工作点,并画出交、直流负载线。

5.3.7　实验报告要求

(1)整理实验数据,并画出曲线 $U_L=f(U_i)$ 及 $U_L=f(f)$ 曲线。
(2)分析射极跟随器的性能和特点。

5.4　差动放大器

5.4.1　实验目的

(1)加深对差动放大器性能及特点的理解。

(2)学习差动放大器主要性能指标的测试方法。

5.4.2 实验原理

如图 5-10 所示为差动放大器的电路图,它由两个元件参数相同的基本共射放大电路组成。当开关 K 拨向左边时,构成典型的差动放大器。调零电位器 R_P 用来调节 T_1、T_2 管的静态工作点,使得输入信号 $u_i=0$ 时,双端输出电压 $u_o=0$。R_E 为两管共用的发射极电阻,它对差模信号无负反馈作用,因而不影响差模电压放大倍数,但对共模信号有较强的负反馈作用,故可以有效地抑制零漂,稳定静态工作点。

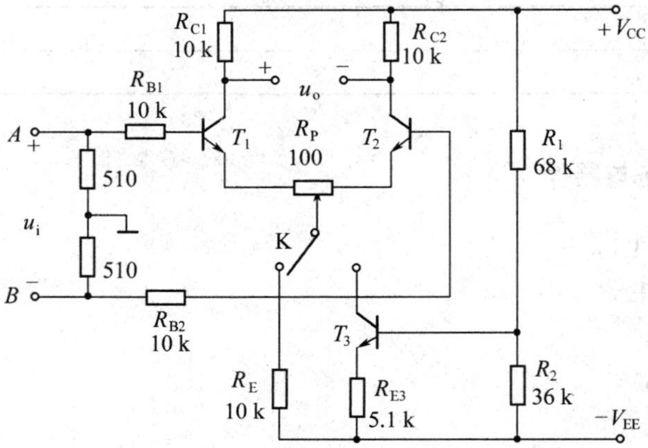

图 5-10 差动放大器电路图

当开关 K 拨向右边时,构成具有恒流源的差动放大器,它用晶体管恒流源代替发射极电阻 R_E,可以进一步提高差动放大器抑制共模信号的能力。

1. 静态工作点的估算

$$I_E \approx \frac{|V_{EE}| - U_{BE}}{R_E} \quad (\text{认为 } U_{B1} = U_{B2} \approx 0) \tag{5-22}$$

$$I_{C1} = I_{C2} = \frac{1}{2} I_E \tag{5-23}$$

恒流源电路

$$I_{C3} \approx I_{E3} \approx \frac{\frac{R_2}{R_1 + R_2}(V_{CC} + |V_{EE}|) - U_{BE}}{R_{E3}} \tag{5-24}$$

$$I_{C1} = I_{C2} = \frac{1}{2} I_{C3} \tag{5-25}$$

2. 差模电压放大倍数和共模电压放大倍数

当差动放大器的射极电阻 R_E 足够大,或采用恒流源电路时,差模电压放大倍数 A_{ud} 由输出端方式决定,而与输入方式无关。

双端输出:$R_E=\infty$,R_P 在中心位置时,

$$A_{ud} = \frac{\Delta U_o}{\Delta U_i} = -\frac{\beta R_C}{R_B + r_{be} + \frac{1}{2}(1+\beta) R_P} \tag{5-26}$$

单端输出：

$$A_{ud1}=\frac{\Delta U_{C1}}{\Delta U_i}=\frac{1}{2}A_{ud} \tag{5-27}$$

$$A_{ud2}=\frac{\Delta U_{C2}}{\Delta U_i}=-\frac{1}{2}A_{ud} \tag{5-28}$$

当输入共模信号时，若为单端输出，则共模电压放大倍数为

$$A_{uc1}=A_{uc2}=\frac{\Delta U_{C1}}{\Delta U_i}=\frac{-\beta R_C}{R_B+r_{be}+(1+\beta)\left(\frac{1}{2}R_P+2R_E\right)}\approx-\frac{R_C}{2R_E} \tag{5-29}$$

若为双端输出，在理想情况下，共模电压放大倍数为

$$A_{uc}=\frac{\Delta U_o}{\Delta U_i}=0 \tag{5-30}$$

实际上由于元件不可能完全对称，因此 A_{uc} 也不会绝对等于零。

3. 共模抑制比 *CMRR*

为了表征差动放大器对有用信号（差模信号）的放大作用和对共模信号的抑制能力，通常用一个综合指标来衡量，即共模抑制比：

$$CMRR=\left|\frac{A_{ud}}{A_{uc}}\right| \quad 或 \quad CMRR=20\lg\left|\frac{A_{ud}}{A_{uc}}\right| \tag{5-31}$$

差动放大器的输入信号可采用直流信号也可采用交流信号。本实验由函数信号发生器提供频率 $f=1$ kHz 的正弦信号作为输入信号。

5.4.3 实验内容

1. 典型差动放大器性能测试

按图 5-10 连接实验电路，开关 K 拨向左边构成典型差动放大器。

（1）测量静态工作点

在测量静态工作点前，应该首先调节放大器零点。信号源不接入，将放大器输入端 A、B 与地短接，接通 ±12 V 直流电源，用直流电压表测量输出电压 U_o，调节调零电位器 R_P，使 $U_o=0$。调节要仔细，力求准确。

零点调好以后，再测量静态工作点。用直流电压表测量 T_1、T_2 管各电极电位及射极电阻 R_E 两端电压 U_{RE}，记入表 5-16。

表 5-16 差动放大器静态工作点测量

测量值	U_{C1}/V	U_{B1}/V	U_{E1}/V	U_{C2}/V	U_{B2}/V	U_{E2}/V	U_{RE}/V
计算值	I_B/mA	I_C/mA	U_{CE}/V	I_B/mA	I_C/mA	U_{CE}/V	I_{CE}/mA

（2）测量差模电压放大倍数

断开直流电源，放大器输入 A 端接函数信号发生器的输出端，放大器输入 B 端接地，构成单端输入方式，调节输入信号为频率 $f=1$ kHz 的正弦信号，并使输出旋钮旋至零，用示波器监视输出端（集电极 C_1 或 C_2 与地之间）。

接通 ±12 V 直流电源，逐渐增大输入电压 $U_i \approx 100$ mV，在输出波形无失真的情况下，用交流毫伏表测 U_i、U_{C1}、U_{C2}，记入表 5－17 中，并观察 u_i、u_{C1}、u_{C2}之间的相位关系及 U_{RE}随 U_i 改变而变化的情况。

(3)测量共模电压放大倍数

将放大器 A、B 短接，信号源接 A 端与地之间，构成共模输入方式。调节输入信号 $f=1$ kHz、$U_i=1$ V，在输出电压无失真的情况下，测量 U_{C1}、U_{C2}的值并记入表 5－17，观察 u_i、u_{C1}、u_{C2}之间的相位关系及 U_{RE}随 U_i 改变而变化的情况。

表 5－17　差动放大器电压放大倍数测量

	典型差动放大电路		具有恒流源差动放大电路	
	单端输入	共模输入	单端输入	共模输入
U_i	100 mV	1 V	100 mV	1 V
U_{C1}/V				
U_{C2}/V				
$A_{ud1}=U_{C1}/U_i$		/		/
$A_{ud}=U_o/U_i$		/		/
$A_{uc1}=U_{C1}/U_i$	/		/	
$A_{uc}=U_o/U_i$	/		/	
$\mathrm{CMRR}=\lvert A_{ud}/A_{uc}\rvert$				

2. 具有恒流源的差动放大电路性能测试

将图 5－10 电路中开关 K 拨向右边，构成具有恒流源的差动放大电路。重复实验内容 1 中步骤(2)、(3)的要求，记入表 5－17。

5.4.4　实验设备与器件

(1) ±12 V 直流电源。

(2)函数信号发生器。

(3)双踪示波器。

(4)交流毫伏表。

(5)直流电压表。

(6)晶体三极管 3DG6 ×3(9011 ×3)、电阻器、电容器若干。

5.4.5　实验注意事项

(1)实验电路确认无误后方可接通电源，每次调整电路的时候断开电源。

(2)测试中，需将函数信号发生器、交流毫伏表、示波器中任一仪器的接地端连在一起。

5.4.6　预习思考题

(1)测量静态工作点时，放大器输入端 A、B 与地应如何连接？

(2)实验中怎样获得双端和单端输入差模信号？怎样获得共模信号？

(3)怎样进行静态零点调节？用什么仪表测 U_o？

(4)怎样用交流毫伏表测双端输出电压 U_o？

5.4.7 实验报告要求

(1)整理数据，分析结果，得出相应结论。

(2)分析单端输出、双端输出和共模抑制比的结果与理论是否一致。

(3)分析差动放大器的特点。

5.5 集成运算放大器指标测试

5.5.1 实验目的

(1)掌握运算放大器主要指标的测试方法。

(2)通过对运算放大器 μA741 指标的测试，了解集成运算放大器组件的主要参数的定义和表示方法。

5.5.2 实验原理

集成运算放大器是一种线性集成电路，和其他半导体器件一样，它是用一些性能指标来衡量其质量的优劣。为了正确使用集成运算放大器，就必须了解它的主要参数指标。集成运算放大器组件的各项指标通常是由专用仪器进行测试的，这里介绍的是一种简易测试方法。

本实验采用的集成运算放大器型号为 μA741（或 F007），引脚排列参见附录，是具有 8 个引脚的双列直插式组件，2 脚和 3 脚分别为反相和同相输入端，6 脚为输出端，7 脚和 4 脚为正、负电源端，1 脚和 5 脚为失调调零端，如图 5－11 所示，1 和 5 脚之间可接入一只几十 kΩ 的电位器并将滑动触头接到负电源端，8 脚为空脚。

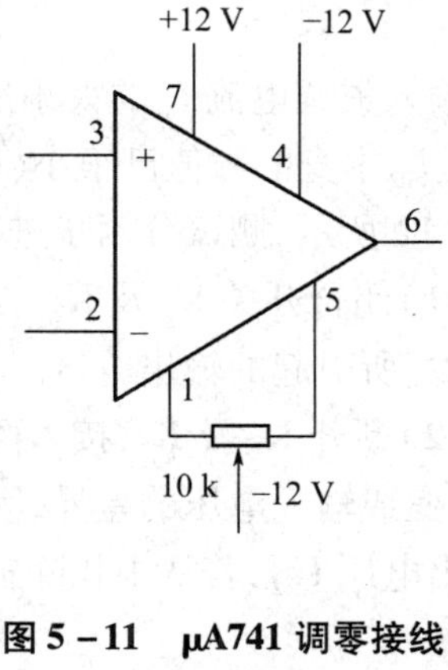

图 5－11 μA741 调零接线图

1. μA741 主要技术指标

(1)输入失调电压 U_{os}

理想运算放大器组件，当输入信号为零时，其输出也为零。但是即使是最优质的集成组件，由于运算放大器内部差动输入级参数的不完全对称，输出电压往往不为零。这种零输入时输出不为零的现象称为集成运算放大器的失调。

输入失调电压 U_{os} 是指输入信号为零时，输出端出现的电压折算到同相输入端的数值。

输入失调电压测试电路如图 5－12 所示。闭合开关 K_1 及 K_2，使电阻 R_B 短接，测量此时的输出电压 U_{o1} 即为输出失调电压，则输入失调电压

$$U_{os} = \frac{R_1}{R_1 + R_F} U_o \qquad (5-32)$$

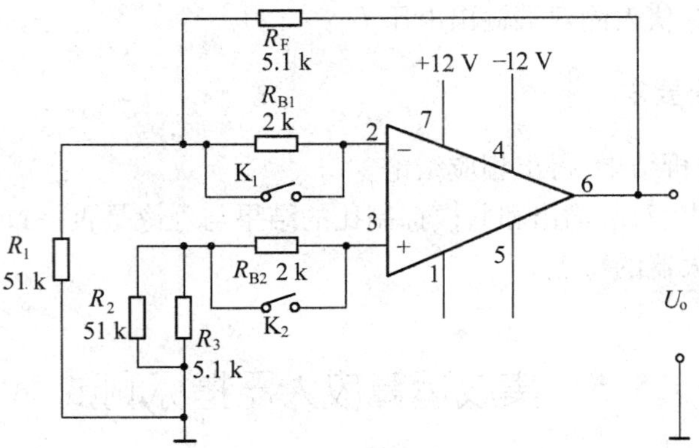

图 5-12　U_{os}和I_{os}测试电路

实际测出的U_{o1}可能为正，也可能为负，一般为1～5 mV，高质量运算放大器的U_{os}小于1 mV。

测试中应注意：①将运算放大器调零端开路；②要求电阻R_1和R_2、R_3和R_F的参数严格对称。

(2)输入失调电流I_{os}

输入失调电流I_{os}是指当输入信号为零时，运算放大器两个输入端的基极偏置电流之差：

$$I_{os} = | I_{B1} - I_{B2} | \tag{5-33}$$

输入失调电流I_{os}的大小反映了运算放大器内部差动输入级两个晶体管β的失配度，由于I_{B1}、I_{B2}本身的数值已很小(微安级)，因此它们的差值通常不是直接测量的，测试电路如图5-12所示，测试分两步进行：

(1)闭合开关K_1及K_2，在低输入电阻下，测出输出电压U_{o1}，如前所述，这是由输入失调电压U_{os}所引起的输出电压。

(2)断开K_1及K_2，接入两个输入电阻R_B，由于R_B阻值较大，流经它们的输入电流的差异，将变成输入电压的差异，因此也会影响输出电压的大小，可见测出接入两个电阻R_B时的输出电压U_{o2}，若从中扣除输入失调电压U_{os}的影响，则输入失调电流I_{os}为

$$I_{os} = | I_{B1} - I_{B2} | = | U_{o1} - U_{o2} | \frac{R_1}{R_1 + R_F} \frac{1}{R_B} \tag{5-34}$$

一般地，I_{os}约为几十～几百 nA(10^{-9}A)，高质量运算放大器I_{os}低于1 nA。

测试中应注意：①将运算放大器调零端开路；②两输入端电阻R_B必须精确配对。

(3)开环差模放大倍数A_{ud}

集成运算放大器在没有外部反馈时的直流差模放大倍数称为开环差模电压放大倍数，用A_{ud}表示。它定义为开环输出电压U_o与两个差分输入端之间所加信号电压U_{id}之比，即

$$A_{ud} = U_o / U_{id} \tag{5-35}$$

按定义，A_{ud}应是信号频率为零时的直流放大倍数，但为了测试方便，通常采用低频(几十赫兹以下)正弦交流信号进行测量。由于集成运算放大器的开环电压放大倍数很高，难以直接进行测量，故一般采用闭环测量方法。

A_{ud}的测试方法很多，现采用交、直流同时闭环的测试方法，如图5-13所示。

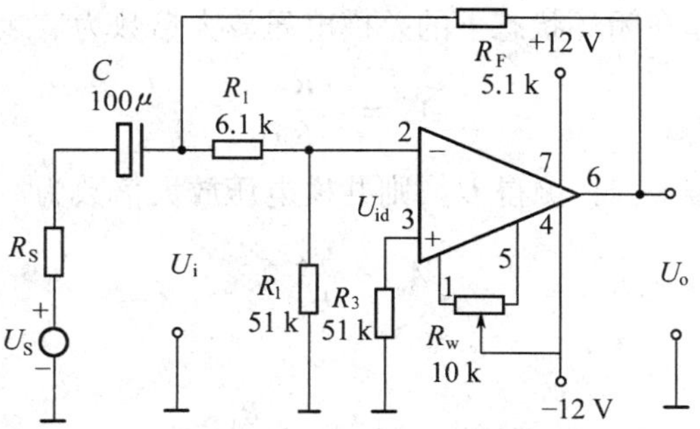

图 5－13　A_{ud} 测试电路图

被测运算放大器一方面通过 R_F、R_1、R_2 完成直流闭环，以抑制输出电压漂移，另一方面通过 R_F 和 R_S 实现交流闭环，外加信号 u_S 经 R_1、R_2 分压，使 u_{id} 足够小，以保证运算放大器工作在线性区，同相输入端电阻 R_3 应与反相输入端电阻 R_2 相匹配，以减小输入偏置电流的影响，电容 C 为隔直电容。被测运算放大器的开环电压放大倍数为

$$A_{ud} = \frac{U_o}{U_{id}} = \left(1 + \frac{R_1}{R_2}\right)\frac{U_o}{U_i} \tag{5-36}$$

通常低增益运算放大器 A_{ud} 约为 60～70 dB，中增益运算放大器约为 80 dB，高增益运算放大器在 100 dB 以上，可达 120～140 dB。

测试中应注意：①测试前电路应首先消振及调零；②被测运算放大器要工作在线性区；③输入信号频率应较低，一般用 50～100 Hz，输出信号幅度应较小，且无明显失真。

(4) 共模抑制比 *CMRR*

集成运算放大器的差模电压放大倍数 A_d 与共模电压放大倍数 A_c 之比称为共模抑制比：

$$CMRR = \left|\frac{A_d}{A_c}\right| \quad 或 \quad CMRR = 20\lg\left|\frac{A_d}{A_c}\right| \tag{5-37}$$

共模抑制比在应用中是一个很重要的参数，理想运算放大器对输入的共模信号其输出为零，但在实际的集成运算放大器中，其输出不可能没有共模信号的成分，输出端共模信号愈小，说明电路对称性愈好，也就是说运算放大器对共模干扰信号的抑制能力愈强，即 *CMRR* 愈大。*CMRR* 的测试电路如图 5－14 所示。

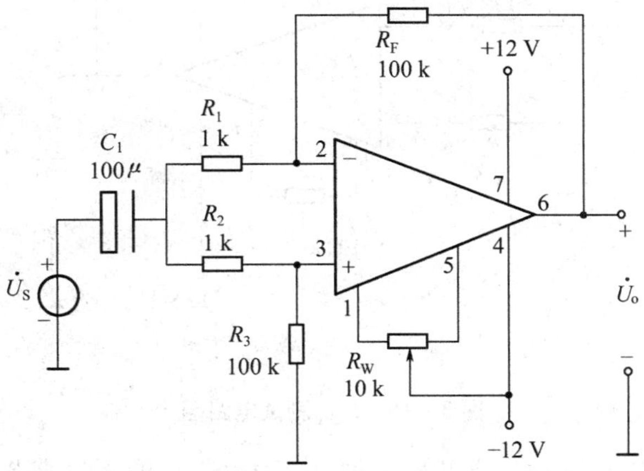

图 5－14　*CMRR* 测试电路

集成运算放大器工作在闭环状态下的差模电压放大倍数为

$$A_d = -\frac{R_F}{R_1} \tag{5-38}$$

当接入共模输入信号 U_{ic} 时，测得 U_{oc}，则共模电压放大倍数为

$$A_c = \frac{U_{oc}}{U_{ic}} \tag{5-39}$$

得共模抑制比

$$CMRR = \left|\frac{A_d}{A_c}\right| = \frac{R_F}{R_1}\frac{U_{ic}}{U_{oc}} \tag{5-40}$$

测试中应注意：①消振与调零；② R_1 与 R_2、R_3 与 R_F 之间阻值严格对称；③输入信号 U_{ic} 幅度必须小于集成运算放大器的最大共模输入电压范围 U_{icm}。

(5) 共模输入电压范围 U_{icm}

集成运算放大器所能承受的最大共模电压称为共模输入电压范围，超出这个范围，运算放大器的 $CMRR$ 会大大下降，输出波形产生失真，有些运算放大器还会出现“自锁”现象以及永久性的损坏。

U_{icm} 的测试电路如图 5－15 所示。被测运算放大器接成电压跟随器形式，输出端接示波器，观察最大不失真输出波形，从而确定 U_{icm} 值。

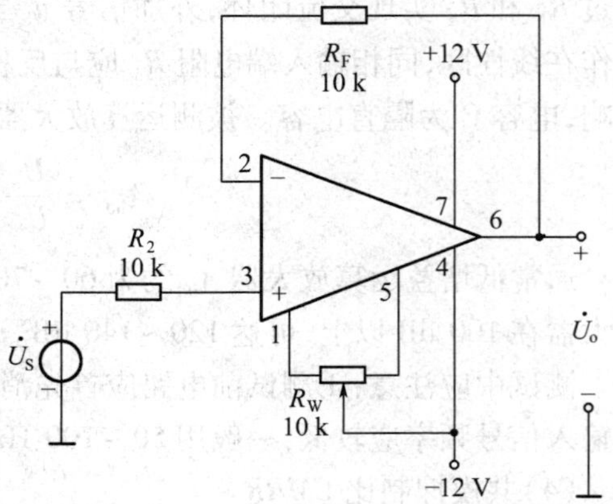

图 5－15 U_{icm} 测试电路

(6) 输出电压最大动态范围 U_{oPP}

集成运算放大器的动态范围与电源电压、外接负载及信号源频率有关。测试电路如图 5－16 所示。

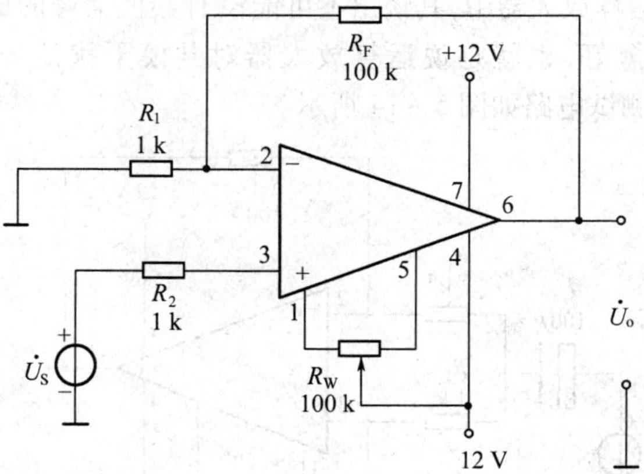

图 5－16 U_{oPP} 测试电路图

改变 u_S 幅度，观察 u_o 削顶失真开始时刻，从而确定 u_o 的不失真范围，这就是运算放大器在某一定电源电压下可能输出的电压峰峰值 U_{oPP}。

2. 集成运算放大器在使用时应考虑的一些问题

(1)输入信号选用交、直流量均可，但在选取信号的频率和幅度时，应考虑运算放大器的频响特性和输出幅度的限制。

(2)调零。为提高运算精度，在运算前，应首先对直流输出电位进行调零，即保证输入为零时，输出也为零。当运算放大器有外接调零端子时，可按组件要求接入调零电位器 R_W，调零时，将输入端接地，调零端接入电位器 R_W，用直流电压表测量输出电压 U_o，细心调节 R_W，使 U_o 为零(即失调电压为零)。如果运算放大器没有调零端子，若要调零，可按图 5－17 所示电路进行调零。一个运算放大器如果不能调零，大致有如下原因：

①组件正常，接线有错误；

②组件正常，但负反馈不够强(R_F/R_1 太大)，为此可将 R_F 短路，观察是否能调零；

③组件正常，但由于它所允许的共模输入电压太低，可能出现自锁现象，因而不能调零，为此可将电源断开后，再重新接通，如能恢复正常，则属于这种情况；

④组件正常，但电路有自激现象，应进行消振；

⑤组件内部损坏，应更换好的集成块。

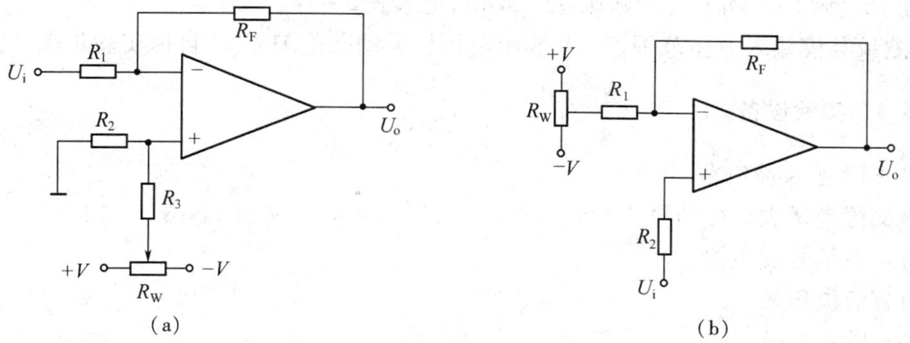

图 5－17 无调零端的集成运算放大器调零电路图

(a)同相端调零电路；(b)反相端调零电路

(3)消振。一个集成运算放大器自激时，表现为即使输入信号为零，亦会有输出，使各种运算功能无法实现，严重时还会损坏器件。在实验中，可用示波器监视输出波形。为消除运算放大器的自激，常采用如下措施：

①若运算放大器有相位补偿端子，可利用外接 RC 补偿电路，产品手册中提供有补偿电路及元件参数；

②电路布线、元器件布局应尽量减少分布电容；

③在正、负电源进线与地之间接上几十 μF 的电解电容和 0.01 ~0.1 μF 的陶瓷电容相并联以减小电源引线的影响。

5.5.3 实验内容

实验前看清运算放大器管脚排列及电源电压极性及数值，切忌正、负电源接反。

1. 测量输入失调电压 U_{os}

按图 5－12 连接实验电路，闭合开关 K_1、K_2，用直流电压表测量输出端电压 U_{o1}，并计算 U_{os}，记入表 5－18。

2. 测量输入失调电流 I_{os}

实验电路如图 5－13 所示，打开开关 K_1、K_2，用直流电压表测量 U_{o2}，并计算 I_{os}。记入表5－18。

表 5－18 集成运算放大器指标测试结果

U_{os}/mV		I_{os}/nA		A_{ud}/dB		*CMRR*/dB	
实测值	典型值	实测值	典型值	实测值	典型值	实测值	典型值
	2～10		50～100		100～106		80～86

3. 测量开环差模电压放大倍数 A_{ud}

按图 5－13 连接实验电路，运算放大器输入端加频率 100 Hz，大小约 30～50 mV 正弦信号，用示波器监视输出波形。用交流毫伏表测量 U_o 和 U_i，并计算 A_{ud}，记入表 5－18。

4. 测量共模抑制比 *CMRR*

按图 5－14 连接实验电路，运算放大器输入端加 $f = 100$ Hz、$U_{ic} = 1 \sim 2$ V 正弦信号，监视输出波形，测量 U_{oc} 和 U_{ic}，计算 A_c 及 *CMRR*，记入表 5－18。

5. 测量共模输入电压范围 U_{icm} 及输出电压最大动态范围 U_{oPP}，自拟实验步骤及方法。

5.5.4 实验设备

(1) ±12 V 直流电源。

(2) 交流毫伏表。

(3) 函数信号发生器。

(4) 直流电压表。

(5) 双踪示波器。

(6) 集成运算放大器 μA741 ×1。

(7) 电阻器、电容器若干。

5.5.5 实验注意事项

(1) 实验电路确认无误后方可接通电源，每次调整电路的时候断开电源。

(2) 测试中，需将函数信号发生器、交流毫伏表、示波器中任一仪器的接地端连在一起。

5.5.6 实验预习思考题

(1) 测量输入失调参数时，为什么运算放大器反相及同相输入端的电阻要精选，以保证严格对称？

(2) 测量输入失调参数时，为什么要将运算放大器调零端开路，而在进行其他测试时，则要求对输出电压进行调零？

(3) 测试信号的频率选取的原则是什么？

5.5.7 实验报告要求

(1) 将所测得的数据与典型值进行比较。

(2) 对实验结果及实验中碰到的问题进行分析、讨论。

5.6　集成运算放大器线性应用

5.6.1　实验目的

(1)研究由集成运算放大器组成的比例、加法、减法和积分等基本运算电路的功能。

(2)了解运算放大器在实际应用时应考虑的一些问题。

5.6.2　实验原理

集成运算放大器是一种电压放大倍数很高的直接耦合多级放大电路。当外部接入不同的线性或非线性元器件组成输入和负反馈电路时,可以灵活地实现各种特定的函数关系。在线性应用方面,可组成比例、加法、减法、积分、微分、对数等模拟运算电路。

1. 理想运算放大器

在大多数情况下,可以将运算放大器视为理想运算放大器,就是将运算放大器的各项技术指标理想化,满足下列条件的运算放大器称为理想运算放大器。

(1)开环电压增益:$A_{ud}=\infty$;

(2)输入阻抗:$r_i=\infty$;

(3)输出阻抗:$r_o=0$;

(4)带宽:$f_{BW}=\infty$;

(5)失调与漂移均为零等。

理想运算放大器在线性应用时的两个重要特性:

(1)输出电压 U_o 与输入电压之间满足关系式

$$U_o = A_{ud}(U_+ - U_-) \tag{5-41}$$

由于 $A_{ud}=\infty$,而 U_o 为有限值,因此 $U_+ - U_- = 0$,即 $U_+ \approx U_-$,称为“虚短”。

(2)由于 $r_i=\infty$,所以流进运算放大器两个输入端的电流可视为零,即 $I_{IB}=0$,称为“虚断”,这说明运算放大器对其前级吸取电流极小。

上述两个特性是分析和设计理想运算放大器应用电路的基本原则,可简化运算放大器电路的计算。

2. 基本运算电路

(1)反相比例运算电路

如图 5-18 所示,理想运算放大器电路的输出电压与输入电压之间的关系为

$$U_o = -\frac{R_F}{R_1}U_i \tag{5-42}$$

为了减小输入级偏置电流引起的运算误差,在同相输入端应接入平衡电阻 $R_2=R_1/R_F$。

(2)反相加法运算电路

电路如图 5-19 所示,输出电压与输入电压之间的关系为

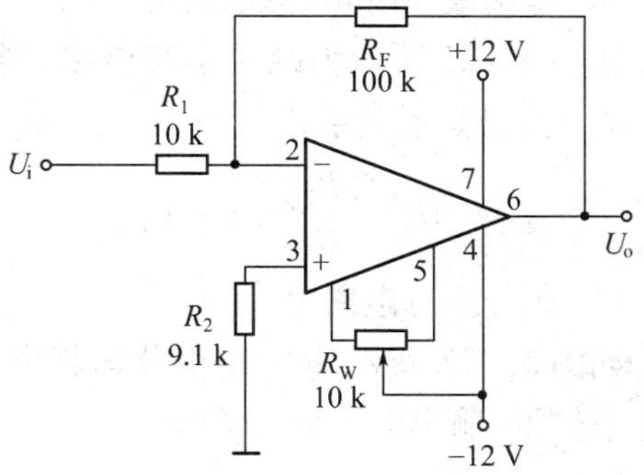

图 5-18　反相比例运算电路

$$U_o = -\left(\frac{R_F}{R_1}U_{i1} + \frac{R_F}{R_2}U_{i2}\right) \tag{5-43}$$

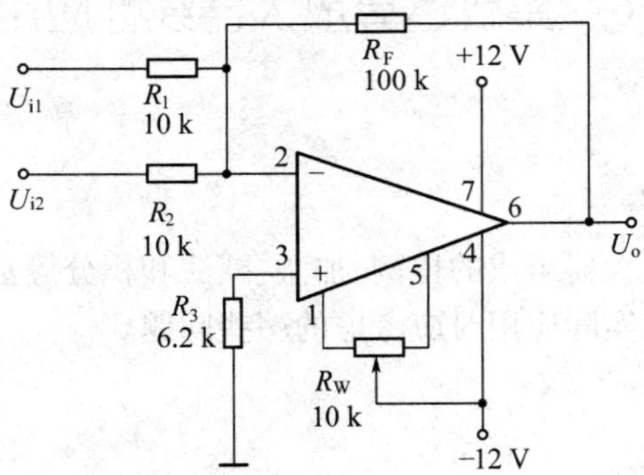

图 5-19　反相加法运算电路

要求 $R_3 = R_1/R_2/R_F$。

(3)同相比例运算电路

如图 5-20 所示为同相比例运算电路,它的输出电压与输入电压之间的关系为

$$U_o = \left(1 + \frac{R_F}{R_1}\right)U_i \tag{5-44}$$

要求 $R_2 = R_1/R_F$。

当 $R_1 = \infty$ 时,$U_o = U_i$,即得到如图 5-21 所示的电压跟随器。其中 $R_2 = R_F$,用以减小漂移和起保护作用。一般 R_F 取 10 kΩ,R_F 太小起不到保护作用,太大则影响跟随性。

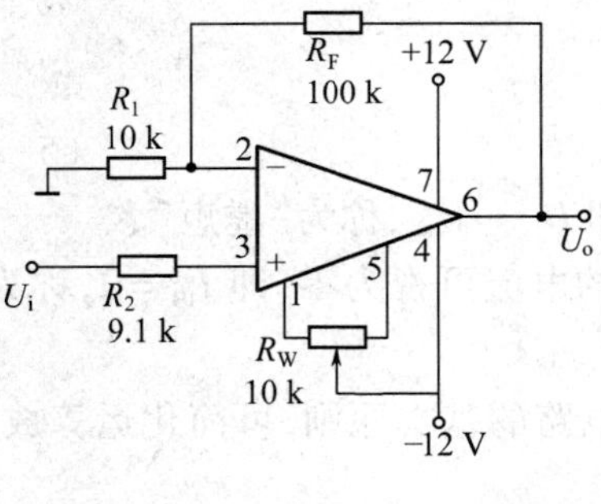

图 5-20　同相比例运算电路

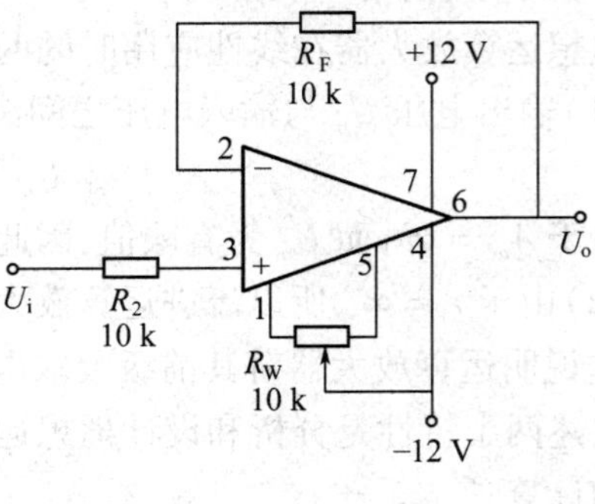

图 5-21　电压跟随器

(4)差动放大电路(减法运算电路)

如图 5-22 所示为减法运算电路,当 $R_1 = R_2$、$R_3 = R_F$ 时,有如下关系式:

$$U_o = \frac{R_F}{R_1}(U_{i2} - U_{i1}) \tag{5-45}$$

(5)积分运算电路

如图 5-23 所示为反相积分运算电路。在理想化条件下,输出电压为

$$u_o(t) = -\frac{1}{R_1 C}\int_0^t u_i \mathrm{d}t + u_C(0) \tag{5-46}$$

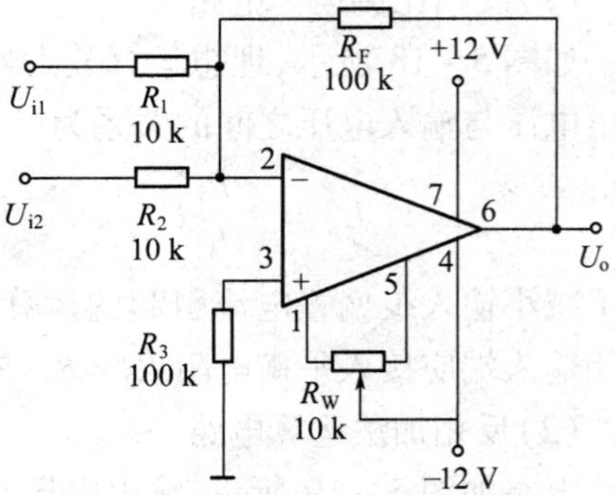

图 5-22　减法运算电路图

式中，$u_C(0)$是 $t=0$ 时刻电容 C 两端的电压值，即初始值。

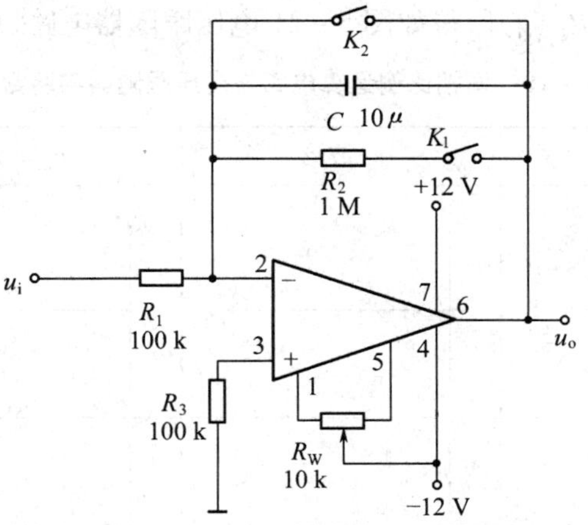

图 5－23　反相积分运算电路

如果 $u_i(t)$是幅值为 E 的阶跃电压，并设 $u_C(0)=0$，则

$$u_o(t)=-\frac{1}{R_1C}\int_0^t E\mathrm{d}t=-\frac{E}{R_1C}t \qquad (5-47)$$

输出电压 $u_o(t)$随时间增长而线性下降。显然 RC 的数值越大，达到给定的 U_o 值所需的时间就越长。积分输出电压所能达到的最大值受集成运算放大器最大输出范围的限制。

在进行积分运算之前，首先应对运算放大器调零。为了便于调节，将图中 K_1 闭合，即通过电阻 R_2 的负反馈作用帮助实现调零。在完成调零后，应将 K_1 打开，避免因 R_2 的接入造成积分误差。K_2 的设置一方面为积分电容放电提供通路，同时可实现积分电容初始电压 $u_C(0)=0$；另一方面，可控制积分起始点，即在加入信号 u_i 后，只要 K_2 打开，电容就将被恒流充电，电路也就开始进行积分运算。

5.6.3　实验内容

实验前要看清运算放大器组件各管脚的位置；切忌正、负电源极性接反和输出端短路，否则将会损坏集成块。

1. 反相比例运算电路

(1)按图 5－18 连接实验电路，接通 ±12 V 电源，输入端对地短路，进行调零和消振。

(2)输入 $f=100$ Hz，$U_i=0.5$ V 的正弦交流信号，测量相应的 U_o，并用示波器观察 u_o 和 u_i 的相位关系，记入表 5－19。

表 5－19　反相比例运算电路实验数据

U_i/V	U_o/V	u_i 波形	u_o 波形	A_u	
				实测值	计算值
		t	t		

2. 同相比例运算电路

(1)按图 5－20 连接实验电路。实验步骤同实验内容 1,将结果记入表 5－20。

(2)将图 5－20 中的 R_1 断开,得如图 5－21 电压跟随器电路,重复实验内容 1。

表 5－20　同相比例运算电路与电压跟随器实验数据

	U_i/V	U_o/V	u_i 波形	u_o 波形	A_u	
					实测值	计算值
同相比例运算电路						
电压跟随器						

3. 反相加法运算电路

(1)按图 5－19 连接实验电路,调零和消振。

(2)输入信号采用直流信号,图 5－24 所示电路为简易可调直流信号源。

实验时要注意选择合适的直流信号幅度以确保集成运算放大器工作在线性区。用直流电压表测量输入电压 U_{i1}、U_{i2} 及输出电压 U_o,记入表 5－21。

表 5－21　反相加法运算电路实验数据

U_{i1}/V					
U_{i2}/V					
U_o/V					

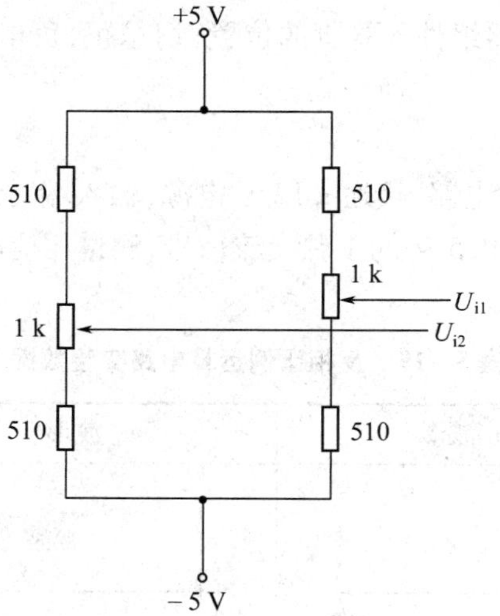

图 5－24　简易可调直流信号源

4. 减法运算电路

(1)按图5－22连接实验电路，调零和消振。

(2)采用直流输入信号，实验步骤同实验内容3，实验数据记入表5－22。

表5－22　减法运算电路实验数据

U_{i1}/V					
U_{i2}/V					
U_o/V					

5. 积分运算电路

(1)按图5－23连接实验电路，打开K_2，闭合K_1，对运算放大器输出进行调零。

(2)调零完成后，再打开K_1，闭合K_2，使$u_C(0)=0$。

(3)预先调好直流输入电压$U_i=0.5$ V，接入实验电路，再打开K_2，然后用直流电压表测量输出电压U_o，每隔5秒读一次U_o，记入表5－23，直到U_o不继续明显增大为止。

表5－23　积分运算电路实验数据

t/s	0	5	10	15	20	25	30	…
U_o/V								

5.6.4　实验设备

(1)±12 V直流电源。

(2)函数信号发生器。

(3)交流毫伏表。

(4)直流电压表。

(5)集成运算放大器μA741×1、电阻器、电容器若干。

5.6.5　实验注意事项

(1)实验电路确认无误后方可接通电源，每次调整电路的时候断开电源。

(2)测试中，需将函数信号发生器、交流毫伏表、示波器中任一仪器的接地端连在一起。

5.6.6　预习思考题

(1)复习集成运算放大器线性应用部分内容，并根据实验电路参数计算各电路输出电压的理论值。

(2)在反相加法器中，如果U_{i1}和U_{i2}均采用直流信号，并选定$U_{i2}=-1$ V，当考虑到运算放大器的最大输出幅度(±12 V)时，$|U_{i1}|$的大小不应超过多少伏？

(3)在积分电路中，如$R_1=100$ kΩ，$C=4.7$μF，求时间常数。假设$U_i=0.5$ V，问要使输出电压U_o达到5 V，需多长时间(设$u_C(0)=0$)？

(4)为了不损坏集成块，实验中应注意什么问题？

5.6.7 实验报告要求

(1)整理实验数据,画出波形图(注意波形间的相位关系)。
(2)将理论计算结果和实测数据相比较,分析产生误差的原因。
(3)分析讨论实验中出现的现象和问题。

5.7 电压比较器

5.7.1 实验目的

(1)掌握电压比较器的电路构成及特点。
(2)学会测试比较器的方法。

5.7.2 实验原理

电压比较器是集成运算放大器非线性应用电路,它将一个模拟量电压信号和一个参考电压相比较,在两者幅度相等的附近,输出电压将产生跃变,相应输出高电平或低电平。比较器可以组成非正弦波形变换电路及应用于模拟与数字信号转换等领域。

常用的电压比较器有过零比较器、具有滞回特性的过零比较器、双限比较器(又称窗口比较器)等。

如图 5-25 所示为一最简单的电压比较器,U_R 为参考电压,加在运算放大器的同相输入端,输入电压 u_i 加在反相输入端。

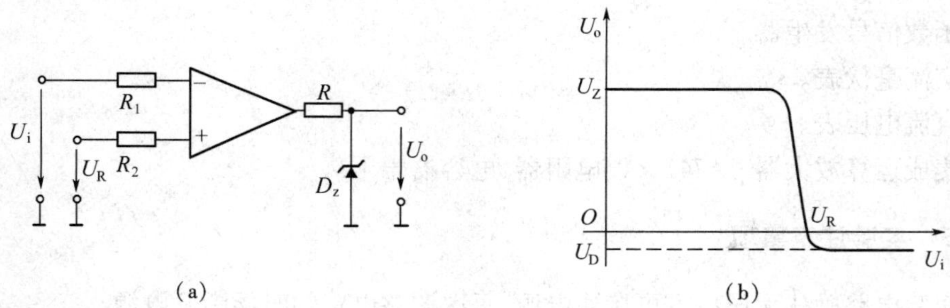

图 5-25 电压比较器
(a)电压比较器电路图;(b)电压比较器传输特性

当 $u_i < U_R$ 时,运算放大器输出高电平,稳压管 D_Z 反向稳压工作。输出端电位被其箝位在稳压管的稳定电压 U_Z,即 $U_o = U_Z$;

当 $u_i > U_R$ 时,运算放大器输出低电平,D_Z 正向导通,输出电压等于稳压管的正向压降 U_D,即 $U_o = -U_D$。

因此,以 U_R 为界,当输入电压 u_i 变化时,输出端反映出两种状态:高电位和低电位。

表示输出电压与输入电压之间关系的特性曲线,称为传输特性,如图 5-25(b)是图 5-25(a)所示的比较器的传输特性。

1. 过零电压比较器

如图 5－26 所示电路为加具有输出限幅电路的过零电压比较器，D_Z 为限幅稳压管。信号从运算放大器的反相输入端输入，参考电压为零，从同相端输入。

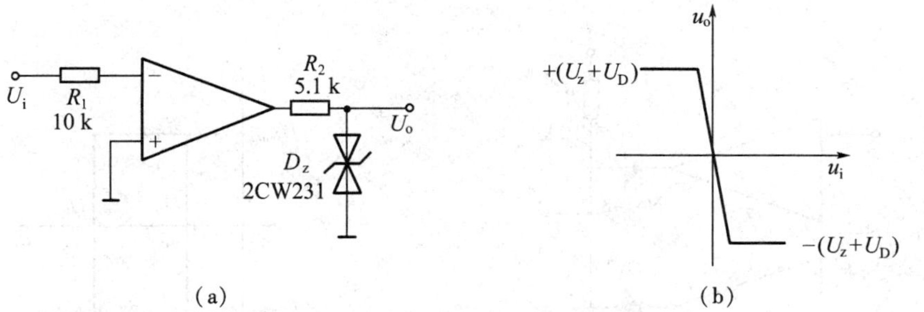

图 5－26 过零电压比较器

(a)过零电压比较器；(b)电压传输特性

当 $U_i>0$ 时，输出 $U_o=-(U_Z+U_D)$；当 $U_i<0$ 时，$U_o=+(U_Z+U_D)$。

其电压传输特性如图 5－26(b)所示。过零电压比较器结构简单、灵敏度高，但抗干扰能力差。

2. 滞回电压比较器

在实际工作时，如果过零比较器输入 u_i 恰好在过零值附近，则由于零点漂移的存在，u_o 将不断由一个极限值转换到另一个极限值，这在控制系统中，对执行机构将是很不利的。所以就需要输出具有滞回特性的电压比较器。

如图 5－27 所示为具有滞回特性的电压比较器，从输出端引一个电阻分压正反馈支路到同相输入端，若 u_o 的大小改变，则 Σ 点电位也随之改变，使过零点离开原来位置。当 u_o 为正最大值，记作 U_+，则

$$U_\Sigma=\frac{R_2}{R_1+R_F}U_+$$

那么，当 $u_i>U_\Sigma$ 后，u_o 由正最大值 U_+ 变为负最大值 U_-，此时 U_Σ 变为 $-U_\Sigma$。

所以，只有当 u_i 下降到 $-U_\Sigma$ 以下时，u_o 才能回到 U_+，这样即出现如图 5－27(b)所示的滞回特性。

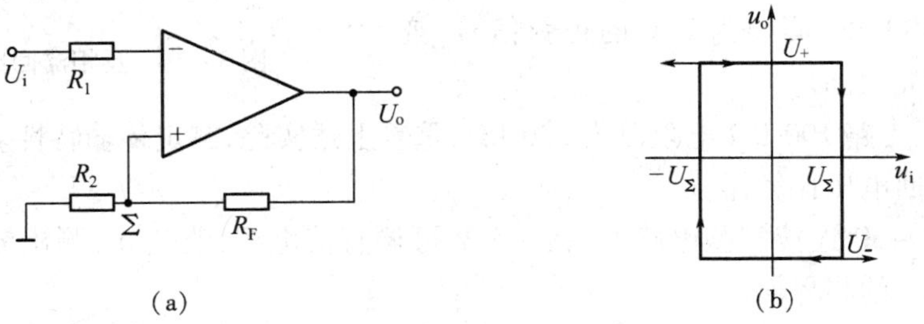

图 5－27 滞回比较器

(a)滞回电压比较器电路图；(b)滞回电压比较器传输特性

U_Σ 与 $-U_\Sigma$ 之差称为回差，改变 R_2 的数值可以改变回差的大小。

3. 窗口(双限)比较器

简单的比较器仅能鉴别输入电压 u_i 比参考电压 U_R 高或低的情况，窗口比较电路是由

两个简单比较器组成的，如图5－28所示，它能指示出 u_i 值是否处于 U_{R+} 和 U_{R-} 之间。如果 $U_{R+} < U_i < U_{R-}$，窗口比较器的输出电压 U_o 等于运算放大器的正饱和输出电压（$+U_{omax}$），如果 $U_i < U_{R-}$ 或 $U_i > U_{R+}$，则输出电压 U_o 等于运算放大器的负饱和输出电压（$-U_{omax}$）。

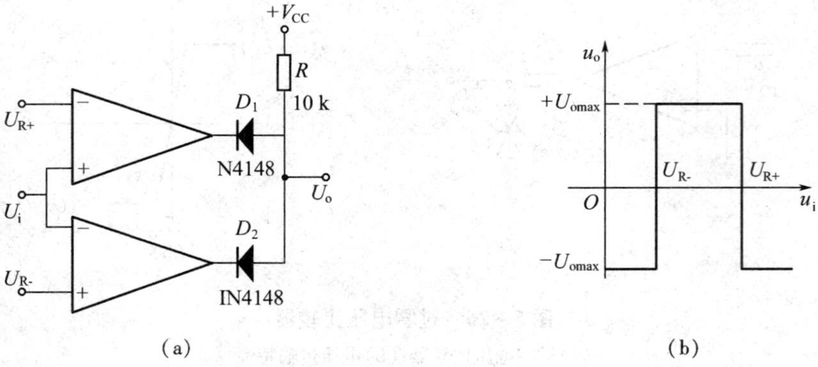

图5－28　由两个简单比较器组成的窗口比较器

(a)窗口(双限)比较器电路图;(b)窗口(双限)比较器传输特性

5.7.3　实验内容

1. 过零电压比较器

(1)按图5－26连接实验电路，接通±12 V电源。

(2)测量 u_i 悬空时的 U_o 值。

(3)u_i 输入500 Hz、幅值为2 V的正弦信号，观察并记录 u_i 和 u_o 波形。

(4)改变 u_i 幅值，测量传输特性曲线。

2. 反相滞回电压比较器

(1)按图5－29连接实验电路，u_i 接＋5 V可调直流电源，改变 u_i，测出 u_o 由 $+U_{omax}$ 变化到 $-U_{omax}$ 时 u_i 的临界值。

(2)改变 u_i，测出 u_o 由 $-U_{omax}$ 变化到 $+U_{omax}$ 时 u_i 的临界值。

(3)u_i 接500 Hz，峰值为2 V的正弦信号，观察并记录 u_i 和 u_o 波形。

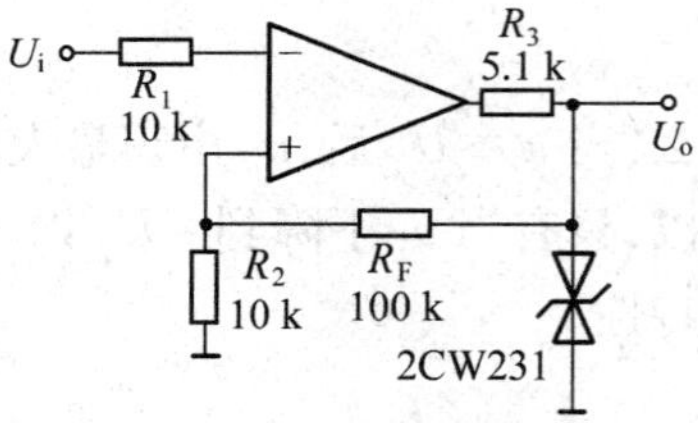

图5－29　反相滞回比较器

(4)将分压支路100 kΩ电阻改为200 kΩ，重复上述实验，测定传输特性。

3. 同相滞回电压比较器

(1)按图5－30连接实验电路，u_i 接＋5 V可调直流电源，改变 u_i，测出 u_o 由 $+U_{omax}$ 变化到 $-U_{omax}$ 时 u_i 的临界值。

(2)改变 u_i，测出 u_o 由 $-U_{omax}$ 变化到 $+U_{omax}$ 时 u_i 的临界值。

(3)u_i 接500 Hz，峰值为2 V的正弦信号，观察并记录 u_i 和 u_o 波形。

(4)将分压支路100 kΩ电阻改为200 kΩ，重复上述实验，测定传输特性。

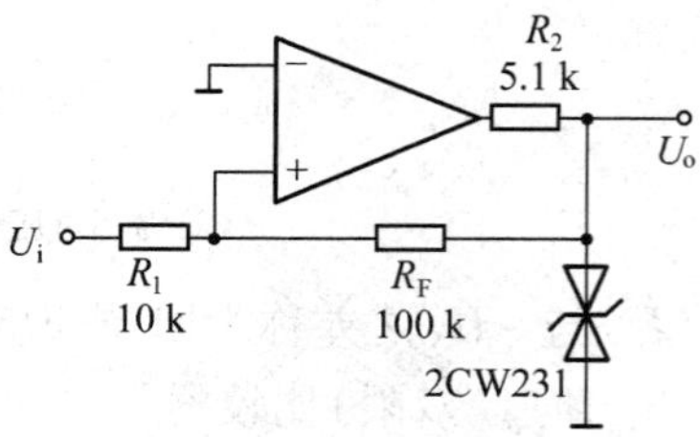

图5－30　同相滞回比较器

(5)将实验结果与实验内容2的结果进行比较。

4. 窗口电压比较器

参照图5－28,自拟实验步骤和方法测定其传输特性。

5.7.4 实验设备

(1) ±12 V 直流电源。
(2)直流电压表。
(3)函数信号发生器。
(4)交流毫伏表。
(5)双踪示波器。
(6)运算放大器 μA741 ×2。
(7)稳压管 2CW231 ×1。
(8)二极管 4148 ×2 和电阻器等。

5.7.5 实验注意事项

(1)整理实验数据,绘制各类比较器的传输特性曲线。
(2)总结几种比较器的特点,阐明它们的应用。

5.7.6 预习思考题

(1)复习教材有关比较器的内容。
(2)画出各类比较器的传输特性曲线?
(3)若将图5－28窗口比较器的电压传输曲线高、低电平对调,应如何改动比较器电路?

5.7.7 实验报告要求

(1)整理实验数据,绘制各类比较器的传输特性曲线。
(2)总结几种比较器的特点,阐明它们的应用。

第6章　数字电路实验

6.1　TTL 集成逻辑门的逻辑功能与参数测试

6.1.1　实验目的

(1)掌握 TTL 集成与非门的逻辑功能和主要参数的测试方法。

(2)掌握 TTL 器件的使用规则。

(3)进一步熟悉数字电路实验装置的结构,基本功能和使用方法。

6.1.2　实验原理

本实验采用四输入双与非门 74LS20,即在一块集成芯片内含有两个互相独立的与非门,每个与非门有四个输入端。其符号如图 6-1 所示,引脚排列图参见附录。

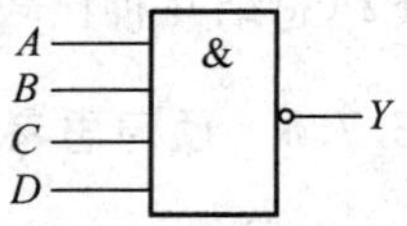

图 6-1　74LS20 逻辑符号

1. 与非门的逻辑功能

与非门的逻辑功能是:当输入端中有一个或一个以上是低电平时,输出端为高电平;只有当输入端全部为高电平时,输出端才是低电平。其逻辑表达式为 $Y=\overline{ABCD}$。

2. TTL 与非门的主要参数

(1)低电平输出电源电流 I_{CCL} 和高电平输出电源电流 I_{CCH}

与非门处于不同的工作状态,电源提供的电流是不同的。I_{CCL} 是指所有输入端悬空,输出端空载时,电源提供器件的电流。I_{CCH} 是指输出端空载,每个门各有一个以上的输入端接地,其余输入端悬空,电源提供给器件的电流。通常 $I_{CCL}>I_{CCH}$,它们的大小标志着器件静态功耗的大小。

器件的最大功耗为 $P_{CCL}=V_{CC}I_{CCL}$。手册中提供的电源电流和功耗值是指整个器件总的电源电流和总的功耗。I_{CCL} 和 I_{CCH} 测试电路如图 6-2(a)、(b)所示。

注意:TTL 电路对电源电压要求较严,74 系列 TTL 集成电路芯片的电源电压 V_{CC} 只允许在 +5 V、±5 % 的范围内工作,超过 5.25 V 将损坏器件,低于 4.75 V 器件的逻辑功能将不正常。

(2)低电平输入电流 I_{iL} 和高电平输入电流 I_{iH}

I_{iL} 是指被测输入端接地,其余输入端悬空,输出端空载时,由被测输入端流出的电流大小。在多级门电路中,I_{iL} 相当于前级门输出低电平时,后级向前级门灌入的电流,因此它关系到前级门的灌电流负载能力,即直接影响前级门电路带负载的个数,因此希望 I_{iL} 小些。

I_{iH} 是指被测输入端接高电平,其余输入端接地,输出端空载时,流入被测输入端的电流值。在多级门电路中,它相当于前级门输出高电平时,前级门的拉电流负载,其大小关系到前级门的拉电流负载能力，希望I_{iH}小些。由于I_{iH}较小，难以测量，一般免于测试。

I_{iL}与I_{iH}测试电路如图6-2(c)、(d)所示。

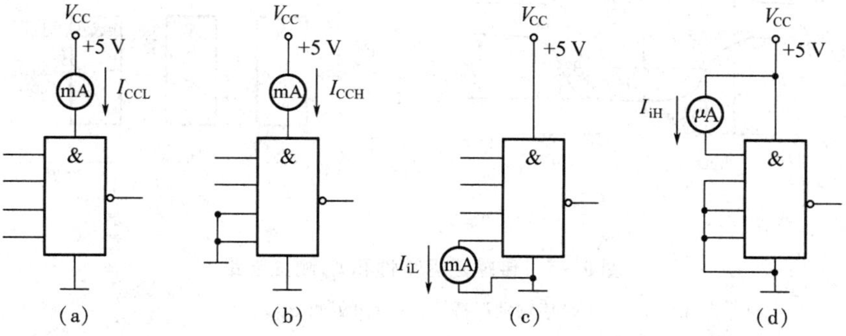

图6-2 TTL与非门静态参数测试电路图

(a)I_{CCL}测试电路；(b)I_{CCH}测试电路；(c)I_{iL}测试电路；(d)I_{iH}测试电路

(3)扇出系数N

扇出系数N是指门电路能驱动同类门的个数，它是衡量门电路负载能力的一个参数。TTL与非门有两种不同性质的负载，即灌电流负载和拉电流负载，因此有两种扇出系数，即低电平扇出系数N_L和高电平扇出系数N_H。通常$I_{iH} < I_{iL}$，则$N_H > N_L$，所以常以N_L作为门的扇出系数。

N_L的测试电路如图6-3所示，门的输入端全部悬空，输出端接灌电流负载R_L，调节R_L使I_{OL}增大，V_{OL}随之增高，当V_{OL}达到V_{OLm}(手册中规定低电平规范值0.4 V)时的I_{OL}就是允许灌入的最大负载电流，则

$$N_L = \frac{I_{OL}}{I_{iL}} \tag{6-1}$$

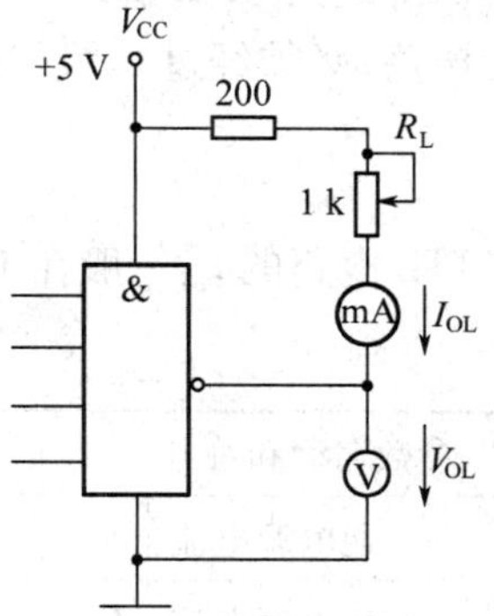

图6-3 扇出系数试测电路

通常$N_L \geq 8$。

(4)电压传输特性

门的输出电压v_o随输入电压v_i而变化的曲线$v_o = f(v_i)$称为门的电压传输特性，通过它可读得门电路的一些重要参数，如输出高电平V_{OH}、输出低电平V_{OL}、关门电平V_{OFF}、开门电平V_{ON}、阈值电平V_T及抗干扰容限V_{NL}、V_{NH}等值。

测试电路如图6-4所示，即调节R_W，逐点测得v_i和v_o，然后绘成曲线。

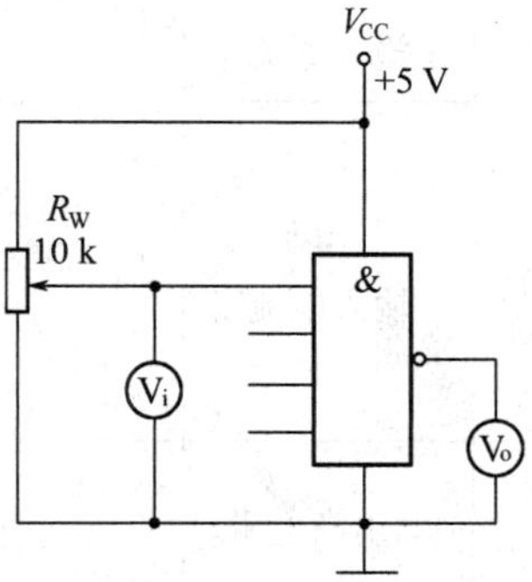

图6-4 传输特性测试电路

(5)平均传输延迟时间t_{pd}

平均传输延迟时间t_{pd}是衡量门电路开关速度的参数。如图6-5(a)所示，t_{pdL}为导通延迟时间，t_{pdH}为截止延迟时间，平均传输延迟时间t_{pd}是指输出波形边沿的0.5 V_m至输入波形对应边沿0.5 V_m点的时间间隔，则平均传输延迟时间为

$$t_{pd} = \frac{1}{2}(t_{pdL} + t_{pdH}) \tag{6-2}$$

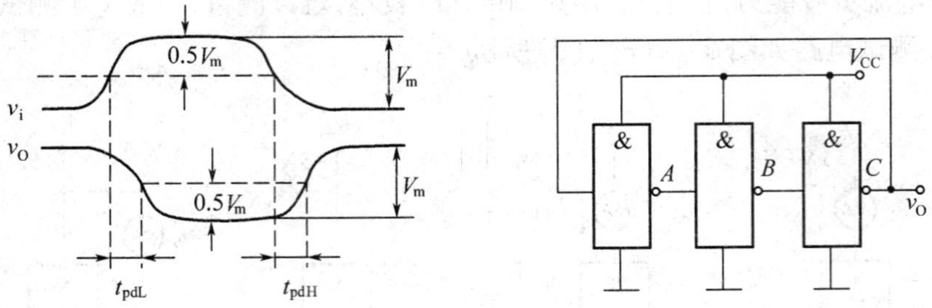

(a)　　　　　　　　　　(b)

图 6－5　传输延迟特性和 t_{pd}测试电路

(a)传输延迟特性;(b)t_{pd}的测试电路

如图 6－5(b)所示为 t_{pd}的测试电路。由于 TTL 门电路的延迟时间较小,直接测量时对信号发生器和示波器的性能要求较高,故实验采用测量由奇数个与非门组成的环形振荡器的振荡周期 T 来求得。其工作原理是:假设电路在接通电源后某一瞬间,电路中的 A 点为逻辑“1”,经过三级门的延迟后,使 A 点由原来的逻辑“1”变为逻辑“0”;再经过三级门的延迟后,A 点电平又重新回到逻辑“1”,电路中其他各点电平也跟随变化,因此 A 点发生一个周期的振荡,必须经过 6 级门的延迟时间,所以平均传输延迟时间为

$$t_{pd} = \frac{T}{6} \tag{6-3}$$

TTL 电路的 t_{pd}一般在 10 ns～40 ns 之间。74LS20 主要电参数规范如表 6－1 所示。

表 6－1　74LS20 主要电参数规范

参数名称和符号			规范值	单位	测试条件
直流参数	导通电源电流	I_{CCL}	<14	mA	V_{CC}＝5 V,输入端悬空,输出端空载
	截止电源电流	I_{CCH}	<7	mA	V_{CC}＝5 V,输入端接地,输出端空载
	低电平输入电流	I_{iL}	≤1.4	mA	V_{CC}＝5 V,被测输入端接地,其他输入端悬空,输出端空载
	高电平输入电流	I_{iH}	<50	μA	V_{CC}＝5 V,被测输入端 V_{in}＝2.4 V,其他输入端接地,输出端空载。
			<1	mA	V_{CC}＝5 V,被测输入端 V_{in}＝5 V,其他输入端接地,输出端空载。
	输出高电平	V_{OH}	≥3.4	V	V_{CC}＝5 V,被测输入端 V_{in}＝0.8 V,其他输入端悬空,I_{OH}＝400 μA。
	输出低电平	V_{OL}	<0.3	V	V_{CC}＝5 V,输入端 V_{in}＝2.0 V,I_{OL}＝12.8 mA。
	扇出系数	N	4～8	V	同 V_{OH}和 V_{OL}
交流参数	平均传输延迟时间	t_{pd}	≤20	ns	V_{CC}＝5 V,被测输入端输入信号:V_{in}＝3.0 V,f＝2 MHz。

6.1.3　实验内容

在合适的位置选取一个 14P 的 IC 插座,按定位标记插好 74LS20 集成芯片。

1. 验证 TTL 集成与非门 74LS20 的逻辑功能

按图 6－6 接线,与非门的四个输入端接逻辑开关输出插口,以提供“0”与“1”电平信号,逻辑开关向上,输出逻辑“1”,向下为逻辑“0”。门电路的输出端接由 LED 发光二极管组成的逻辑电平显示器(又称 0－1 指示器)的显示插口,LED 亮为逻辑“1”,不亮为逻辑“0”。

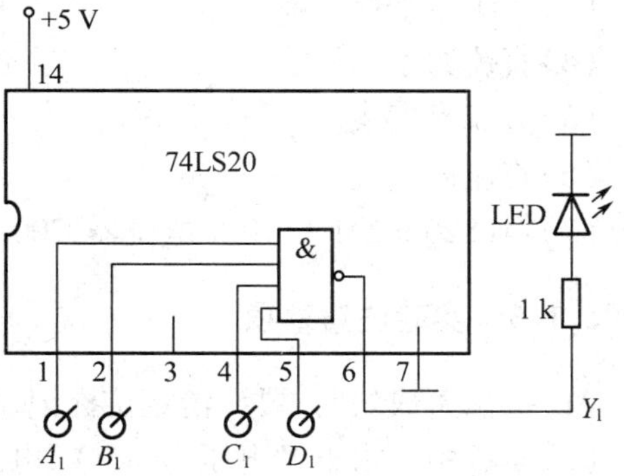

图 6－6　与非门逻辑功能测试电路

按表 6－2 的真值表逐个测试集成块中两个与非门的逻辑功能。74LS20 有 4 个输入端,有 16 个最小项,在实际测试时,只要通过对输入 1111、0111、1011、1101、1110 五项进行检测就可判断其逻辑功能是否正常。

表 6－2　与非门的逻辑功能测试

输　　入				输　　出	
A_n	B_n	C_n	D_n	Y_1	Y_2
1	1	1	1		
0	1	1	1		
1	0	1	1		
1	1	0	1		
1	1	1	0		

2. 74LS20 主要参数的测试

(1)分别按图 6－2、6－3、6－5(b)接线并进行测试,将测试结果记入表 6－3 中。

表 6－3　74LS20 主要参数的测试数据

I_{CCL}/mA	I_{CCH}/mA	I_{iL}/mA	I_{OL}/mA	$N = I_{OL}/I_{iL}$	t_{pd} = T/6/ns

(2)电压传输特性测量。接图 6－4 接线,调节电位器 R_W,使 v_i 从 0 V 向高电平变化,逐点测量 v_i 和 v_o 的对应值,记入表 6－4 中。

表 6－4　电压传输特性测量数据

v_i/V0	0.2	0.4	0.6	0.8	1.0	1.5	2.0	2.5	3.0	3.5	4.0	…
v_o/V												

6.1.4 实验设备

(1) +5 V 直流电源。
(2)逻辑电平开关。
(3)逻辑电平显示器。
(4)直流数字电压表。
(5)直流毫安表。
(6)直流微安表。
(7)74LS20 ×2、1 k、10 k 电位器,200 Ω 电阻器(0.5 W)。

6.1.5 实验注意事项

(1)接插集成块时,要认清定位标记,不得插反。
(2)实验中要求电源电压为 +5 V,电源极性绝对不允许接错。

6.1.6 预习思考题

(1)预习门电路的逻辑功能及各逻辑函数表达式。
(2)门电路的最大输出电流是多少?
(3)了解门电路的频率特性。

6.1.7 实验报告要求

(1)记录、整理实验结果,并对结果进行分析。
(2)画出实测的电压传输特性曲线,并从中读出各有关参数值。

6.2 CMOS 集成逻辑门的逻辑功能与参数测试

6.2.1 实验目的

(1)掌握 CMOS 集成门电路的逻辑功能和器件的使用规则;
(2)学会 CMOS 集成门电路主要参数的测试方法。

6.2.2 实验原理

1. CMOS 集成电路是将 N 沟道 MOS 晶体管和 P 沟道 MOS 晶体管同时用于一个集成电路中,成为组合两种沟道 MOS 管性能的更优良的集成电路。

CMOS 集成电路的主要优点是:

(1)功耗低,其静态工作电流在 10^{-9} A 数量级,是目前所有数字集成电路中最低的,而 TTL 器件的功耗则大得多。

(2)高输入阻抗,通常大于 10^{10} Ω,远高于 TTL 器件的输入阻抗。

(3)接近理想的传输特性,输出高电平可达电源电压的 99.9% 以上,低电平可达电源电压的 0.1% 以下,因此输出逻辑电平的摆幅很大,噪声容限很高。

(4)电源电压范围广,可在 +3 V ~ +18 V 范围内正常运行。

(5)由于有很高的输入阻抗,要求驱动电流很小,约 0.1μA,输出电流在 +5 V 电源下约为 500 μA,远小于 TTL 电路,如以此电流来驱动同类门电路,其扇出系数将非常大。在一般低频率时,无须考虑扇出系数,但在高频时,后级门的输入电容将成为主要负载,使其扇出能力下降,所以在较高频率工作时,CMOS 电路的扇出系数一般取 10 ~20。

2. CMOS 门电路逻辑功能

尽管 CMOS 与 TTL 电路内部结构不同,但它们的逻辑功能完全一样。本实验将测定与门 CC4081,或门 CC4071,与非门 CC4011,或非门 CC4001 的逻辑功能。各集成电路的逻辑功能与真值表参阅附录。

3. CMOS 与非门的主要参数

CMOS 与非门主要参数的定义及测试方法与 TTL 电路一样。

4. CMOS 电路的使用规则

由于 CMOS 电路有很高的输入阻抗,这给使用者带来一定的麻烦,即外来的干扰信号很容易在一些悬空的输入端上感应出很高的电压,以至损坏器件。CMOS 电路的使用规则如下:

(1)V_{DD}接电源正极,V_{SS}接电源负极(通常接地"⊥"),不得接反。CC4000 系列的电源允许电压在 +3 ~ +18 V 范围内选择,实验中一般要求使用 +5 ~ +15 V。

(2)所有输入端一律不准悬空,闲置输入端的处理方法为:

①按照逻辑要求,直接接 V_{DD}(与非门)或 V_{SS}(或非门);

②在工作频率不高的电路中,允许输入端并联使用。

(3)输出端不允许直接与 V_{DD}或 V_{SS}连接,否则将导致器件损坏。

(4)在装接电路,改变电路连接或插、拔电路时,均应切断电源,严禁带电操作。

(5)焊接、测试和储存时的注意事项:

①电路应存放在导电的容器内,有良好的静电屏蔽;

②焊接时必须切断电源,电烙铁外壳必须良好接地,或拔下烙铁,靠其余热焊接;

③所有的测试仪器必须良好接地。

6.2.3 实验内容

1. CMOS 与非门 CC4011 参数测试(方法与 TTL 电路相同)。

(1)测试 CC4011 一个门的 I_{CCL},I_{CCH},I_{iL},I_{iH};

(2)测试 CC4011 一个门的传输特性(一个输入端作信号输入,另一个输入端接高电平);

(3)将 CC4011 的三个门串接成振荡器,用示波器观测输入、输出波形,并计算出 t_{pd}值。

2. 验证 CMOS 各门电路的逻辑功能,判断其好坏。

验证与非门 CC4011、与门 CC4081、或门 CC4071 及或非门 CC4001 逻辑功能,其引脚见附录。

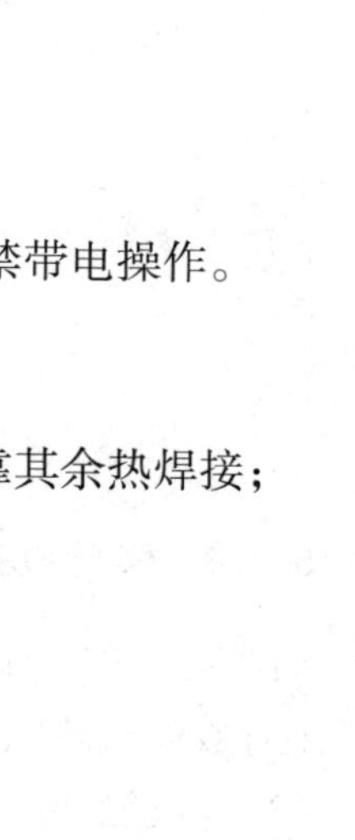

图 6-7 与非门逻辑功能测试

以 CC4011 为例,其与非门逻辑功能测试电路如图 6-7 所示。测试时,选好某一个 14P 的 IC 插座,插入被测器件,其输入端 A、B 接逻辑开关的输出插口,其输出端 Y 接至逻辑电平显示器输入插口,拨动逻辑电平开关，逐个测试各门的逻辑功能，并记入表6－5中。

表6－5　CC4011逻辑功能测试

输入		输出			
A	B	Y_1	Y_2	Y_3	Y_4
0	0				
0	1				
1	0				
1	1				

3. 观察与非门、与门、或非门对脉冲的控制作用

选用与非门按图6－8（a）、（b）接线，将一个输入端接连续脉冲源（频率为20 kHz），用示波器观察两种电路的输出波形并记录。然后测定"与门"和"或非门"对连续脉冲的控制作用。

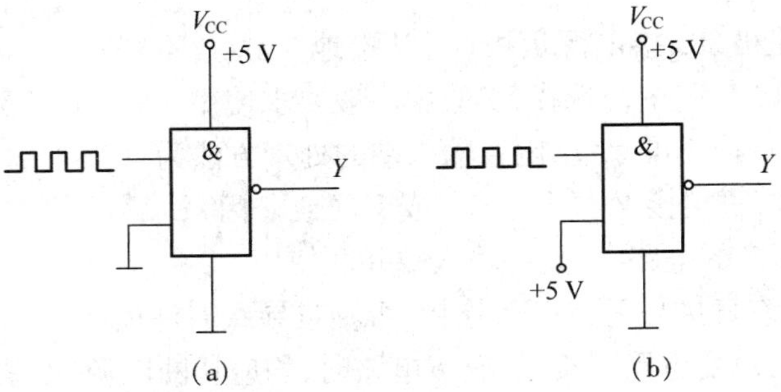

图6－8　与非门对脉冲的控制作用

（a）低电平的控制作用；（b）高电平的控制作用

6.2.4　实验设备与器件

（1）+5 V直流电源。

（2）双踪示波器。

（3）连续脉冲源。

（4）逻辑电平开关。

（5）逻辑电平显示器。

（6）直流数字电压表。

（7）直流毫安表。

（8）直流微安表。

（9）CC4011、CC4001、CC4071、CC4081、电位器100 kΩ、电阻1 kΩ。

6.2.5　实验注意事项

（1）接插集成块时，要认清定位标记，不得插反。

（2）实验中要求电源电压为+5 V，电源极性绝对不允许接错。

6.2.6　预习思考题

(1)预习 CMOS 门电路的工作原理。
(2)熟悉实验用各集成门引脚功能。
(3)各 CMOS 门电路闲置输入端如何处理?

6.2.7　实验报告

(1)整理实验结果,用坐标纸画出传输特性曲线。
(2)根据实验结果,写出各门电路的逻辑表达式,并判断被测电路的功能好坏。
(3)画出各实验内容的测试电路与数据记录表格。
(4)画出实验用各门电路的真值表。

6.3　组合逻辑电路的设计与测试

6.3.1　实验目的

掌握组合逻辑电路的设计与测试方法。

6.3.2　实验原理

1. 使用中、小规模集成电路来设计组合电路是最常见的逻辑电路。设计组合电路的一般步骤如图 6－9 所示。

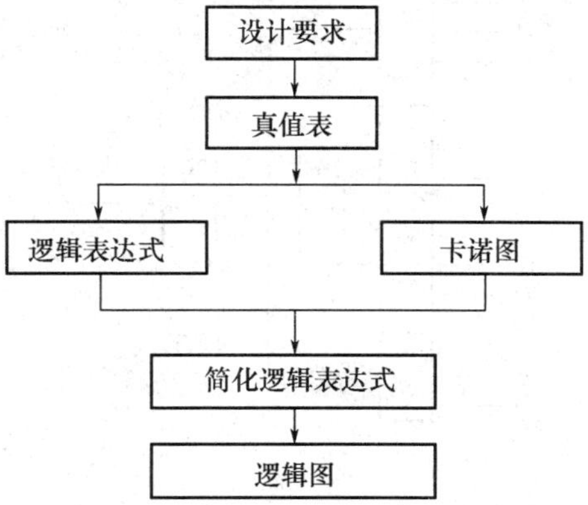

图 6－9　组合逻辑电路设计流程图

根据设计任务的要求建立输入、输出变量,并列出真值表。然后用逻辑代数或卡诺图化简法求出简化的逻辑表达式,并按实际选用逻辑门的类型修改逻辑表达式。根据简化后的逻辑表达式,画出逻辑图,用标准器件构成逻辑电路。最后,用实验来验证设计的正确性。

2. 组合逻辑电路设计举例

用“与非”门设计一个表决电路。当四个输入端中有三个或四个为“1”时,输出端才为“1”。

设计步骤:根据题意列出真值表如表6－6所示,再填入卡诺图表6－7中,进行化简。

表6－6　表决电路真值表

A	0	0	0	0	0	0	0	0	1	1	1	1	1	1	1	1
B	0	0	0	0	1	1	1	1	0	0	0	0	1	1	1	1
C	0	0	1	1	0	0	1	1	0	0	1	1	0	0	1	1
D	0	1	0	1	0	1	0	1	0	1	0	1	0	1	0	1
Z	0	0	0	0	0	0	0	1	0	0	0	1	0	1	1	1

表6－7　表决电路卡诺图

AB \ *CD*	00	01	11	10
00				
01			1	
11		1	1	1
10			1	

由卡诺图得出逻辑表达式,并整理成"与非"的形式

$$Z = ABD + BCD + ACD + ABC = \overline{\overline{ABD} \cdot \overline{BCD} \cdot \overline{ACD} \cdot \overline{ABC}} \qquad (6-4)$$

根据逻辑表达式画出用"与非门"构成的逻辑电路,如图6－10所示。

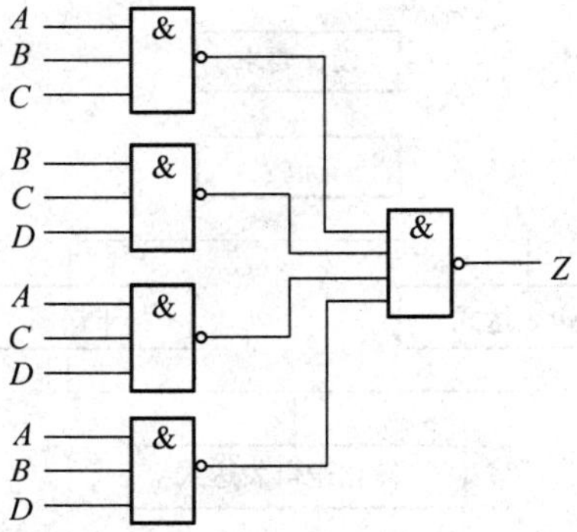

图6－10　表决电路逻辑图

6.3.3　实验内容

(1)用实验验证逻辑功能。在实验装置适当位置选定三个14P插座,按照集成块定位标记插好集成块CC4012。按图6－10接线,输入端*A*、*B*、*C*、*D*接至逻辑开关输出插口,输出端*Z*接逻辑电平显示输入插口,按真值表(自拟)要求,逐次改变输入变量,测量相应的输出值,验证逻辑功能,与表6－6进行比较,验证所设计的逻辑电路是否符合要求。

(2)设计用与非门及用异或门、与门组成的半加器电路。

要求按本文所述的设计步骤进行,直到测试电路逻辑功能符合设计要求为止。

(3)设计一个一位全加器,要求用异或门、与门、或门组成。

(4)设计一位全加器,要求用与或非门实现。

(5)设计一个对两个两位无符号的二进制数进行比较的电路;根据第一个数是否大于、等于、小于第二个数,使相应的三个输出端中的一个输出为“1”,要求用与门、与非门及或非门实现。

6.3.4 实验设备与器件

(1) +5 V 直流电源。

(2)逻辑电平开关。

(3)逻辑电平显示器。

(4)直流数字电压表。

(5)CC4011 ×2(74LS00),CC4012 ×3(74LS20),CC4030(74LS86),CC4081(74LS08),74LS54 ×2(CC4085),CC4001(74LS02)。

6.3.5 实验注意事项

(1)接插集成块时,要认清定位标记,不得插反。

(2)实验中要求电源电压为 +5 V,电源极性绝对不允许接错。

6.3.6 预习思考题

(1)根据实验任务要求设计组合电路,并根据所给的标准器件画出逻辑图。

(2)如何用最简单的方法验证“与或非”门的逻辑功能是否完好?

(3)“与或非”门中,当某一组与端不用时,应作如何处理?

6.3.7 实验报告要求

(1)列写实验任务的设计过程,画出设计的电路图。

(2)对所设计的电路进行实验测试,记录测试结果。

(3)写出组合电路设计体会。

6.4 译码器及其应用

6.4.1 实验目的

(1)掌握中规模集成译码器的逻辑功能和使用方法。

(2)熟悉数码管的使用。

6.4.2 实验原理

译码器是一个多输入、多输出的组合逻辑电路。它的作用是把给定的代码“翻译”成相应的状态,使输出通道中相应的一路有信号输出。

译码器在数字系统中有广泛的用途，不仅用于代码的转换、终端的数字显示，还用于数据分配，存储器寻址和组合控制信号等。不同的功能可选用不同种类的译码器。

常用的译码器有二进制译码器、二－十进制译码和显示译码器三类。

1. 二进制译码器

用以表示输入变量的状态，如2线－4线、3线－8线和4线－16线译码器。若有 n 个输入变量，则有 $2n$ 个不同的组合状态，就有 $2n$ 个输出端供其使用。而每一个输出所代表的函数对应于 n 个输入变量的最小项。

以3线－8线译码器74LS138为例进行分析，图6－11为其逻辑图，引脚排列参见附录，表6－11为74LS138功能表。A_2、A_1、A_0 为地址输入端，$\overline{Y}_0 \sim \overline{Y}_7$ 为译码输出端，S_1、$\overline{S}_2$、$\overline{S}_3$ 为使能端。当 $S_1=1$、$\overline{S}_2+\overline{S}_3=0$ 时，器件使能，地址码所指定的输出端有信号（为0）输出，其他所有输出端均无信号（全为1）输出。当 $S_1=0$、$\overline{S}_2+\overline{S}_3=x$ 或 $S_1=1$、$\overline{S}_2+\overline{S}_3=1$ 时，译码器被禁止，所有输出同时为1。

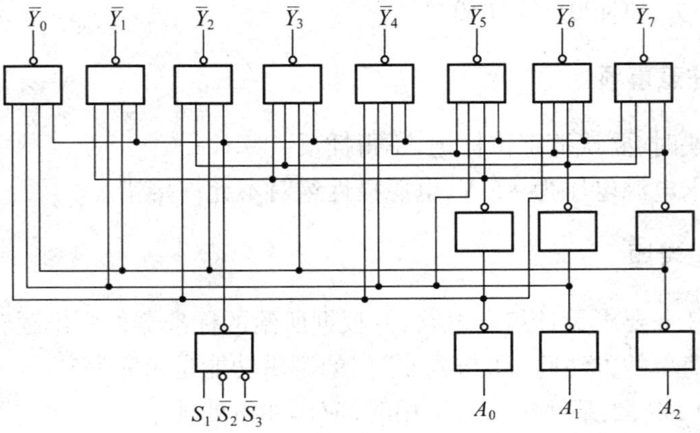

图6－11　3－8线译码器74LS138逻辑图

表6－7　74LS138功能表

输入					输出							
S_1	$\overline{S}_2+\overline{S}_3$	A_2	A_1	A_0	$\overline{Y}_0$	$\overline{Y}_1$	$\overline{Y}_2$	$\overline{Y}_3$	$\overline{Y}_4$	$\overline{Y}_5$	$\overline{Y}_6$	$\overline{Y}_7$
1	0	0	0	0	0	1	1	1	1	1	1	1
1	0	0	0	1	1	0	1	1	1	1	1	1
1	0	0	1	0	1	1	0	1	1	1	1	1
1	0	0	1	1	1	1	1	0	1	1	1	1
1	0	1	0	0	1	1	1	1	0	1	1	1
1	0	1	0	1	1	1	1	1	1	0	1	1
1	0	1	1	0	1	1	1	1	1	1	0	1
1	0	1	1	1	1	1	1	1	1	1	1	0
0	×	×	×	×	1	1	1	1	1	1	1	1
×	1	×	×	×	1	1	1	1	1	1	1	1

二进制译码器实际上也是负脉冲输出的脉冲分配器。若利用使能端中的一个输入端输入数据信息，器件就成为一个数据分配器（又称多路分配器），如图 6－12 所示。若在 S_1 输入端输入数据信息，$\overline{S_2}+\overline{S_3}=0$，地址码所对应的输出是 S_1 数据信息的反码；若从 $\overline{S_2}$ 端输入数据信息，令 $S_1=1$、$\overline{S_3}=0$，地址码所对应的输出就是 $\overline{S_2}$ 端数据信息的原码。若数据信息是时钟脉冲，则数据分配器便成为时钟脉冲分配器。

根据输入地址的不同组合译出唯一地址，故可用作地址译码器。接成多路分配器，可将一个信号源的数据信息传输到不同的地点。

二进制译码器还能方便地实现逻辑函数，如图 6－13 所示，实现的逻辑函数是

$$Z=\overline{A}\,\overline{B}\,\overline{C}+\overline{A}B\overline{C}+A\overline{B}\,\overline{C}+ABC \tag{6-5}$$

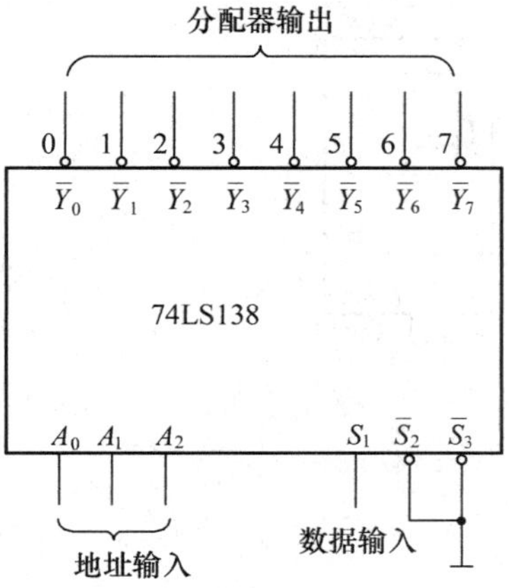

图 6－12　用二进制译码器实现数据分配器

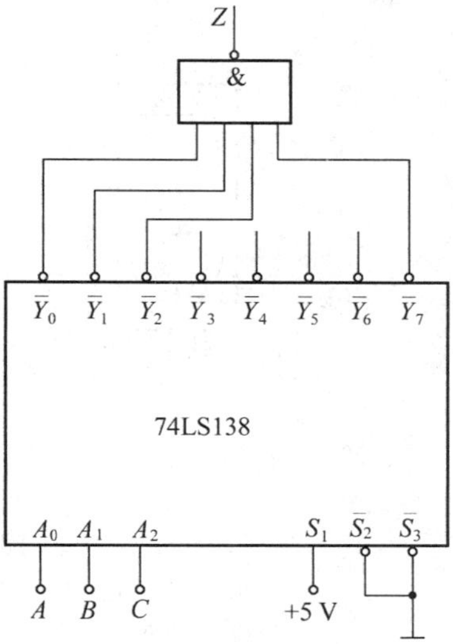

图 6－13　用二进制译码器实现逻辑函数

利用使能端能方便地将两个 3－8 译码器组合成一个 4－16 译码器，如图 6－14 所示。

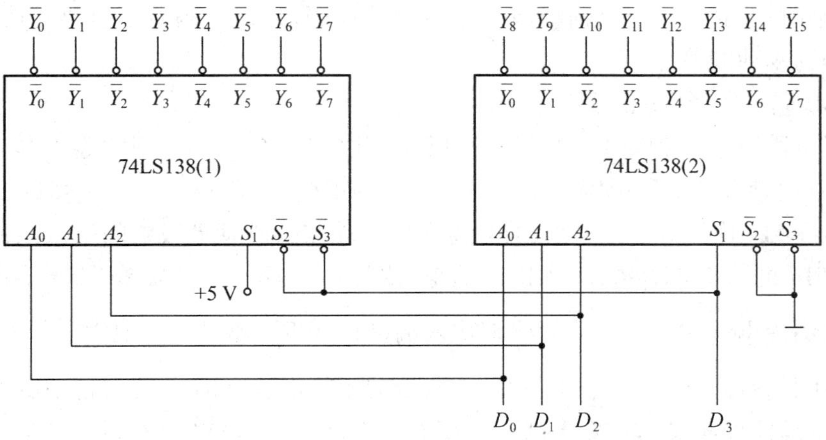

图 6－14　两片 74LS138 扩展成 4－16 译码器

2. 数码显示译码器

(1)七段发光二极管(LED)数码管

LED 数码管是目前最常用的数字显示器,图 6-15(a)、(b)为共阴管和共阳管的电路,(c)为两种不同出线形式的引出脚功能图。

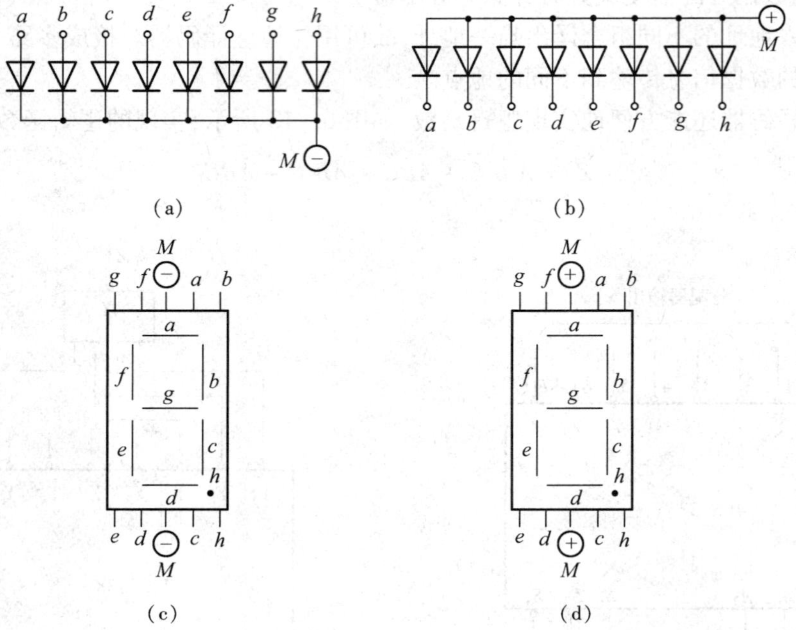

图 6-15　LED 数码管

(a)LED 共阴连接("1"电平驱动);(b)LED 共阳连接("0"电平驱动);

(c)共阴极 LED 符号及引脚功能;(d)共阳极 LED 符号及引脚功能

一个 LED 数码管可用来显示一位 0~9 十进制数和一个小数点。小型数码管(0.5 寸和 0.36 寸)每段发光二极管的正向压降,随显示光(通常为红、绿、黄、橙色)的颜色不同略有差别,通常约为 2~2.5 V,每个发光二极管的点亮电流在 5~10 mA。LED 数码管要显示 BCD 码所表示的十进制数字就需要有一个专门的译码器,该译码器不但要完成译码功能,还要有相当的驱动能力。

(2)BCD 码七段译码驱动器

此类译码器型号有 74LS47(共阳)、74LS48(共阴)、CC4511(共阴)等。本实验系采用 CC4511 BCD 码锁存-七段译码-驱动器,可驱动共阴极 LED 数码管。CC4511 的引脚排列参见附录,CC4511 内接有上拉电阻,故只需在输出端与数码管笔段之间串入限流电阻即可工作。CC4511 的引脚 A、B、C、D 为 BCD 码输入端;a、b、c、d、e、f、g 为译码输出端,"1"有效,用来驱动共阴极 LED 数码管;$\overline{LT}$为测试输入端,$\overline{LT}=0$ 时,译码输出全为"1";$\overline{BI}$为消隐输入端,$\overline{BI}=0$ 时,译码输出全为"0";LE 为锁定端,当 $LE=0$ 时译码器能够正常译码,当 $LE=1$时,译码器处于锁定(保持)状态,保持 $LE=0$ 时的输出状态。如表 6-8 所示为 CC4511 功能表。

译码器还有拒伪码功能,当输入码超过 1001 时,输出全为"0",数码管熄灭。

表 6-8　CC4511 功能表

输　入							输　出							
LE	$\overline{BI}$	$\overline{LT}$	*D*	*C*	*B*	*A*	*a*	*b*	*c*	*d*	*e*	*f*	*g*	显示字形
×	×	0	×	×	×	×	1	1	1	1	1	1	1	8
×	0	1	×	×	×	×	0	0	0	0	0	0	0	消隐
0	1	1	0	0	0	0	1	1	1	1	1	1	0	0
0	1	1	0	0	0	1	0	1	1	0	0	0	0	1
0	1	1	0	0	1	0	1	1	0	1	1	0	1	2
0	1	1	0	0	1	1	1	1	1	1	0	0	1	3
0	1	1	0	1	0	0	0	1	1	0	0	1	1	4
0	1	1	0	1	0	1	1	0	1	1	0	1	1	5
0	1	1	0	1	1	0	0	0	1	1	1	1	1	6
0	1	1	0	1	1	1	1	1	1	0	0	0	0	7
0	1	1	1	0	0	0	1	1	1	1	1	1	1	8
0	1	1	1	0	0	1	1	1	1	0	0	1	1	9
0	1	1	1	0	1	0	0	0	0	0	0	0	0	消隐
0	1	1	1	0	1	1	0	0	0	0	0	0	0	消隐
0	1	1	1	1	0	0	0	0	0	0	0	0	0	消隐
0	1	1	1	1	0	1	0	0	0	0	0	0	0	消隐
0	1	1	1	1	1	0	0	0	0	0	0	0	0	消隐
0	1	1	1	1	1	1	0	0	0	0	0	0	0	消隐
1	1	1	×	×	×	×	锁 存							锁存

在本数字电路实验装置上已完成了译码器 CC4511 和数码管 BS202 之间的连接。实验时，只要接通 +5 V 电源和将十进制数的 BCD 码接至译码器的相应输入端 *A*、*B*、*C*、*D* 即可显示 0 ~ 9 的数字。四位数码管可接受四组 BCD 码输入。CC4511 与 LED 数码管的连接如图 6-16 所示。

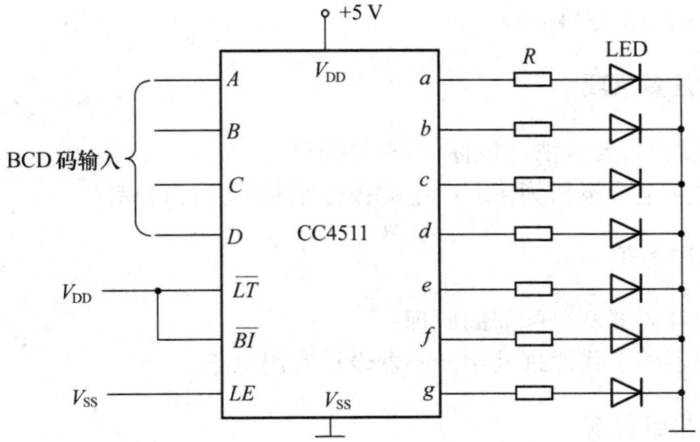

图 6-16　CC4511 驱动一位 LED 数码管

6.4.3 实验内容

1. 数据拨码开关的使用

将实验装置上的四组拨码开关的输出 A_i、B_i、C_i、D_i 分别接至 4 组显示译码/驱动器 CC4511 的对应输入口，LE、$\overline{BI}$、$\overline{LT}$接至三个逻辑开关的输出插口，接上 +5 V 显示器的电源，然后按功能表 6－2 输入的要求按动四个数码的增减键（“ + ”与“ − ”键）和操作与 LE、$\overline{BI}$、$\overline{LT}$对应的三个逻辑开关，观测拨码盘上的四位数与 LED 数码管显示的对应数字是否一致，及译码显示是否正常。

2. 74LS138 译码器逻辑功能测试

将译码器使能端 S_1、$\overline{S}_2$、$\overline{S}_3$ 及地址端 A_2、A_1、A_0 分别接至逻辑电平开关输出口，八个输出端 $\overline{Y}_7 \cdots \overline{Y}_0$ 依次连接在逻辑电平显示器的八个输入口上，拨动逻辑电平开关，按表 6－7 逐项测试 74LS138 的逻辑功能。

3. 用 74LS138 构成时序脉冲分配器

参照图 6－12 和实验原理说明，时钟脉冲 CP 频率约为 10 kHz，要求分配器输出端 $\overline{Y}_7 \cdots \overline{Y}_0$ 的信号与 CP 输入信号同相。

画出分配器的实验电路，用示波器观察和记录在地址端 A_2、A_1、A_0 分别取 000～111 等 8 种不同状态时 $\overline{Y}_7 \cdots \overline{Y}_0$ 端的输出波形，注意输出波形与 CP 输入波形之间的相位关系。

用两片 74LS138 组合成一个 4 线－16 线译码器，并进行实验。

6.4.4 实验设备

（1）+5 V 直流电源。
（2）双踪示波器。
（3）连续脉冲源。
（4）逻辑电平开关。
（5）逻辑电平显示器。
（6）拨码开关组。
（7）译码显示器。
（8）74LS138 ×2，CC4511。

6.4.5 实验注意事项

（1）接插集成块时，要认清定位标记，不得插反。
（2）实验中要求电源电压为 +5 V，电源极性绝对不允许接错。

6.4.6 预习思考题

（1）预习有关译码器和分配器的原理。
（2）试述译码器的工作原理及用译码器设计实用电路。

6.4.7 实验报告要求

（1）画出实验线路，把观察到的波形画在坐标纸上，并标上对应的地址码。

（2）对实验结果进行分析、讨论。

6.5　数据选择器及其应用

6.5.1　实验目的

（1）掌握中规模集成数据选择器的逻辑功能及使用方法；
（2）学习用数据选择器构成组合逻辑电路的方法。

6.5.2　实验原理

数据选择器又叫多路开关。数据选择器在地址码（或叫选择控制）电位的控制下，从几个数据输入中选择一个并将其送到一个公共的输出端。数据选择器的功能类似一个多掷开关，如图 6－17 所示，图中有四路数据 $D_0 \sim D_3$，通过选择控制信号（地址码）A_1、A_0 从四路数据中选中某一路数据送至输出端 Q。

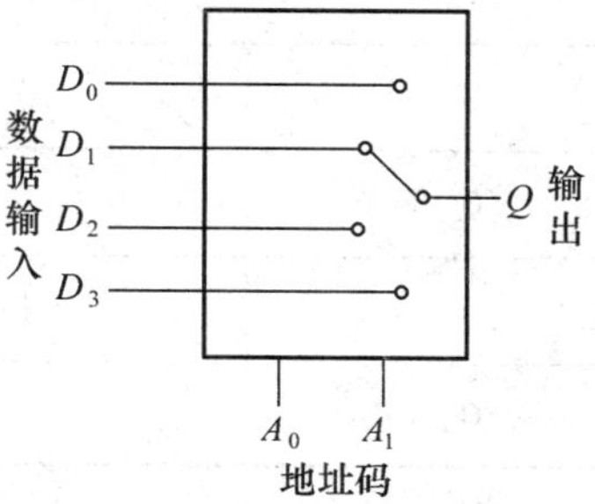

图 6－17　4 选 1 数据选择器示意图

数据选择器为目前逻辑设计中应用十分广泛的逻辑部件，它有 2 选 1、4 选 1、8 选 1、16 选 1 等类别。数据选择器的电路结构一般由与或门阵列组成，也有用传输门开关和门电路混合而成的。

1. 八选一数据选择器 74LS151

74LS151 是具有互补输出的 8 选 1 数据选择器，引脚排列参见附录，功能如表 6－9 所示。选择控制端（地址端）为 $A_2 \sim A_0$，按二进制译码，从 8 个输入数据 $D_0 \sim D_7$ 选择一个需要的数据送到输出端 Q；$\overline{S}$ 为使能端，低电平有效。

表 6－9　74LS151 功能表

输　入				输　出	
$\overline{S}$	A_2	A_1	A_0	Q	$\overline{Q}$
1	×	×	×	0	1
0	0	0	0	D_0	$\overline{D_0}$
0	0	0	1	D_1	$\overline{D_1}$
0	0	1	0	D_2	$\overline{D_2}$
0	0	1	1	D_3	$\overline{D_3}$
0	1	0	0	D_4	$\overline{D_4}$
0	1	0	1	D_5	$\overline{D_5}$
0	1	1	0	D_6	$\overline{D_6}$
0	1	1	1	D_7	$\overline{D_7}$

当使能端 $\overline{S}=1$ 时，多路开关被禁止，不论 $A_2\sim A_0$ 状态如何，输出 $Q=0$、$\overline{Q}=1$。

当使能端 $\overline{S}=0$ 时，多路开关正常工作，根据地址码 $A_2\sim A_0$ 的状态选择 $D_0\sim D_7$ 中某一个通道的数据输送到输出端 Q。

2. 双四选一数据选择器 74LS153

所谓双 4 选 1 数据选择器就是在一块集成芯片上有两个 4 选 1 数据选择器。其引脚排列参见附录，功能如表 6－10 所示。

表 6－10　74LS153 功能表

输入			输出
$\overline{S}$	A_1	A_0	Q
1	×	×	0
0	0	0	D_0
0	0	1	D_1
0	1	0	D_2
0	1	1	D_3

$1\overline{S}$，$2\overline{S}$ 为两个独立的使能端；A_1，A_0 为公用的地址输入端；$1D_0\sim 1D_3$ 和 $2D_0\sim 2D_3$ 分别为两个 4 选 1 数据选择器的数据输入端；Q_1，Q_2 为两个输出端。

(1) 当使能端 $1\overline{S}(2\overline{S})=1$ 时，多路开关被禁止，输出 $Q=0$。

(2) 当使能端 $1\overline{S}(2\overline{S})=0$ 时，多路开关正常工作，根据地址码 A_1、A_0 的状态，将相应的数据 $D_0\sim D_3$ 送到输出端 Q。

数据选择器的用途很多，例如多通道传输，数码比较，并行码变串行码，以及实现逻辑函数等。

3. 应用数据选择器实现组合逻辑函数

采用 8 选 1 数据选择器 74LS151 可实现任意三输入变量的组合逻辑函数。

例 1　用 8 选 1 数据选择器 74LS151 实现组合逻辑函数 $F=A\overline{B}+\overline{A}B+B\overline{C}$。

如表 6－11 所示，列出函数 F 的真值表，将函数 F 功能表与 8 选 1 数据选择器的功能表相比较，将 8 选 1 数据选择器的地址 A_2、A_1、A_0 作为输入变量 C、B、A，即 $A_2A_1A_0=CBA$，使 8 选 1 数据选择器的各数据输入 $D_0\sim D_7$ 分别与函数 F 的输出值一一相对应，也就是 $D_0=D_7=0$、$D_1=D_2=D_3=D_4=D_5=D_6=1$。则 8 选 1 数据选择器的输出 Q 便实现了组合逻辑函数 $F=A\overline{B}+\overline{A}B+B\overline{C}$。接线图如图 6－18 所示。

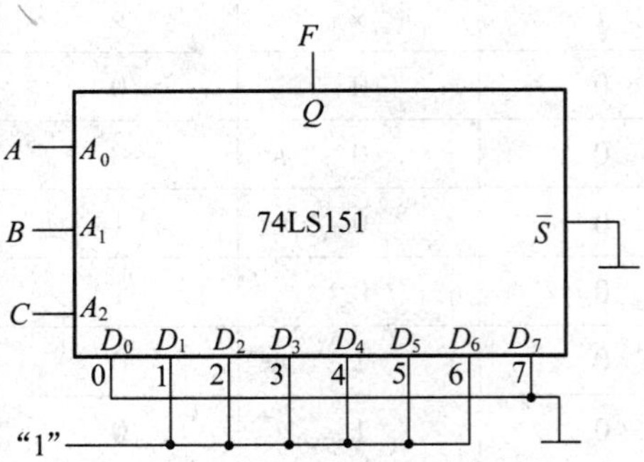

图 6－18　用 8 选 1 数据选择器实现 $F=A\overline{B}+\overline{A}B+B\overline{C}$ 接线图

表 6-11　函数 F 的真值表

输　　入			输　　出
C	B	A	F
0	0	0	0
0	0	1	1
0	1	0	1
0	1	1	1
1	0	0	1
1	0	1	1
1	1	0	1
1	1	1	0

显然,采用具有 n 个地址端的数据选择实现 n 变量的逻辑函数时，应将函数的输入变量加到数据选择器的地址端(A),选择器的数据输入端(D)按次序以函数 F 输出值来赋值。

例 2　用 8 选 1 数据选择器 74LS151 实现组合逻辑函数 $F=A\overline{B}+\overline{A}B$。

如表 6-12 所示,列出函数 F 的真值表;将选择器的地址 A_1、A_0 作为输入变量 A、B,而 A_2 接地,可见,将 D_1、D_2 接"1",其余数据输入端都接地,则 8 选 1 数据选择器的输出 Q 便实现了函数 $F=A\overline{B}+\overline{A}B$。接线图如图 6-19 所示。

表 6-12　组合逻辑函数 $F=A\overline{B}+\overline{A}B$ 真值表

B	A	F
0	0	0
0	1	1
1	0	1
1	1	0

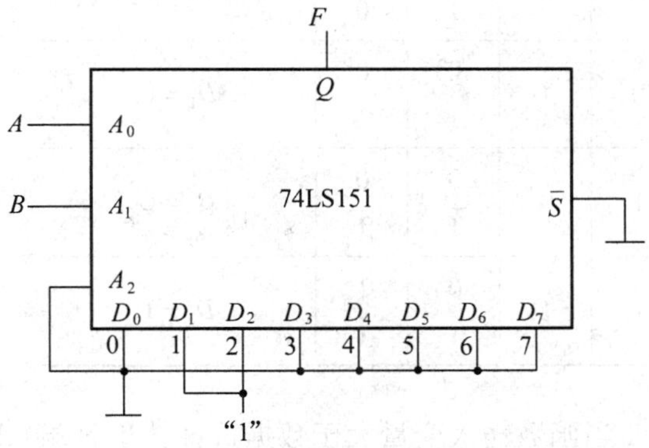

图 6-19　8 选 1 数据选择器实现 $F=A\overline{B}+\overline{A}B$ 的接线图

显然,当函数输入变量数小于数据选择器的地址端(A)时,应将不用的地址端及不用的数据输入端(D)都接地。

例 3　用 4 选 1 数据选择器 74LS153 实现组合逻辑函数 $F=\overline{A}BC+A\overline{B}C+AB\overline{C}+ABC$

表 6-13 是函数 F 的真值表。

表 6－13　函数 $F=\overline{A}BC+A\overline{B}C+AB\overline{C}+ABC$ 的真值表

输　　入			输　　出
A	B	C	F
0	0	0	0
0	0	1	0
0	1	0	0
0	1	1	1
1	0	0	0
1	0	1	1
1	1	0	1
1	1	1	1

函数 F 有三个输入变量 A、B、C，而数据选择器有两个地址端 A_1、A_0，少于函数输入变量个数，在设计时可任选 A_1 作为 A，选 A_0 作为 B，则真值表改写成表 6－14。可见 $D_0=0$、$D_1=D_2=C$、$D_3=1$，则 4 选 1 数据选择器的输出便实现了组合逻辑函数 F。其接线图如图 6－20所示。

表 6－14　A_1 作为 A，选 A_0 作为 B 时的真值表

输入			输出	中选数据端
A	B	C	F	
0	0	0	0	$D_0=0$
		1	0	
0	1	0	0	$D_1=C$
		1	1	
1	0	0	0	$D_2=C$
		1	1	
1	1	0	1	$D_3=1$
		1	1	

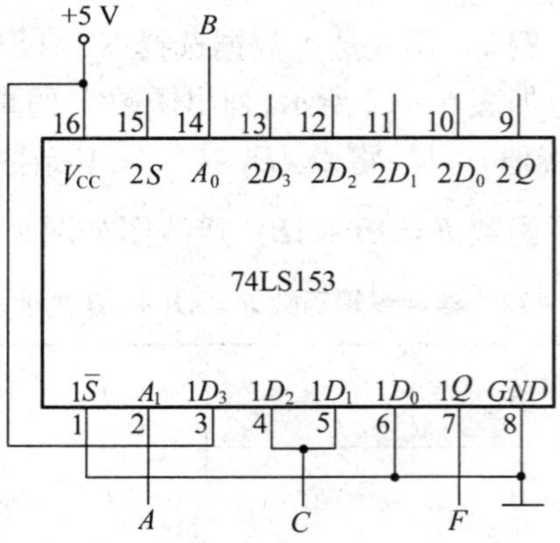

图 6－20　用 4 选 1 数据选择器实现 $F=\overline{A}BC+A\overline{B}C+AB\overline{C}+ABC$ 的接线图

当函数输入变量大于数据选择器地址端(A)时，可能随着选用函数输入变量作地址的方案不同，而使其设计结果不同，需对几种方案比较，以获得最佳方案。

6.5.3　实验内容

1. 测试数据选择器 74LS151 的逻辑功能

按图 6－21 接线，地址端 A_2、A_1、A_0，数据端 $D_0\sim D_7$，使能端 $\overline{S}$ 接逻辑开关，输出端 Q 接逻辑电平显示器，按 74LS151 功能表逐项进行测试，记录测试结果。

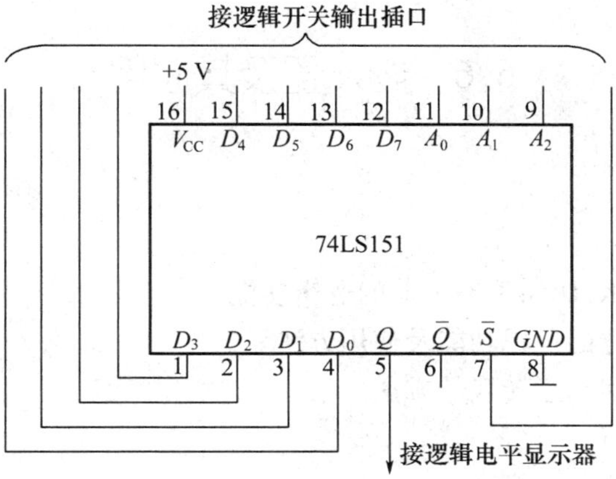

图 6－21 74LS151 逻辑功能测试接线图

2. 测试 74LS153 的逻辑功能测试方法及步骤同上，记录之

3. 用 8 选 1 数据选择器 74LS151 设计三输入多数表决电路

(1)写出设计过程。

(2)画出接线图。

(3)验证逻辑功能。

4. 用双 4 选 1 数据选择器 74LS153 实现全加器

(1)写出设计过程。

(2)画出接线图。

(3)验证逻辑功能。

6.5.4 实验设备

(1) +5 V 直流电源。

(2)逻辑电平开关。

(3)逻辑电平显示器。

(4)74LS151(或 CC4512),74LS153(或 CC4539)。

6.5.5 实验注意事项

(1)接插集成块时，要认清定位标记，不得插反。

(2)实验中要求电源电压为 +5 V，电源极性绝对不允许接错。

6.5.6 预习思考题

(1)数据选择器的工作原理是什么？

(2)用数据选择器对实验内容中各函数式进行预设计。

6.5.7 实验报告要求

(1)用数据选择器对实验内容进行设计、写出设计全过程、画出接线图、进行逻辑功能测试。

(2)总结实验的收获和体会。

6.6 触发器及其应用

6.6.1 实验目的

(1)掌握基本 RS,JK,D 和 T 触发器的逻辑功能。

(2)掌握集成触发器的逻辑功能及使用方法。

(3)熟悉触发器之间相互转换的方法。

6.6.2 实验原理

触发器具有两个稳定状态,用以表示逻辑状态“1”和“0”,在一定的外界信号作用下,可以从一个稳定状态翻转到另一个稳定状态,它是一个具有记忆功能的二进制信息存贮器件,是构成各种时序电路的最基本逻辑单元。

1. 基本 RS 触发器

如图 6-22 所示为由两个与非门交叉耦合构成的基本 RS 触发器,它是无时钟控制低电平直接触发的触发器。基本 RS 触发器具有置“0”、置“1”和“保持”三种功能。

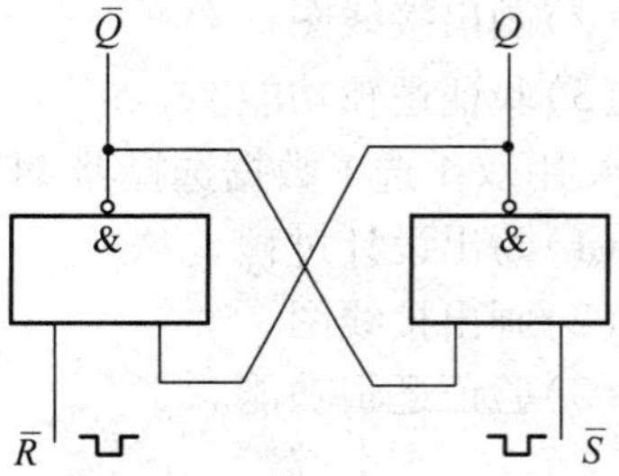

图 6-22 基本 RS 触发器

$\overline{S}$ 为置“1”端,因为 $\overline{S}=0(\overline{R}=1)$ 时触发器被置“1”;$\overline{R}$ 为置“0”端,因为 $\overline{R}=0(\overline{S}=1)$ 时触发器被置“0”;当 $\overline{S}=\overline{R}=1$ 时,触发器处于保持状态;$\overline{S}=\overline{R}=0$ 时,触发器状态不定,应避免此种情况发生。如表 6-15所示为基本 RS 触发器的功能表。

基本 RS 触发器也可以用两个“或非门”组成,此时为高电平触发有效。

表 6-15 基本 RS 触发器的功能表

输入		输出	
$\overline{S}$	$\overline{R}$	Q_{n+1}	$\overline{Q}_{n+1}$
0	1	1	0
1	0	0	1
1	1	Q_n	$\overline{Q}_n$
0	0	φ	φ

2. JK 触发器

在输入信号为双端的情况下,JK 触发器是功能完善、使用灵活和通用性较强的一种触发器,常被用作缓冲存储器,移位寄存器和计数器。

本实验采用 74LS112 双 JK 触发器,是下降边沿触发的边沿触发器,逻辑符号如图6-23所示。Q 与 $\overline{Q}$ 为两个互补输出端,通常把 $Q=0$、$\overline{Q}=1$ 时的状态定为触发器“0”状态;而把

$Q=1$、$\overline{Q}=0$ 时的状态定为“1”状态。J 和 K 是数据输入端，是触发器状态更新的依据，JK 触发器的状态方程为 $Q_{n+1}=J\overline{Q}_n+\overline{K}Q_n$。74LS112 的功能如表 6－16 所示，表中“×”为任意态；“↓”为高到低电平跳变；“↑”为低到高电平跳变；Q_n（$\overline{Q}_n$）为现态；Q_{n+1}（$\overline{Q}_{n+1}$）为次态；“φ”为不定态。

表 6－16　下降沿触发 JK 触发器的功能表

输入					输出	
$\overline{S}_D$	$\overline{R}_D$	CP	J	K	Q_{n+1}	$\overline{Q}_{n+1}$
0	1	×	×	×	1	0
1	0	×	×	×	0	1
0	0	×	×	×	φ	φ
1	1	↓	0	0	Q_n	$\overline{Q}_n$
1	1	↓	1	0	1	0
1	1	↓	0	1	0	1
1	1	↓	1	1	$\overline{Q}_n$	Q_n
1	1	↑	×	×	Q_n	$\overline{Q}_n$

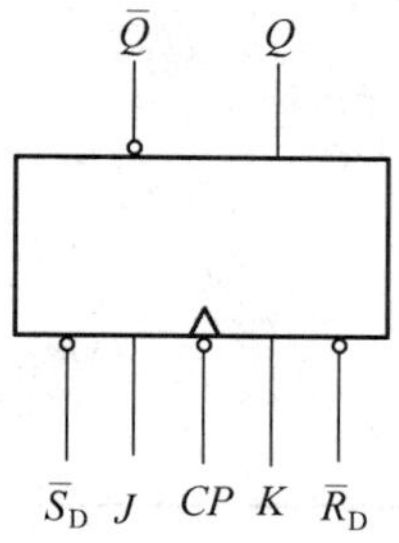

图 6－23　74LS112 双 JK 触发器逻辑符号

3. D 触发器

在输入信号为单端的情况下，D 触发器用起来最为方便，其状态方程为 $Q_{n+1}=D_n$，其输出状态的更新发生在 CP 脉冲的上升沿，故又称为上升沿触发的边沿触发器，触发器的状态只取决于时钟到来前 D 端的状态。

D 触发器的应用很广，可用作数字信号的寄存，移位寄存，分频和波形发生等。有很多种型号可供各种用途的需要而选用。如双 D 触发器 74LS74、四 D 触发器 74LS175、六 D 触发器 74LS174 等。如图 6－24 所示为 D 触发器的逻辑符号，74LS74 的引脚排列参见附录，功能如表 6－17 所示。

表 6－17　双 D 触发器 74LS74 功能表

输入				输出	
$\overline{S}_D$	$\overline{R}_D$	CP	D	Q_{n+1}	$\overline{Q}_{n+1}$
0	1	×	×	1	0
1	0	×	×	0	1
0	0	×	×	φ	φ
1	1	↑	1	1	0
1	1	↑	0	0	1
1	1	↓	×	Q_n	$\overline{Q}_n$

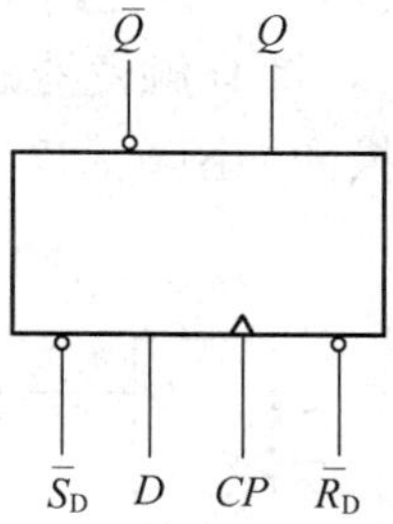

图 6－24　D 触发器的逻辑符号

4. 触发器之间的相互转换

在集成触发器的产品中，每一种触发器都有自己固定的逻辑功能。但可以利用转换的方法获得具有其他功能的触发器。例如将 JK 触发器的 J、K 两端连在一起，并认它为 T 端，就得到如图 6－25（a）所示的 T 触发器，其状态方程为 $Q_{n+1}=T\overline{Q}_n+\overline{T}Q_n$，T 触发器的功能如表 6－18 所示。

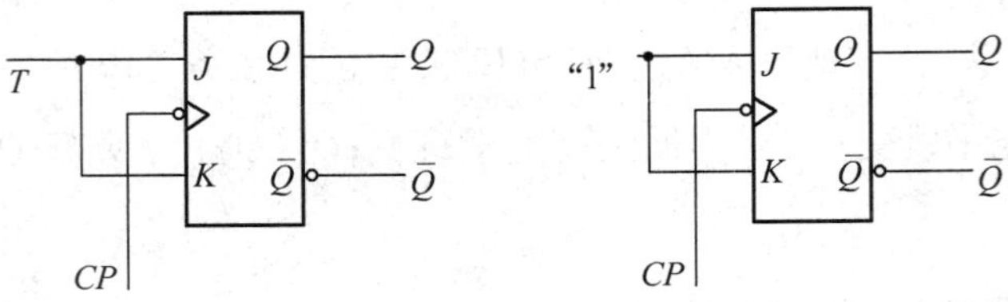

图 6－25　JK 触发器转换为 T,T′触发器

(a)T 触发器;(b)T′触发器

表 6－18　T 触发器的功能表

输　入				输　出
$\overline{S}_D$	$\overline{R}_D$	CP	T	$\overline{Q}_{n+1}$
0	1	×	×	1
1	0	×	×	0
1	1	↓	0	Q_n
1	1	↓	1	$\overline{Q}_n$

由功能表可见,当 $T=0$ 时,时钟脉冲作用后,其状态保持不变;当 $T=1$ 时,时钟脉冲作用后,触发器状态翻转。所以,若将 T 触发器的 T 端置“1”,如图 6－25(b)所示,即得 T′触发器。在 T′触发器的 CP 端每来一个脉冲信号,触发器的状态就翻转一次,故称之为反转触发器,广泛用于计数电路中。

同样,若将 D 触发器的端与 D 端相连,便转换成如图 6－26 所示的 T′触发器。JK 触发器也可转换为如图 6－27 所示的 D 触发器。

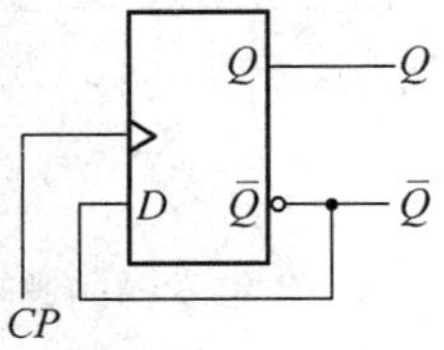

图 6－26　D 触发器转成 T′触发器

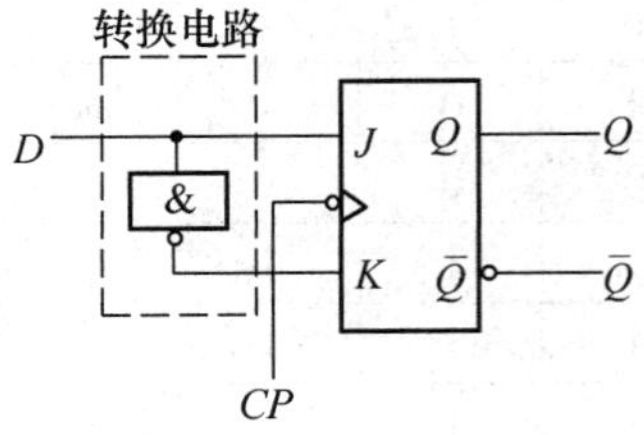

图 6－27　JK 触发器转成 D 触发器

5. CMOS 触发器

(1)CMOS 边沿型 D 触发器

CC4013 是由 CMOS 传输门构成的边沿型(上升沿触发)双 D 触发器,表 6－19 为其功能表,引脚排列参加附录。

表 6－19　双上升沿 D 触发器 CC4013 功能表

输　入				输　出
S	R	CP	D	Q_{n+1}
1	0	×	×	1
0	1	×	×	0
1	1	×	×	φ
0	0	↑	1	1
0	0	↑	0	0
0	0	↓	×	Q_n

（2）CMOS 边沿型 JK 触发器

CC4027 是由 CMOS 传输门构成的边沿型（上升沿触发）双 JK 触发器，表 6－20 为其功能表，引脚排列参见附录。

表 6－20　双上升沿 JK 触发器 CC4027 功能表

输　入					输　出
S	R	CP	J	K	Q_{n+1}
1	0	×	×	×	1
0	1	×	×	×	0
1	1	×	×	×	φ
0	0	↑	0	0	Q_n
0	0	↑	1	0	1
0	0	↑	0	1	0
0	0	↑	1	1	$\overline{Q}_n$
0	0	↓	×	×	Q_n

CMOS 触发器的直接置位、复位输入端 S 和 R 是高电平有效，当 $S=1$（或 $R=1$）时，触发器将不受其他输入端所处状态的影响，使触发器直接置 1（或置 0）。但直接置位、复位输入端 S 和 R 必须满足 $RS=0$ 的约束条件。CMOS 触发器在按逻辑功能工作时，S 和 R 必须均置 0。

6.6.3　实验内容

1. 测试基本 RS 触发器的逻辑功能

按图 6－22 接线，用两个与非门组成基本 RS 触发器，输入端 $\overline{R}$、$\overline{S}$ 接逻辑开关的输出插口，输出端 Q、$\overline{Q}$ 接逻辑电平显示输入插口，按表 6－21 要求测试、记录。

表 6－21　基本 RS 触发器测试数据

$\overline{R}$	$\overline{S}$	Q	$\overline{Q}$
1	1→0		
	0→1		

表 6－21 （续）

$\overline{R}$	$\overline{S}$	Q	$\overline{Q}$
1→0	1		
0→1			
0	0		

2. 测试双 JK 触发器 74LS112 逻辑功能

(1)测试 $\overline{R}_D$、$\overline{S}_D$ 的复位、置位功能

任取一只 JK 触发器，$\overline{R}_D$、$\overline{S}_D$、J、K 端接逻辑开关输出插口，CP 端接单次脉冲源，Q、$\overline{Q}$ 端接至逻辑电平显示输入插口。J、K、CP 处于任意状态，改变 $\overline{R}_D$、$\overline{S}_D$，并在 $\overline{R}_D=0$（$\overline{S}_D=1$）或 $\overline{S}_D=0$（$\overline{R}_D=1$）作用期间任意改变 J、K 及 CP 的状态，观察 Q、$\overline{Q}$ 状态，自拟表格记录。

(2)测试 JK 触发器的逻辑功能

按表 6－22 的要求改变 J、K 及 CP 端状态，观察 Q、$\overline{Q}$ 状态变化，观察触发器状态更新是否发生在 CP 脉冲的下降沿（即 CP 由 1→0），记录测试结果。

表 6－22　JK 触发器的逻辑功能测试

J	K	CP	Q_{n+1}	
			$Q_n=0$	$Q_n=1$
0	0	0→1		
		1→0		
0	1	0→1		
		1→0		
1	0	0→1		
		1→0		
1	1	0→1		
		1→0		

(3)将 JK 触发器的 J、K 端连在一起，构成 T 触发器。

在 CP 端输入 1 Hz 连续脉冲，观察 Q 端的变化。

在 CP 端输入 1 kHz 连续脉冲，用双踪示波器观察 CP、Q、$\overline{Q}$ 端波形，注意相位关系，描绘波形。

3. 测试双 D 触发器 74LS74 的逻辑功能

(1)测试 $\overline{R}_D$、$\overline{S}_D$ 的复位、置位功能

测试方法同实验内容 2 中(1)，自拟表格记录结果。

(2)测试 D 触发器的逻辑功能

按表 6－23 要求进行测试，并观察触发器状态更新是否发生在 CP 脉冲的上升沿（即由 0→1），记录测试结果。

表 6-23 D 触发器的逻辑功能测试

D	CP	Q_{n+1}	
		$Q_n=0$	$Q_n=1$
0	0→1		
	1→0		
1	0→1		
	1→0		

(3)将 D 触发器的 $\overline{Q}$ 端与 D 端相连接,构成 T′触发器。

测试方法同实验内容 2 中(3),记录测试结果。

4. 双相时钟脉冲电路

如图 6-28 所示为用 JK 触发器及与非门构成的双相时钟脉冲电路,此电路是用来将时钟脉冲 CP 转换成两相时钟脉冲 CP_A 及 CP_B 的,其频率相同、相位不同。

分析电路工作原理,并按图 6-28 接线,用双踪示波器同时观察 CP、CP_A,CP、CP_B 及 CP_A、CP_B 波形,记录、描绘波形。

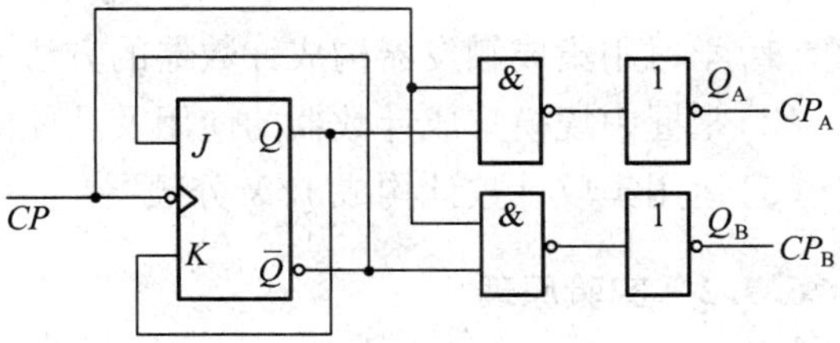

图 6-28 双相时钟脉冲电路

5. 乒乓球练习电路

电路功能要求:模拟两名运动员在练球时,乒乓球能往返运转。

提示:采用双 D 触发器 74LS74 设计实验线路,两个 CP 端触发脉冲分别由两名运动员操作,两触发器的输出状态用逻辑电平显示器显示。

6.6.4 实验设备

(1) +5 V 直流电源。

(2)双踪示波器。

(3)连续脉冲源。

(4)单次脉冲源。

(5)逻辑电平开关。

(6)逻辑电平显示器。

(7)74LS112(或 CC4027),74LS00(或 CC4011),74LS74(或 CC4013)。

6.6.5 实验注意事项

(1)接插集成块时,要认清定位标记,不得插反。

(2)实验中要求电源电压为 +5 V,电源极性绝对不允许接错。

6.6.6 预习思考题

(1)利用普通的机械开关组成的数据开关所产生的信号是否可作为触发器的时钟脉冲

信号,为什么?

(2)是否可以用作触发器的其他输入端的信号,为什么?

6.6.7 实验报告要求

(1)列表整理各类触发器的逻辑功能。

(2)总结观察到的波形,说明触发器的触发方式。

(3)体会触发器的应用。

6.7 计数器及其应用

6.7.1 实验目的

(1)学习用集成触发器构成计数器的方法。

(2)掌握中规模集成计数器的使用及功能测试方法。

(3)运用集成计数计构成 1/*N* 分频器。

6.7.2 实验原理

计数器是一个用以实现计数功能的时序部件,它不仅可用来计脉冲数,还常用作数字系统的定时、分频和执行数字运算以及其他特定的逻辑功能。

计数器种类很多。按构成计数器中的各触发器是否使用一个时钟脉冲源来分,有同步计数器和异步计数器;根据计数制的不同,分为二进制计数器,十进制计数器和任意进制计数器;根据计数的增减趋势,分为加法、减法和可逆计数器;还有可预置数和可编程序功能计数器等。

目前,无论是 TTL 还是 CMOS 集成电路,都有品种较齐全的中规模集成计数器。使用者只要借助于器件手册提供的功能表和工作波形图以及引出端的排列,就能正确地运用这些器件。

1. 用 D 触发器构成异步二进制加/减计数器

如图 6-29 所示为用四只 D 触发器构成的四位二进制异步加法计数器,它的连接特点是将每只 D 触发器接成 T′触发器,再由低位触发器的 $\overline{Q}$ 端和高一位的 *CP* 端相连接。

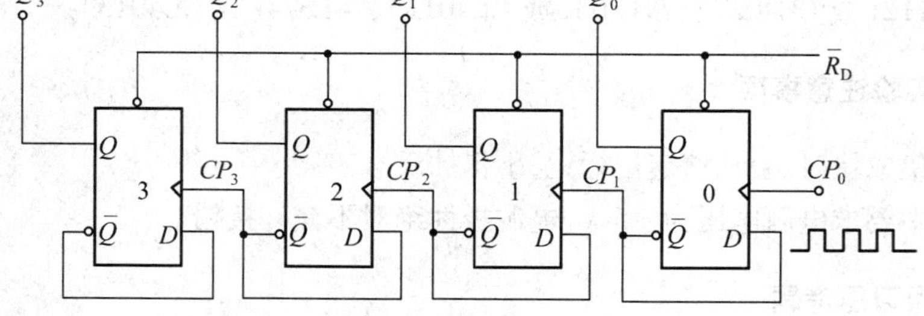

图 6-29 四位二进制异步加法计数器

若将图6－29稍加改动，即将低位触发器的Q端与高一位的CP端相连接，即构成了一个4位二进制减法计数器。

2. 中规模十进制计数器

CC40192是同步十进制可逆计数器，具有双时钟输入，并具有清除和置数等功能，其功能表如表6－24所示，与74LS192相同，引脚排列也与74LS192相同，参见附录。逻辑符号如图6－30所示，图中，$\overline{LD}$为置数端；CP_U为加计数端；CP_D为减计数端；$\overline{CO}$为非同步进位输出端；$\overline{BO}$为非同步借位输出端；D_0、D_1、D_2、D_3为计数器输入端；Q_0、Q_1、Q_2、Q_3为数据输出端；CR为清除端。

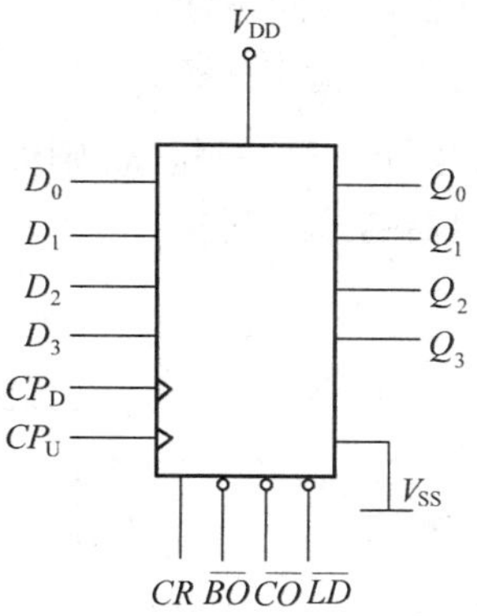

图6－30 CC40192逻辑符号

表6－24 CC40192功能表

输入								输出			
CR	$\overline{LD}$	CP_U	CP_D	D_3	D_2	D_1	D_0	Q_3	Q_2	Q_1	Q_0
1	×	×	×	×	×	×	×	0	0	0	0
0	0	×	×	d	c	b	a	d	c	b	a
0	1	↑	1	×	×	×	×	加法计数			
0	1	1	↑	×	×	×	×	减法计数			

当清除端$CR=1$时，计数器直接清零；$CR=0$时则执行其他功能。

当$CR=0$、置数端$\overline{LD}=0$时，数据直接从置数端D_0、D_1、D_2、D_3置入计数器。

当$CR=0$、$\overline{LD}=1$时，执行计数功能。执行加计数时，减计数端$CP_D=1$，计数脉冲由CP_U输入，在计数脉冲上升沿进行8421码十进制加法计数；执行减计数时，加计数端$CP_U=1$，计数脉冲由减计数端CP_D输入。如表6－25所示为同步十进制加、减可逆计数器CC40192的状态转换表。

表6－25 CC40192的状态转换表

加法计数 →											
输入脉冲数		0	1	2	3	4	5	6	7	8	9
输出	Q_3	0	0	0	0	0	0	0	0	1	1
	Q_2	0	0	0	0	1	1	1	1	0	0
	Q_1	0	0	1	1	0	0	1	1	0	0
	Q_0	0	1	0	1	0	1	0	1	0	1
减法计数 ←											

3. 计数器的级联使用

一个十进制计数器只能表示0~9十个数，为了扩大计数器范围，常用多个十进制计数器级联使用。同步计数器往往设有进位(或借位)输出端,故可选用其进位(或借位)输出信号驱动下一级计数器。

如图6-31是由CC40192利用进位输出$\overline{CO}$控制高一位的CP_U端构成的两位十进制加法计数器的接线图。

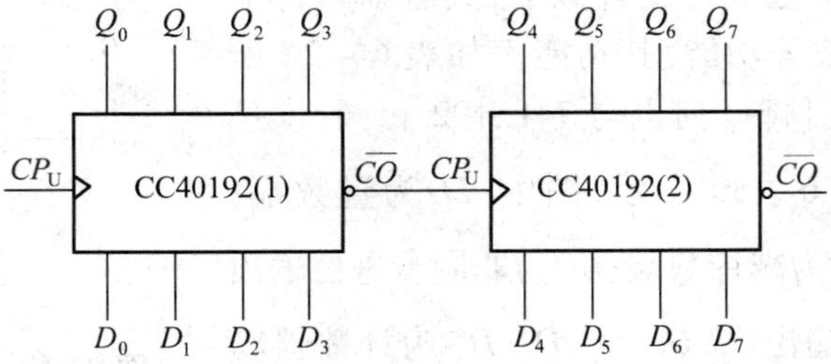

图6-31　CC40192构成两位十进制加法计数器的接线图

4. 实现任意进制计数

(1)用复位法获得任意进制计数器

假定已有N进制计数器,而需要得到一个M进制计数器时,只要$M<N$,用复位法使计数器计数到M时置“0”,即获得M进制计数器。如图6-32所示为一个由CC40192十进制计数器接成的六进制计数器。

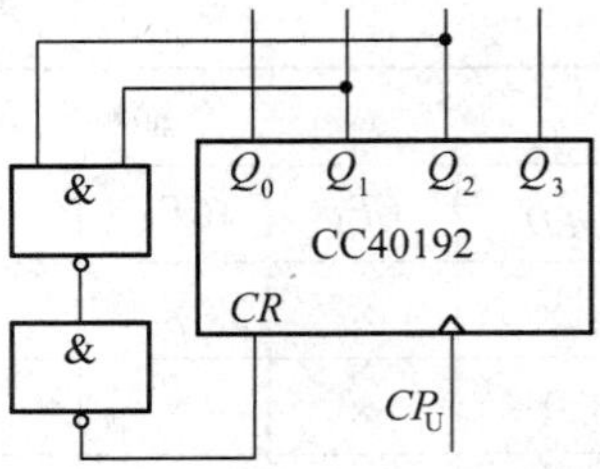

图6-32　由一个CC40192构成的六进制计数器

(2)利用预置功能获得M进制计数器

如图6-33为用三个CC40192组成的421进制计数器。外加的由与非门构成的锁存器可以克服器件计数速度的离散性,保证在反馈置“0”信号作用下计数器可靠置“0”。

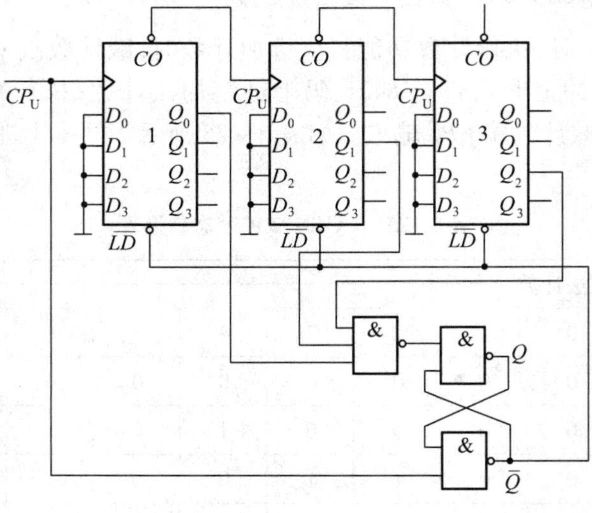

图6-33　三个CC40192组成的421进制计数器

如图6-34所示为一个特殊十二进制的计数器电路。在数字钟里,对时位的计数序列是1~12十二进制的,且无0数,当计数到13时,通过与非门产生一个复位信号,使CC40192(2)(时的十位)直接置成0000,而CC4019(1),即时的个位直接置成0001,从而实现了

1～12计数。

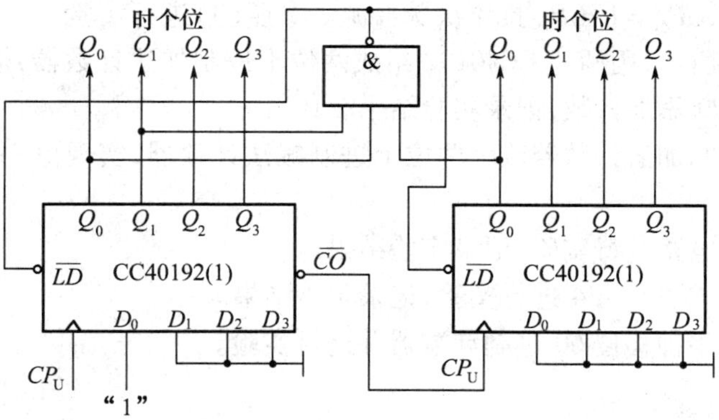

图6－34　特殊十二进制计数器

6.7.3　实验内容

1. 用D触发器CC4013或74LS74构成4位二进制异步加法计数器

（1）按图6－29接线，$\overline{R}_D$ 接至逻辑开关输出插口，将低位 CP_0 端接单次脉冲源，输出端 Q_3、Q_2、Q_1、Q_0 接逻辑电平显示输入插口，各触发器的 $\overline{S}_D$ 接高电平"1"。

（2）清零后，逐个送入单次脉冲，观察并列表记录 Q_3、Q_2、Q_1、Q_0 状态。

（3）将单次脉冲改为1 Hz的连续脉冲，观察 Q_3、Q_2、Q_1、Q_0 的状态。

（4）将1 Hz的连续脉冲改为1 kHz，用双踪示波器观察 CP、Q_3、Q_2、Q_1、Q_0 端波形并记录波形。

（5）将图6－29电路中的低位触发器的 Q 端与高一位的 CP 端相连接，构成减法计数器，按实验内容（2）、（3）、（4）进行实验，观察并列表记录 Q_3、Q_2、Q_1、Q_0 的状态。

2. 测试CC40192或74LS192同步十进制可逆计数器的逻辑功能

计数脉冲由单次脉冲源提供，清除端 CR、置数端 $\overline{LD}$、数据输入端 D_3、D_2、D_1、D_0 分别接逻辑开关，输出端 Q_3、Q_2、Q_1、Q_0 接实验设备的一个译码显示输入相应插口 A、B、C、D，$\overline{CO}$ 和 $\overline{BO}$ 接逻辑电平显示插口。

按表6－24逐项测试并判断该集成块的功能是否正常。

（1）清除

令 $CR=1$，其他输入为任意态，这时 $Q_3Q_2Q_1Q_0=0000$，译码数字显示为0。清除功能完成后，置 $CR=0$。

（2）置数

$CR=0$，CP_U 和 CP_D 任意，数据输入端输入任意一组二进制数，令 $\overline{LD}=0$，观察计数译码显示输出，予置功能是否完成，此后置 $\overline{LD}=1$。

（3）加计数

$CR=0$、$\overline{LD}=1$、$CP_D=1$、CP_U 接单次脉冲源。清零后送入10个单次脉冲，观察译码数字显示是否按8421码十进制状态转换表进行，输出状态变化是否发生在 CP_U 的上升沿。

(4)减计数

$CR=0$、$\overline{LD}=1$、$CP_U=1$、CP_D 接单次脉冲源。参照(3)进行实验。

3. 如图 6－31 所示,用两片 CC40192 组成两位十进制加法计数器,输入 1 Hz 连续计数脉冲,进行由 00～99 累加计数,记录实验结果。

4. 将两位十进制加法计数器改为两位十进制减法计数器,实现由 99～00 递减计数,记录实验结果。

5. 按图 6－32 电路进行实验,记录实验结果。

6. 按图 6－33 或图 6－34 进行实验,记录实验结果。

7. 设计一个数字钟移位 60 进制计数器并进行实验。

6.7.4 实验设备

(1) +5 V 直流电源。

(2)双踪示波器。

(3)连续脉冲源。

(4)单次脉冲源。

(5)逻辑电平开关。

(6)逻辑电平显示器。

(7)译码显示器。

(8) CC4013 × 2 (74LS74), CC40192 × 3 (74LS192), CC4011 (74LS00), CC4012 (74LS20)。

6.7.5 实验注意事项

(1)接插集成块时,要认清定位标记,不得插反。

(2)实验中要求电源电压为 +5 V,电源极性绝对不允许接错。

6.7.6 预习思考题

(1)预习有关计数器的基本原理。

(2)计数器的计数方式是什么?

6.7.7 实验报告要求

(1)画出实验线路图,记录、整理实验现象及实验所得的有关波形。

(2)对实验结果进行分析。

(3)总结使用集成计数器的体会。

6.8 移位寄存器及其应用

6.8.1 实验目的

(1)掌握中规模 4 位双向移位寄存器逻辑功能及使用方法。

(2)熟悉移位寄存器的应用,实现数据的串行、并行转换和构成环形计数器。

6.8.2 实验原理

1. 移位寄存器是一个具有移位功能的寄存器,是指寄存器中所存的代码能够在移位脉冲的作用下依次左移或右移。既能左移又能右移的称为双向移位寄存器,只需要改变左、右移的控制信号便可实现双向移位要求。根据移位寄存器存取信息的方式不同分为串入串出、串入并出、并入串出、并入并出四种形式。

本实验选用的4位双向通用移位寄存器,型号为CC40194或74LS194,两者功能相同,引脚排列也一样,可互换使用,其逻辑符号如图6-35所示。

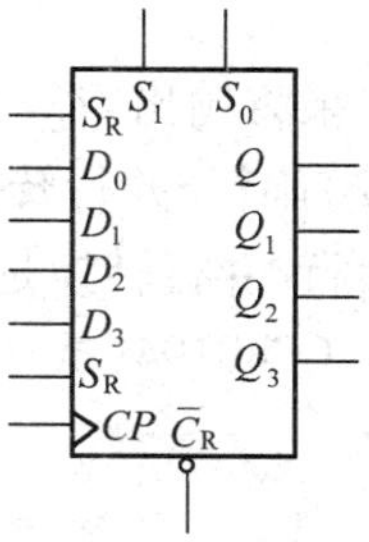

图6-35 CC40194的逻辑符号

其中D_3、D_2、D_1、D_0为并行输入端;Q_3、Q_2、Q_1、Q_0为并行输出端;S_R为右移串行输入端,S_L为左移串行输入端;S_1、S_0为操作模式控制端;$\overline{C}_R$为直接无条件清零端;CP为时钟脉冲输入端。

CC40194有5种不同操作模式,即并行送数寄存、右移(方向由$Q_0 \rightarrow Q_3$),左移(方向由$Q_3 \rightarrow Q_0$)、保持和清零。如表6-26所示为CC40194的功能表。

表6-26 CC40194的功能表

功能	输入										输出			
	CP	$\overline{C}_R$	S_1	S_0	S_R	S_L	D_0	D_1	D_2	D_3	Q_0	Q_1	Q_2	Q_3
清除	×	0	×	×	×	×	×	×	×	×	0	0	0	0
送数	↑	1	1	1	×	×	a	b	c	d	a	b	c	d
右移	↑	1	0	1	D_{SR}	×	×	×	×	×	D_{SR}	Q_0	Q_1	Q_2
左移	↑	1	1	0	×	D_{SL}	×	×	×	×	Q_1	Q_2	Q_3	D_{SL}
保持	↑	1	0	0	×	×	×	×	×	×	Q_0^n	Q_1^n	Q_2^n	Q_3^n
保持	↓	1	×	×	×	×	×	×	×	×	Q_0^n	Q_1^n	Q_2^n	Q_3^n

2. 移位寄存器应用很广,可构成移位寄存器型计数器、顺序脉冲发生器、串行累加器,可以把串行数据转换为并行数据或把并行数据转换为串行数据等数据转换。本实验研究移位寄存器用作环形计数器和数据的串、并行转换。

(1)环形计数器

把移位寄存器的输出反馈到它的串行输入端,就可以进行循环移位。如图6-36所示,把输出端Q_3和右移串行输入端S_R相连接,设初始状态$Q_0Q_1Q_2Q_3=1\ 000$,则在时钟脉冲作用下,$Q_0Q_1Q_2Q_3$将依次变为0100→0010→0001→1000→…,如表6-27所示,可见它是一个具有四个有效状态的计数器,这种类型的计数器通常称为环形计数器。如图6-36所示的电路可以由各个输出端输出在时间上有先后顺序的脉冲,因此也可作为顺序脉冲发生器。

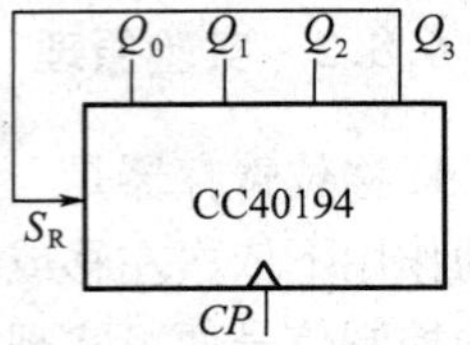

图 6-36　环形计数器

表 6-27　环形计数器的状态转换表

CP	Q_0	Q_1	Q_2	Q_3
0	1	0	0	0
1	0	1	0	0
2	0	0	1	0
3	0	0	0	1

如果将输出 Q_0 与左移串行输入端 S_L 相连接，即可达左移循环移位。

(2)串行/并行转换器

串行/并行转换是指串行输入的数码，经转换电路之后变换成并行输出。如图 6-37 是用两片 CC40194(或 74LS194)四位双向移位寄存器组成的七位串/并行数据转换电路。

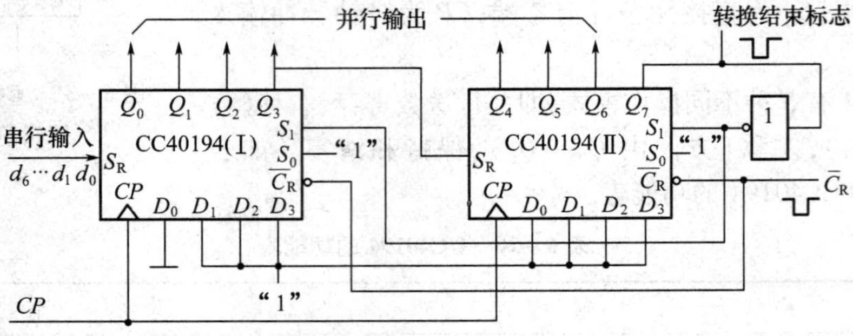

图 6-37　七位串行/并行转换器

电路中，$S_0=1$，S_1 受 Q_7 控制，两片寄存器连接成串行输入右移工作模式。Q_7 是转换结束标志，当 $Q_7=1$ 时，$S_1=1$，使之成为 $S_1S_0=01$ 的串入右移工作方式，当 $Q_7=0$ 时，$S_1=1$，有 $S_1S_0=10$，则串行送数结束，标志着串行输入的数据已转换成并行输出了。串行/并行转换的具体过程如下：

转换前，$\overline{C}_R$ 端加低电平，使 1、2 两片寄存器的内容清 0，此时 $S_1S_0=11$，寄存器执行并行输入工作方式。当第一个 CP 脉冲到来后，寄存器的输出状态 $Q_0 \sim Q_7=01111111$，与此同时 S_1S_0 变为 01，转换电路变为执行串入右移工作方式，串行输入数据由 1 片的 S_R 端加入。随着 CP 脉冲的依次加入，输出状态的变化可列成表 6-28 所示。

表 6-28　图 6-37 所示的七位串行/并行转换器状态转换表

CP	Q_0	Q_1	Q_2	Q_3	Q_4	Q_5	Q_6	Q_7	说明
0	0	0	0	0	0	0	0	0	清零
1	0	1	1	1	1	1	1	1	送数
2	D_1	0	1	1	1	1	1	1	右移操作七次
3	D_1	D_0	0	1	1	1	1	1	
4	D_2	D_1	D_0	0	1	1	1	1	
5	D_3	D_2	D_1	D_0	0	1	1	1	

表 6-28　(续)

CP	Q_0	Q_1	Q_2	Q_3	Q_4	Q_5	Q_6	Q_7	说明
6	D_4	D_3	D_2	D_1	D_0	0	1	1	右移操作七次
7	D_5	D_4	D_3	D_2	D_1	D_0	0	1	
8	D_6	D_5	D_4	D_3	D_2	D_1	D_0	0	
9	0	1	1	1	1	1	1	1	送数

由表 6-28 可见,右移操作七次之后,Q_7 变为 0,S_1S_0 又变为 11,说明串行输入结束。这时,串行输入的数码已经转换成了并行输出。当再来一个 CP 脉冲时,电路又重新执行一次并行输入,为第二组串行数码转换作好了准备。

(3)并行/串行转换器

并行/串行转换器是指并行输入的数码经转换电路之后,换成串行输出。如图 6-38 所示为用两片 CC40194(或 74LS194)组成的七位并行/串行转换电路,比图 6-37 多了两只与非门 G_1 和 G_2,电路工作方式同样为右移。

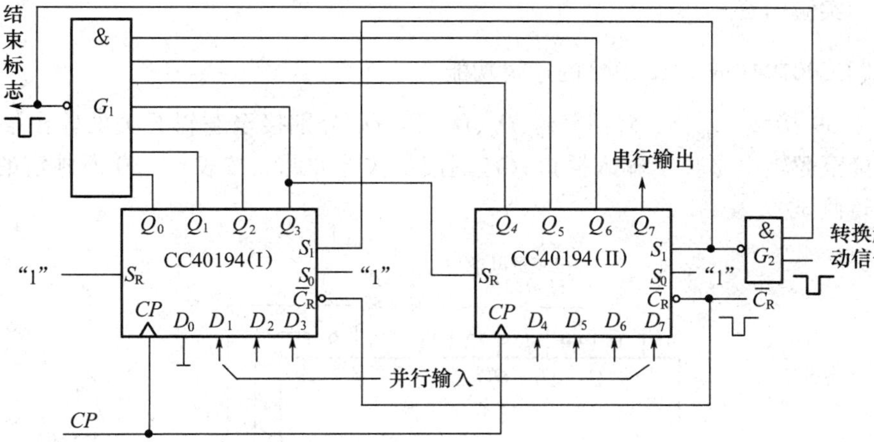

图 6-38　七位并行/串行转换器

寄存器清"0"后,加一个转换启动信号(负脉冲或低电平)。此时,由于方式控制 S_1S_0 为 11,转换电路执行并行输入操作。当第一个 CP 脉冲到来后,$Q_0Q_1Q_2Q_3Q_4Q_5Q_6Q_7$ 的状态为 $D_0D_1D_2D_3D_4D_5D_6D_7$,并行输入数码存入寄存器。从而使得 G_1 输出为 1,G_2 输出为 0,结果,S_1S_0 变为 01,转换电路随着 CP 脉冲的加入,开始执行右移串行输出,随着 CP 脉冲的依次加入,输出状态依次右移,待右移操作七次后,$Q_0 \sim Q_6$ 的状态都为高电平"1",与非门 G_1 输出为低电平,G_2 门输出为高电平,S_1S_0 又变为 11,表示并/串行转换结束,且为第二次并行输入创造了条件。转换过程如表 6-29 所示。

表 6-29　图 6-38 所示的七位并行/串行转换器状态转换表

CP	Q_0	Q_1	Q_2	Q_3	Q_4	Q_5	Q_6	Q_7	串行输出						
0	0	0	0	0	0	0	0	0							
1	0	D_1	D_2	D_3	D_4	D_5	D_6	D_7							

表 6－29 （续）

CP	Q_0	Q_1	Q_2	Q_3	Q_4	Q_5	Q_6	Q_7	串行输出						
2	1	0	D_1	D_2	D_3	D_4	D_5	D_6	D_7						
3	1	1	0	D_1	D_2	D_3	D_4	D_5	D_6	D_7					
4	1	1	1	0	D_1	D_2	D_3	D_4	D_5	D_6	D_7				
5	1	1	1	1	0	D_1	D_2	D_3	D_4	D_5	D_6	D_7			
6	1	1	1	1	1	0	D_1	D_2	D_3	D_4	D_5	D_6	D_7		
7	1	1	1	1	1	1	0	D_1	D_2	D_3	D_4	D_5	D_6	D_7	
8	1	1	1	1	1	1	1	0	D_1	D_2	D_3	D_4	D_5	D_6	D_7
9	0	D_1	D_2	D_3	D_4	D_5	D_6	D_7							

中规模集成移位寄存器，其位数往往以 4 位居多，当需要的位数多于 4 位时，可把几片移位寄存器用级连的方法来扩展位数。

6.8.3 实验内容

1. 测试 CC40194（或 74LS194）的逻辑功能

按图 6－39 接线，$\overline{C}_R$、S_1、S_0、S_L、S_R、D_0、D_1、D_2、D_3 分别接至逻辑开关的输出插口；Q_0、Q_1、Q_2、Q_3 接至逻辑电平显示输入插口；CP 端接单次脉冲源。按表 6－30 所规定的输入状态，逐项进行测试。

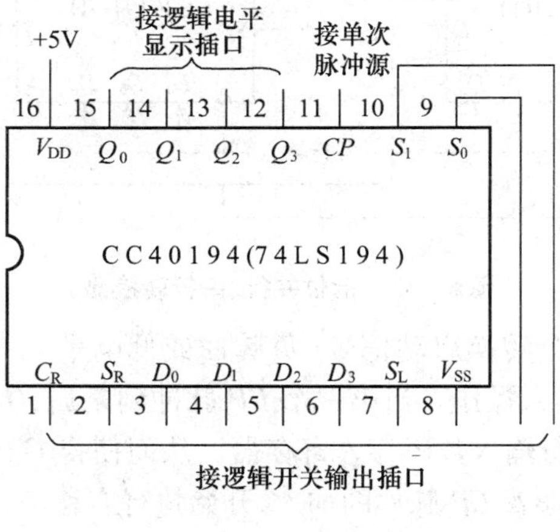

图 6－39 CC40194 逻辑功能测试

表 6－30 环形计数器实验结果

清除	模式		时钟	串行		输入	输出	功能总结
$\overline{C}_R$	S_1	S_0	CP	S_L	S_R	$D_0D_1D_2D_3$	$Q_0Q_1Q_2Q_3$	
0	×	×	×	×	×	××××		
1	1	1	↑	×	×	$abcd$		

表 6-30 （续）

清除	模式		时钟	串行		输入	输出	功能总结
$\overline{C}_R$	S_1	S_0	CP	S_L	S_R	$D_0D_1D_2D_3$	$Q_0Q_1Q_2Q_3$	
1	0	1	↑	×	0	××××		
1	0	1	↑	×	1	××××		
1	0	1	↑	×	0	××××		
1	0	1	↑	×	0	××××		
1	1	0	↑	1	×	××××		
1	1	0	↑	1	×	××××		
1	1	0	↑	1	×	××××		
1	1	0	↑	1	×	××××		
1	0	0	↑	×	×	××××		

(1)清除：令 $\overline{C}_R=0$，其他输入均为任意态，这时寄存器输出 Q_0、Q_1、Q_2、Q_3 应均为0。清除后，置 $\overline{C}_R=1$。

(2)送数：令 $\overline{C}_R=1$、$S_1=S_0=1$，送入任意4位二进制数，如 $D_0D_1D_2D_3=abcd$，加 CP 脉冲，观察 $CP=0$、CP 由 $0\to1$、CP 由 $1\to0$ 三种情况下寄存器输出状态的变化，观察寄存器输出状态变化是否发生在 CP 脉冲的上升沿。

(3)右移：清零后，令 $\overline{C}_R=1$、$S_1=0$、$S_0=1$，由右移输入端 S_R 送入二进制数码如0100，由 CP 端连续加4个脉冲，观察输出情况并记录。

(4)左移：先清零或予置，再令 $\overline{C}_R=1$、$S_1=1$、$S_0=0$，由左移输入端 S_L 送入二进制数码如1111，连续加四个 CP 脉冲，观察输出端情况并记录。

(5)保持：寄存器予置任意4位二进制数码 $abcd$，令 $\overline{C}_R=1$、$S_1=S_0=0$，加 CP 脉冲，观察寄存器输出状态并记录。

2. 环形计数器

自拟实验线路用并行送数法予置寄存器为某二进制数码(如0100)，然后进行右移循环，观察寄存器输出端状态的变化，记入表6-31中。

表 6-31　状态转换表

CP	Q_0	Q_1	Q_2	Q_3
0	0	1	0	0
1				
2				
3				
4				

3. 实现数据的串、并行转换

(1) 串行输入、并行输出

按图 6 - 37 接线,进行右移串入、并出实验,串入数码自定;改接线路用左移方式实现并行输出。自拟表格记录。

(2) 并行输入、串行输出

按图 6 - 38 接线,进行右移并入、串出实验,并入数码自定;再改接线路用左移方式实现串行输出。自拟表格记录。

6.8.4 实验设备及器件

(1) +5 V 直流电源。

(2) 单次脉冲源。

(3) 逻辑电平开关。

(4) 逻辑电平显示器。

(5) CC40194 ×2(74LS194),CC4011(74LS00),CC4068(74LS30)。

6.8.5 实验注意事项

(1) 接插集成块时,要认清定位标记,不得插反。

(2) 实验中要求电源电压为 +5 V,电源极性绝对不允许接错。

6.8.6 预习思考题

(1) 对 CC40194 进行送数后,若要使输出端改成另外的数码,是否一定要使寄存器清零?

(2) 使寄存器清零,除采用 $\overline{C}_R$ 输入低电平外,可否采用右移或左移的方法,可否使用并行送数法?若可行,如何进行操作?

(3) 画出用两片 CC40194 构成的七位左移串/并行转换器线路。

6.8.7 实验报告要求

(1) 分析表 6 - 29 的实验结果,总结移位寄存器 CC40194 的逻辑功能并写入表格功能总结一栏中。

(2) 根据实验内容 2 的结果,画出 4 位环形计数器的状态转换图及波形图。

(3) 分析串/并、并/串转换器所得结果的正确性。

第 7 章　电动机控制电路实验

7.1　三相鼠笼式异步电动机点动和自锁控制

7.1.1　实验目的

1. 通过对三相鼠笼式异步电动机点动控制和自锁控制线路的实际安装接线，掌握由电气原理图变换成安装接线图的知识。

2. 通过实验进一步加深理解点动控制和自锁控制的特点。

7.1.2　实验原理

1. 继电 - 接触控制在各类生产机械中获得广泛的应用，凡是需要进行前后、上下、左右、进退等运动的生产机械，均采用传统的且典型的正、反转继电 - 接触控制。

交流电动机继电 - 接触控制电路的主要设备是交流接触器，其主要构造为：

(1) 电磁系统——铁芯、吸引线圈和短路环；

(2) 触头系统——主触头和辅助触头，还可按吸引线圈得电前后触头的动作状态，分动合（常开）、动断（常闭）两类；

(3) 消弧系统——在切断大电流的触头上装有灭弧罩，以迅速切断电弧；

(4) 接线端子，反作用弹簧等。

2. 在控制回路中常采用接触器的辅助触头来实现自锁和互锁控制。要求接触器线圈得电后能自动保持动作后的状态，这就是自锁，通常用接触器自身的动合触头与启动按钮相并联来实现，以达到电动机的长期运行，这一动合触头称为“自锁触头”。使两个电器不能同时得电动作的控制，称为互锁控制，如为了避免正、反转，两个接触器同时得电而造成三相电源短路事故，必须增设互锁控制环节。为操作的方便，也为防止因接触器主触头长期大电流的烧蚀而偶发触头粘连后造成的三相电源短路事故，通常在具有正、反转控制的线路中采用既有接触器的动断辅助触头的电气互锁，又有复合按钮机械互锁的双重互锁的控制环节。

3. 控制按钮通常用以短时通、断小电流的控制回路，以实现近、远距离控制电动机等执行部件的起、停或正、反转控制。按钮专供人工操作使用，对于复合按钮，其触点的动作规律是：当按下时，其动断触头先断，动合触头后合；当松手时，则动合触头先断，动断触头后合。

4. 在电动机运行过程中，应对可能出现的故障进行保护。采用熔断器作短路保护，当电动机或电器发生短路时，及时熔断熔体，达到保护线路、保护电源的目的。熔体熔断时间与流过的电流关系称为熔断器的保护特性，这是选择熔断体的主要依据。

采用热继电器实现过载保护，使电动机免受长期过载的危害。其主要的技术指标是整定电流值，即电流超过此值的 20 % 时，其动断触头应能在一定时间内断开，切断控制回路，动作后进行复位。

5. 在电气控制线路中，最常见的故障发生在接触器上。接触器线圈的电压等级通常有 220 V 和 380 V 等，使用时必须认清，切勿疏忽，否则电压过高易烧坏线圈。而电压过低，吸力不够，不易吸合或吸合频繁，这不但会产生很大的噪声，也因磁路气隙增大，致使电流过大，易烧坏线圈。此外，在接触器铁心的部分端面嵌装有短路铜环，其作用是为了使铁心吸合牢靠，消除颤动与噪声，若发现短路环脱落或断裂现象，接触器将会产生很大的振动与噪声。

7.1.3 实验内容

认识各电器的结构、图形符号、接线方法，抄录电动机及各电器铭牌数据，并用万用表欧姆挡检查各电器线圈、触头是否完好。

鼠笼式异步电动机接成△形，实验线路电源端接三相自耦调压器输出端 U、V、W，供电线电压为 220 V。

1. 点动控制

按如图 7 – 1 所示点动控制线路进行安装接线，接线时，先接主电路，即从 220 V 三相交流电源的输出端 U、V、W 开始，经接触器 KM 的主触头，热继电器 FR 的热元件到电动机 M 的三个线端 A、B、C，用导线按顺序串联起来。主电路连接完整无误后，再连接控制电路，从 220 V 三相交流电源某输出端（如 V）开始，经过常开按钮 SB_1、接触器 KM 的线圈、热继电器 FR 的常闭触头到三相交流电源另一输出端（如 W）。显然这是对接触器 KM 线圈供电的电路。

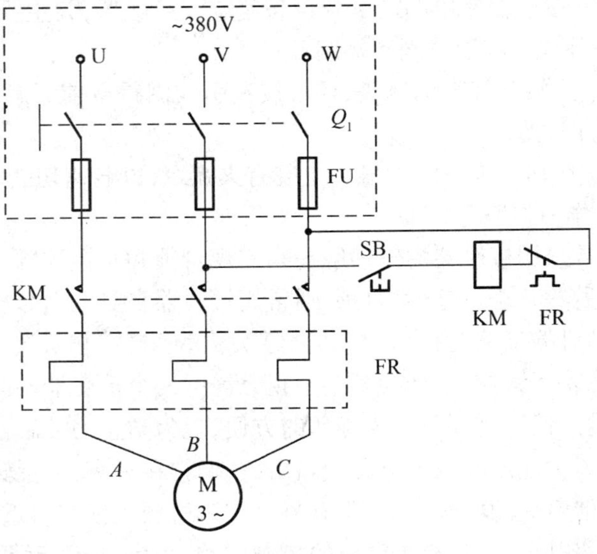

图 7 – 1　三相鼠笼式异步电动机点动控制电路图

接好线路，经指导教师检查后，方可进行通电操作。

（1）开启控制屏电源总开关，按启动按钮，调节调压器输出，使输出线电压为 220 V。

（2）按启动按钮 SB_1，对电动机 M 进行点动操作，比较按下 SB_1，与松开 SB_1 时，电动机和接触器的运行情况。

（3）实验完毕，按控制屏停止按钮，切断实验线路的三相交流电源。

2. 自锁控制电路

按如图 7 – 2 所示自锁线路进行接线，它与图 7 – 1 的不同点在于控制电路中多串联一

只常闭按钮 SB_2，同时在 SB_1 上并联一只接触器 KM 的常开触头，起自锁作用。

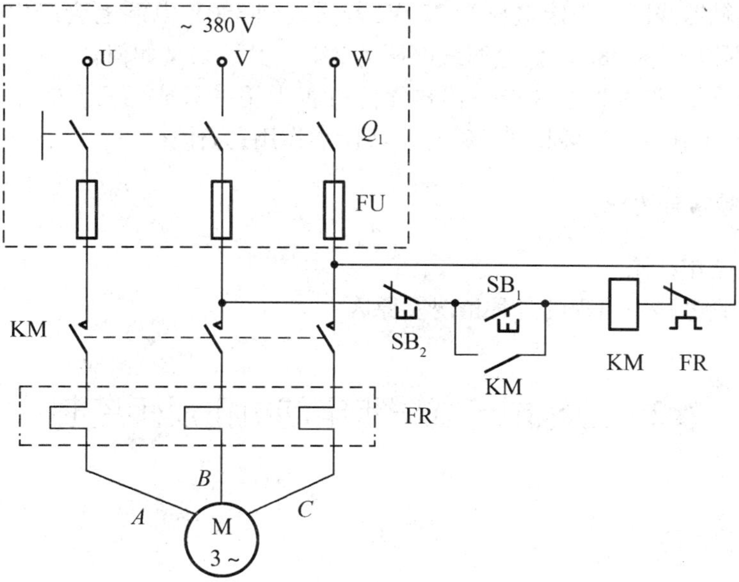

图 7－2　三相鼠笼式异步电动机自锁控制电路图

接好线路经指导教师检查后，方可进行通电操作。

（1）按控制屏启动按钮，接通 220V 三相交流电源。

（2）按启动按钮 SB_1，松手后观察电动机 M 是否继续运转。

（3）按停止按钮 SB_2，松手后观察电动机 M 是否停止运转。

（4）按控制屏停止按钮，切断实验线路三相电源，拆除控制回路中自锁触头 KM，再接通三相电源，启动电动机，观察电动机及接触器的运转情况。从而验证自锁触头的作用。实验完毕，将自耦调压器调回零位，按控制屏停止按钮，切断实验线路的三相交流电源。

7.1.4　实验设备

（1）三相交流电源（220V）。

（2）三相鼠笼式异步电动机（DG24）。

（3）交流接触器（CJ10－10 线圈电压 380V）。

（4）热继电器（JR16B－20/3D）。

（5）交流电压表（0～500V）。

（6）万用表。

7.1.5　实验注意事项

（1）接线时合理安排挂箱位置，接线要求牢靠、整齐、清楚、安全可靠。

（2）操作时要胆大、心细、谨慎，不许用手触及各电器元件的导电部分及电动机的转动部分，以免触电及意外损伤。

（3）通电观察继电器动作情况时，要注意安全，防止碰触带电部位。

7.1.6　预习思考题

（1）试分别比较点动控制线路与自锁控制线路结构及功能的主要区别。

(2)自锁控制线路在长期工作后可能会失去自锁作用,试分析产生的原因是什么。

(3)交流接触器线圈的额定电压为220V,若误接到380V电源上会产生什么后果?反之,若接触器线圈电压为380V,而电源线电压为220V,其结果又如何?

(4)在主回路中,熔断器和热继电器热元件可否少用一只或两只?熔断器和热继电器两者可否只采用其中一种就可起到短路和过载保护作用,为什么?

7.1.7 实验报告要求

(1)画出电路接线图。

(2)分析实验电路中出现的各种情况及原因。

7.2 三相鼠笼式异步电动机正反转控制

7.2.1 实验目的

(1)通过对三相鼠笼式异步电动机正、反转控制线路的安装接线,掌握由电气原理图接成实际操作电路的方法。

(2)加深对电气控制系统各种保护、自锁、互锁等环节的理解。

(3)学会分析、排除继电－接触控制线路故障的方法。

7.2.2 实验原理

在鼠笼式异步电动机正、反转控制线路中,通过相序的更换来改变电动机的旋转方向。本实验给出两种不同的正、反转控制线路如图7－3及图7－4所示,具有如下特点。

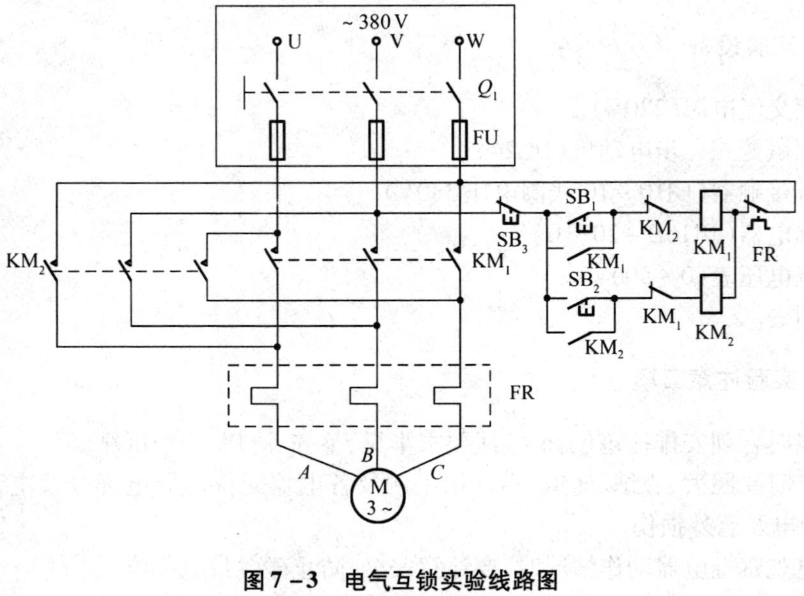

图7－3 电气互锁实验线路图

(1)电气互锁为了避免接触器KM_1(正转)、KM_2(反转)同时得电吸合造成三相电源短路,在KM_1(KM_2)线圈支路中串接有KM_2(KM_1)动断触头,它们保证了线路工作时KM_1、

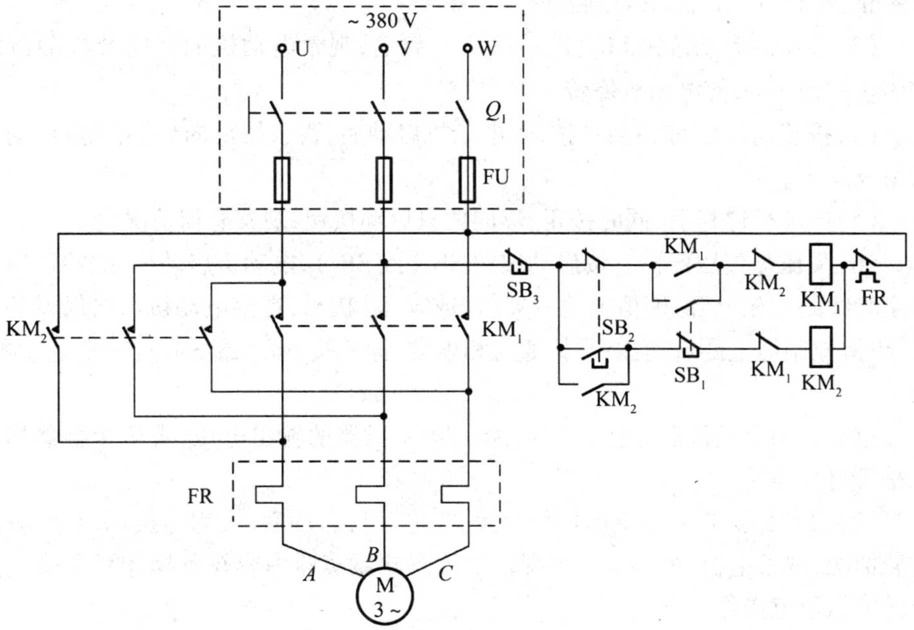

图7-4 电气和机械双重互锁实验线路图

KM_2 不会同时得电(图7-3),以达到电气互锁目的。

(2)电气和机械双重互锁。除电气互锁外,可再采用复合按钮 SB_1 与 SB_2 组成的机械互锁环节(图7-4),以确保线路工作更加可靠。

(3)线路具有短路、过载、失压、欠压保护等功能。

7.2.3 实验内容

认识各电器的结构、图形符号、接线方法,抄录电动机及各电器铭牌数据,并用万用表欧姆挡检查各电器线圈、触头是否完好。

鼠笼式异步电动机接成△形;实验线路电源端接三相自耦调压器输出端U、V、W,供线电压为220 V。

1. 接触器互锁的正反转控制线路按图7-3所示接线,经指导教师检查后,方可进行通电操作。

(1)开启控制屏电源总开关,按启动按钮,调节调压器输出,使输出线电压为220 V 。

(2)按正向启动按钮 SB_1,观察并记录电动机的转向和接触器的运行情况。

(3)按反向启动按钮 SB_2,观察并记录电动机的转向和接触器的运行情况。

(4)按停止按钮 SB_3,观察并记录电动机的转向和接触器的运行情况。

(5)再按 SB_2,观察并记录电动机的转向和接触器的运行情况。

(6)实验完毕,按控制屏停止按钮,切断三相交流电源。

2. 接触器和按钮双重互锁的正、反转控制线路

按图7-4所示接线,经指导教师检查后,方可进行通电操作。

(1)按控制屏启动按钮,接通220V三相交流电源。

(2)按正向启动按钮 SB_1,电动机正向启动,观察电动机的转向及接触器的动作情况。

按停止按钮 SB_3，使电动机停转。

（3）按反向启动按钮 SB_2，电动机反向启动，观察电动机的转向及接触器的动作情况。按停止按钮 SB_3，使电动机停转。

（4）按正向（或反向）启动按钮，电动机启动后，再去按反向（或正向）启动按钮，观察有何情况发生。

（5）电动机停稳后，同时按正、反向两只启动按钮，观察有何情况发生。

（6）失压与欠压保护。按启动按钮 SB_1（或 SB_2），电动机启动后，按控制屏停止按钮，断开实验线路三相电源，模拟电动机失压（或零压）状态，观察电动机与接触器的动作情况，随后，再按控制屏上的启动按钮，接通三相电源，但不按 SB_1（或 SB_2），观察电动机能否自行启动。

重新启动电动机后，逐渐减小三相自耦调压器的输出电压，直至接触器释放，观察电动机是否自行停转。

（7）过载保护打开热继电器的后盖，当电动机启动后，人为地拨动双金属片模拟电动机过载情况，观察电机、电器动作情况。要注意此项实验内容较难操作且危险，有条件可由指导教师做示范操作。

7.2.4 实验设备

（1）三相交流电源（220 V）。

（2）三相鼠笼式异步电动机（DG24）。

（3）交流接触器（CJ10－10 线圈电压 380 V）。

（4）热继电器（JR16B－20/3D）。

（5）交流电压表（0～500 V）。

（6）万用表。

7.2.5 实验注意事项

（1）本实验是强电实验，必须遵守“断电接线、拆线”的原则。

（2）电动机运转时，电压和电动机转速均很高，切勿触摸导电部分和电动机转动部分。

（3）电动机单相运行时间不能太长，以免电动机损坏。

（4）如有异常现象，应立即断电，报告实验指导教师处理。

7.2.6 预习思考题

（1）在电动机正、反转控制线路中，为什么必须保证两个接触器不能同时工作？采用哪些措施可解决此问题，这些方法有何利弊，最佳方案是什么？

（2）在控制线路中，短路、过载、失压、欠压保护等功能是如何实现的？在实际运行过程中，这几种保护有何意义？

7.2.7 实验报告要求

（1）画出电路接线图。

（2）分析在实验中观察到的现象。

7.3 三相鼠笼式异步电动机 Y－△降压启动控制

7.3.1 实验目的

(1)进一步提高按图接线的能力。
(2)了解时间继电器的结构、使用方法、延时时间的调整及在控制系统中的应用。
(3)熟悉异步电动机 Y－△降压启动控制的运行情况和操作方法。

7.3.2 原理说明

1. 按时间原则控制电路的特点是各个动作之间有一定的时间间隔,使用的元件主要是时间继电器。时间继电器是一种延时动作的继电器,它从接受信号(如线圈带电)到执行动作(如触点动作)具有一定的时间间隔。此时间间隔可按需要预先整定,以协调和控制生产机械的各种动作。时间继电器的种类通常有电磁式、电动式、空气式和电子式等。其基本功能可分为两类,即通电延时式和断电延时式,有的还带有瞬时动作式的触头。

时间继电器的延时时间通常可在 0.4～80s 范围内调节。

2. 按时间原则控制鼠笼式异步电动机 Y－△降压自动换接启动的控制线路如图 7－5 所示。

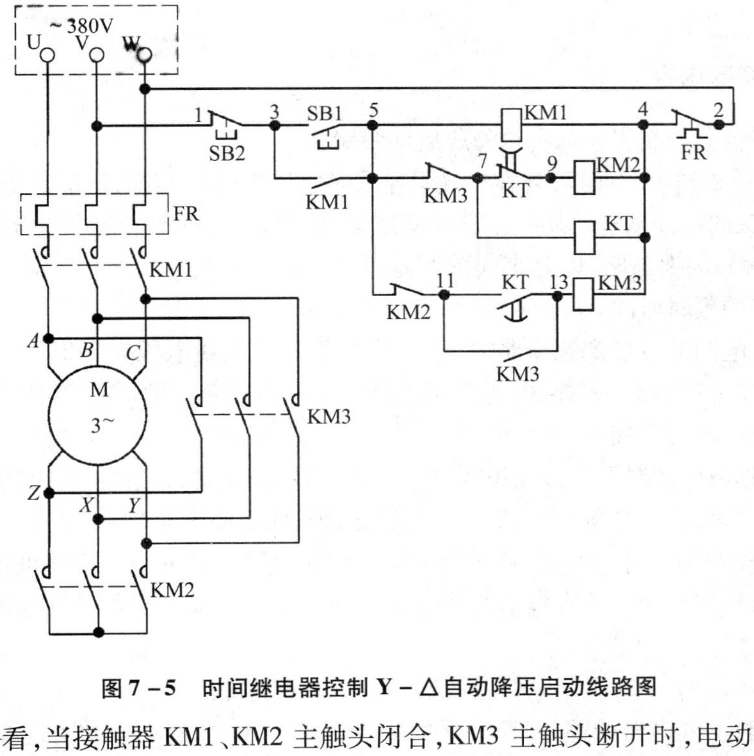

图 7－5 时间继电器控制 Y－△自动降压启动线路图

从主回路看,当接触器 KM1、KM2 主触头闭合,KM3 主触头断开时,电动机三相定子绕组作 Y 连接;而当接触器 KM1 和 KM3 主触头闭合,KM2 主触头断开时,电动机三相定子绕组作△连接。因此,所设计的控制线路若能先使 KM1 和 KM2 得电闭合,后经一定时间的延时,使 KM2 失电断开,而后使 KM3 得电闭合,则电动机就能实现降压启动后自动转换到正常工作运转。图7－5的控制线路能满足上述要求，该线路具有以下特点：

（1）接触器KM3与KM2通过动断触头KM3（5－7）与KM2（5－11）实现电气互锁，保证KM3与KM2不会同时得电，以防止三相电源的短路事故发生。

（2）依靠时间继电器KT延时动合触头（11－13）的延时闭合作用，保证在按下SB1后，使KM2先得电，并依靠KT（7－9）先断，KT（1－13）后合的动作次序，保证KM2先断，而后再自动接通KM3，也避免了换接时电源可能发生的短路事故。

（3）本线路正常运行（△接）时，接触器KM2及时间继电器KT均处断电状态。

（4）由于实验装置提供的三相鼠笼式电动机每相绕组额定电压为220V，而Y/△换接启动的使用条件是正常运行时电机必须作△接，故实验时，应将自耦调压器输出端（U、V、W）电压调至220V。

7.3.3 实验设备

（1）三相交流电源（220V）。

（2）三相鼠笼式异步电动机（DJ24）。

（3）交流接触器（JZC4－40）。

（4）时间继电器（ST3PA－B）。

（5）按钮。

（6）热继电器（D9305d）。

（7）三刀双掷（切换开关）。

（8）万用电表。

7.3.4 实验内容

1. 时间继电器控制Y－△自动降压启动线路

摇开D61－2挂箱的面板，观察空气阻尼式时间继电器的结构，认清其电磁线圈和延时动合、动断触头的接线端子。用手推动时间继电器衔铁模拟继电器通电吸合动作，用万用电表Ω档测量触头的通与断，以此来大致判定触头延时动作的时间。通过调节进气孔螺钉，即可整定所需的延时时间。

实验线路电源端接自耦调压器输出端（U、V、W），供电线电压为220V。

（1）按图7－5线路进行接线，先接主回路后接控制回路。要求按图示的节点编号从左到右、从上到下，逐行连接。

（2）在不通电的情况下，用万用电表Ω档检查线路连接是否正确，特别注意KM2与KM3两个互锁触头KM3（5－7）与KM2（5－11）是否正确接入。经指导教师检查后，方可通电。

（3）开启控制屏电源总开关，按控制屏启动按钮，接通220V三相交流电源。

（4）按启动按钮SB1，观察电动机的整个启动过程及各继电器的动作情况，记录Y－△换接所需时间。

（5）按停止按钮SB2，观察电机及各继电器的动作情况。

（6）调整时间继电器的整定时间，观察接触器KM2、KM3的动作时间是否相应地改变。

（7）实验完毕，按控制屏停止按钮，切断实验线路电源。

2. 接触器控制Y－△降压启动线路

按图7－6线路接线，经指导教师检查后，方可进行通电操作。

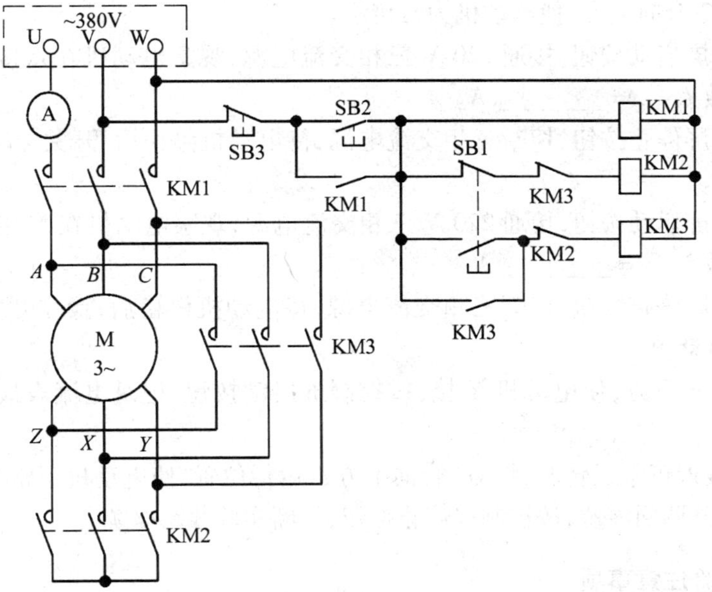

图 7－6　接触器控制 Y－△降压启动线路图

(1)按控制屏启动按钮,接通 220V 三相交流电源。

(2) 按下按钮 SB2,电动机作 Y 接法启动,注意观察启动时,电流表最大读数 $I_{Y启动}$ = ________ A。

(3)稍后,待电动机转速接近正常转速时,按下按钮 SB2,使电动机为△接法正常运行。

(4)按停止按钮 SB3,电动机断电停止运行。

(5)先按按钮 SB2,再按按钮 SB1,观察电动机在△接法直接启动时的电流表最大读数 $I_{△启动}$ = ________ A。

(6)实验完毕,将三相自耦调压器调回零位,按控制屏停止按钮,切断实验线路电源。

3. 手动控制 Y－△降压启动控制线路

按图 7－7 线路接线。

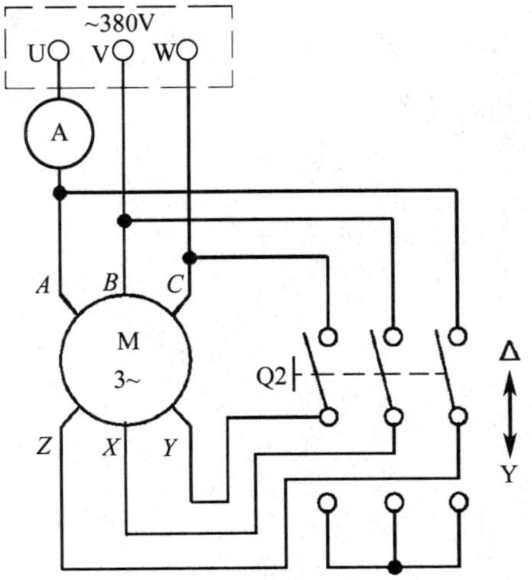

图 7－7　手动控制 Y－△降压启动控制线路

(1)开关 Q2 合向上方、使电动机为△接法。

(2)按控制屏启动按钮,接通 220 V 三相交流电源,观察电动机在△接法直接启动时,电流表最大读数 $I_{\triangle启动}$ = ________ A。

(3)按控制屏停止按钮,切断三相交流电源,待电动机停稳后,开关 Q2 合向下方,使电动机为 Y 接法。

(4)按控制屏启动按钮,接通 220 V 三相交流电源,观察电动机在 Y 接法直接启动时,电流表最大读数 $I_{Y启动}$ = ________ A。

(5)按控制屏停止按钮,切断三相交流电源,待电动机停稳后,操作开关 Q2,使电动机作 Y－△降压启动。

先将 Q2 合向下方,使电动机 Y 接,按控制屏启动按钮,记录电流表最大读数,$I_{Y启动}$ = ________ A。

待电动机接近正常运转时,将 Q2 合向上方△运行位置,使电动机正常运行。实验完毕后,将自耦调压器调回零位,按控制屏停止按钮,切断实验线路电源。

7.3.5 实验注意事项

(1)注意安全,严禁带电操作。

(2)只有在断电的情况下,方可用万用电表 Ω 挡来检查线路的接线正确与否。

7.3.6 预习思考题

(1)采用 Y－△降压启动对鼠笼电动机有何要求?

(2)如果要用一只断电延时式时间继电器来设计异步电动机的 Y－△降压启动控制线路,试问三个接触器的动作次序应作如何改动,控制回路又应如何设计?

(3)控制回路中的一对互锁触头有何作用? 若取消这对触头对 Y－△降压换接启动有何影响,可能会出现什么后果?

(4)降压启动的自动控制线路与手动控制线路相比较,有哪些优点?

7.3.7 实验报告要求

(1)画出电路接线图。

(2)分析在实验中观察到的现象。

第 8 章　Multisim 仿真实验

8.1　Multisim 10 的基本使用方法

8.1.1　Multisim 10 简介

电子设计自动化(Electronic Design automation,EDA)是将计算机技术应用于电子设计过程的一门新技术,主要包括电路设计、电路仿真和系统分析 3 个方面内容,其设计过程的大部分工作都是由计算机完成的,设计者在 EDA 软件平台上进行电子元件、产品和系统分析和设计,极大地提高了电路设计的效率,减轻了劳动强度。EDA 技术代表着现代电子系统设计的时代潮流,已经成为当前学习电子技术的重要辅助手段,广泛用于教学、科研、产品设计与制造等方面,发挥着巨大的作用。

八十年代末、九十年代初,加拿大 IIT(Interactive Image Technologies)公司推出了用于电路仿真与设计的 EDA 软件 Electronics Workbench (EWB),又称为“虚拟电子工作台”。由于 EWB 软件界面直观、易学易用、操作方便,便于电子信息、通信工程、自动化、电气控制类专业学生自学,便于开展综合性的设计和实验,有利于培养综合分析能力、开发和创新的能力,被许多高等院校作为辅助手段引入到电子类课程的教学和实验中。

IIT 公司在推出 EWB4.0、EWB5.0、EWB6.0 版本之后,于 2001 年将专用于电路仿真与设计模块更名为 Multisim,意思是“万能仿真”,并推出了 Multisim 2001。2003 年,IIT 公司推出了 Multisim 7.0,大大地增强了软件的仿真测试和分析功能,大大扩充了元件库中的仿真元件数量,经能够胜任各种电子电路的分析和仿真实验,仿真设计更精确、可靠,并相继推出了 Multisim 8.0 等几个升级版本。

美国国家仪器公司(National Instruments,NI)在收购 IIT 公司后,将 Multisim 的计算机仿真与虚拟仪器技术(LABVIEW 8)完美结合,迅速地在 2006 年推出了 Multisim 9。Multisim 9 性能得到了极大的提升,很好地解决了理论教学与实际动手实验相脱节的这一老大难问题。2007 年 8 月 26 日,NI 公司发行 NI 系列电子电路设计软件,NI Multisim 10 作为其中一个组成部分包含于其中。

Multisim 10 用软件的方法虚拟电子与电工元器件,虚拟电子与电工仪器和仪表,实现了“软件即元器件”、“软件即仪器”,可以设计、测试和演示各种电子电路,包括电工学、模拟电路、数字、电路、射频电路及部分微机接口电路等,可以对被仿真的电路中的元器件设置各种故障,如开路、短路和不同程度的漏电等,从而观察不同故障情况下的电路工作状况。在进行仿真的同时,软件还可以存储测试点的所有数据,列出被仿真电路的所有元器件清单,以及存储测试仪器的工作状态、显示波形和具体数据等。Multisim 10 便于电子信息、通信工程、自动化、电气控制类专业学生自学;便于开展综合性的设计和实验,有利于培养综合分析能力、开发和创新的能力。与传统的电子电路设计与实验方法相比,具有如下特点:

(1)设计与实验可以同步进行,可以边设计边实验,修改调试方便;

(2)设计和实验用的元器件及测试仪器仪表齐全,可以完成各种类型的电路设计与实验;

(3)可方便地对电路参数进行测试和分析;

(4)可直接打印输出实验数据、测试参数、曲线和电路原理图;

(5)实验中不消耗实际的元器件,实验所需元器件的种类和数量不受限制,实验成本低,实验速度快,效率高;

(6)设计和实验成功的电路可以直接在产品中使用;

(7)更加形象直观的人机交互界面。

本章介绍 EWB 系列软件中 Multisim 10 仿真软件的基本操作方法和仿真功能。

8.1.2 Multisim 10 的界面

打开 Multisim 10,出现如图 8-1 所示的用户界面,按功能分为菜单栏、工具栏、状态栏、元器件库栏、仪器仪表栏、电路工作区、仿真电源开关、使用中元件列表(In Use List)、设计窗口分页、仿真测试栏。

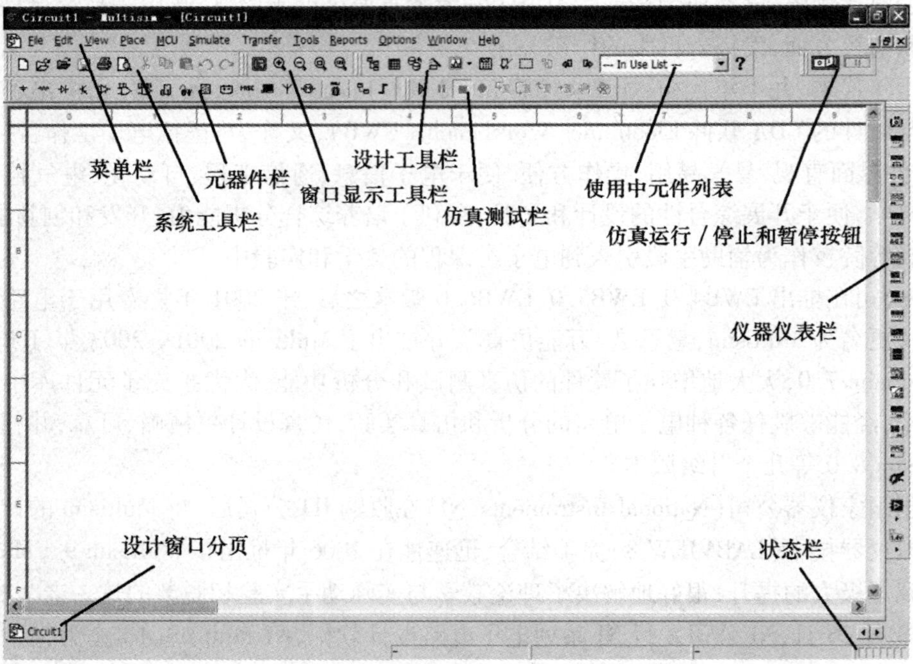

图 8-1 Multisim 10 的用户界面

(1)菜单栏:Multisim 10 菜单栏包括 File(文件)菜单、Edit(编辑)菜单、View(窗口显示)菜单、Place(放置)菜单、MCU(微控制器)菜单、Simulate(仿真)菜单、Transfer(文件传输)菜单、Tools(工具)菜单、Reports(报告)菜单、Option(选项)菜单、Windows(窗口)菜单和 Help(帮助)菜单共 12 个菜单。各菜单的功能在 8.1.3 节详细介绍。

(2)工具栏:Multisim 10 工具栏分为系统工具栏、窗口显示工具栏和设计工具栏三部分。系统工具栏共有 11 个图标形式的常用功能按钮。窗口显示工具栏包含 5 个图标形式的按钮,用来对电路工作区内的视图进行放大、缩小等。系统工具栏中的功能快捷按钮均包含在 File(文件)菜单和 Edit(编辑)菜单中,窗口显示工具栏中功能快捷按钮均包含在 View(窗口显示)菜单中,使用方法与 Windows 界面一样,不再详述。设计工具栏中共有 11 个图标形式的按钮,其功能将在 8.1.4 节详细介绍。

(3)状态栏:用以显示仿真状态、时间等信息。

(4)元器件库栏:共有 16 个图标,分别对应 16 个存放仿真用元器件的模型库,将在 8.1.5节详细介绍。

(5)仪器仪表栏:共有 21 个图标,对应 21 种虚拟电子仪器仪表,将在 8.1.6 节详细介绍。

(6)电路工作区:在该区域进行电子电路的设计和仿真。

(7)仿真运行/停止和暂停按钮:是运行仿真的快捷按钮,相当于实际电路的电源开关,用鼠标单击仿真开关可以运行、停止和暂停仿真。

(8)使用中元件列表(In Use List):列出当前显示的电路工作区中所使用的全部元器件。

(9)设计窗口分页:Multisim 10 允许在进行多个电路的设计和仿真,单击分页标签,将所选择的电路显示电路工作区视窗。

(10)仿真测试栏:包含了 11 个对 MCU 目标文件进行测试、仿真等操作的快捷按钮,均包含在 MCU(微控制器)菜单中,不再详述。

8.1.3 Multisim 10 菜单栏

Multisim 10 菜单栏有 12 个菜单,提供了本软件几乎所有的功能命令。

1. File(文件)菜单:提供了 19 个文件操作命令,用于所创建的仿真电路文件的管理。

(1)New:建立一个新文件。

(2)Open:打开一个已存在的 *.msm10、*.msm9、*.msm8、*.msm7、*.ewb 或 *.utsch等格式的文件。

(3)Open Samples…:打开 Multisim 10 示例库中设计示例。

(4)Close:关闭当前电路工作区内的文件。

(5)Close All:关闭电路工作区内的所有文件。

(6)Save:将电路工作区内的文件以 *.msm10 的格式存盘。

(7)Save as:将电路工作区内的文件另存为一个文件,仍为 *.msm10 格式。

(8)Save All:将电路工作区内所有的文件以 *.msm10 的格式存盘。

(9)New Project:建立新的项目(仅在专业版中出现,教育版中无此功能)。

(10)Open Project:打开原有的项目(仅在专业版中出现,教育版中无此功能)。

(11)Save Project:保存当前的项目(仅在专业版中出现,教育版中无此功能)。

(12)Close Project:关闭当前的项目(仅在专业版中出现,教育版中无此功能)。

(13)Version Control:版本控制(仅在专业版中出现,教育版中无此功能)。

(14)Print:打印电路工作区内的电原理图。

(15)Print Preview:打印预览。

(16)Print Options:包括 Print Setup(打印设置)和 Print Instruments(打印电路工作区内的仪表)命令。

(17)Recent Files:选择打开最近打开过的文件。

(18) Recent Projects:选择打开最近打开过的项目。

(19) Exit:退出 Multisim 10。

2. Edit(编辑)菜单:提供 21 个命令,用于对电路工作区中的电路和元件进行删除、复制、选择等操作。

(1) Undo:取消前一次操作。

(2) Redo:恢复前一次操作。

(3) Cut:剪切所选择的元器件,放在剪贴板中。

(4) Copy:将所选择的元器件复制到剪贴板中。

(5) Paste:将剪贴板中的元器件粘贴到指定的位置。

(6) Delete:删除所选择的元器件。

(7) Select All:选择电路中所有的元器件、导线和仪器仪表。

(8) Delete Multi - Page:删除多页面。

(9) Paste as Subcircuit:将剪贴板中的子电路粘贴到指定的位置。

(10) Find:查找电原理图中的元件。

(11) Graphic Annotation:图形注释。

(12) Order:顺序选择。

(13) Assign to Layer:图层赋值。

(14) Layer Settings:图层设置。

(15) Orientation: 旋转方向选择,包括以下 4 项。

① Flip Horizontal:将所选择的元器件左右旋转;

② Flip Vertical:将所选择的元器件上下旋转;

③ 90°Clockwise:将所选择的元器件顺时针旋转 90 度;

④ 90°CounterCW:将所选择的元器件逆时针旋转 90 度。

(16) Title Block Position:工程图明细表位置。

(17) Edit Symbol/Title Block:编辑符号/工程明细表。

(18) Font:字体设置。

(19) Comment:注释。

(20) Forms/Questions:格式/问题。

(21) Properties:属性编辑。

3. View(窗口显示)菜单:菜单提供 19 个操作命令,用于控制界面上显示的内容。

(1) Full Screen:全屏。

(2) Parent Sheet:层次。

(3) Zoom In:放大电原理图。

(4) Zoom Out:缩小电原理图。

(5) Zoom Area:放大面积。

(6) Zoom Fit to Page:放大到适合的页面。

(7) Zoom to magnification:按比例放大到适合的页面。

(8) Zoom Selection:放大选择。

(9) Show Grid:显示或者关闭栅格。

(10) Show Border:显示或者关闭边界。

(11)Show Page Border:显示或者关闭页边界。

(12)Ruler Bars:显示或者关闭标尺栏。

(13)Statusbar:显示或者关闭状态栏。

(14)Design Toolbox:显示或者关闭设计工具箱。

(15)Spreadsheet View:显示或者关闭电子数据表,扩展显示窗口。

(16)Circuit Description Box:显示或者关闭电路描述工具箱。

(17)Toolbar:显示或者关闭工具箱。

(18)Show Comment/Probe:显示或者关闭注释/标注。

(19)Grapher:显示或者关闭图形编辑器。

4. Place(放置)菜单:提供在电路工作窗口内放置元件、连接点、总线和文字等 17 个命令。

(1)Component:放置元件。

(2)Junction:放置节点。

(3)Wire:放置导线。

(4)Bus:放置总线。

(5)Connectors:放置输入/输出端口连接器。

(6)New Hierarchical Block:放置层次模块。

(7)Replace Hierarchical Block:替换层次模块。

(8)Hierarchical Block form File:来自文件的层次模块。

(9)New Subcircuit:创建子电路。

(10)Replace by Subcircuit:子电路替换。

(11)Multi - Page:设置多页。

(12)Merge Bus: 合并总线。

(13)Bus Vector Connect:总线矢量连接。

(14)Comment:注释。

(15)Text:放置文字。

(16)Grapher:放置图形。

(17)Title Block:放置工程标题栏。

5. MCU(微控制器)菜单:提供 11 个命令,用于调试 MCU 电路。

(1)No MCU Component Found:没有创建 MCU 器件。

(2)Debug View Format:调试格式。

(3)MCU Windows…:MCU 信息显示窗口。

(4)Show Line Numbers:显示线路数目。

(5)Pause:暂停。

(6)Step into:进入。

(7)Step over:跨过。

(8)Step out:离开。

(9)Run to cursor:运行到指针。

(10)Toggle breakpoint:设置断点。

(11)Remove all breakpoint:移出所有的断点。

6. Simulate(仿真)菜单:提供 18 个电路仿真设置与操作命令。

(1)Run:开始仿真。

(2)Pause:暂停仿真。

(3)Stop:停止仿真。

(4)Instruments:选择仪器仪表。

(5)Interactive Simulation Settings...:交互式仿真设置。

(6)Digital Simulation Settings...:数字仿真设置。

(7)Analyses:选择仿真分析方法。

(8)Postprocessor:启动后处理器。

(9)Simulation Error Log/Audit Trail:仿真误差记录/查询索引。

(10)XSpice Command Line Interface:XSpice 命令界面。

(11)Load Simulation Setting:导入仿真设置。

(12)Save Simulation Setting:保存仿真设置。

(13)Auto Fault Option:自动故障选择。

(14)VHDL Simulation:VHDL 仿真。

(15)Dynamic Probe Properties:动态探针属性。

(16)Reverse Probe Direction:反向探针方向。

(17)Clear Instrument Data:清除仪器数据。

(18)Use Tolerances:使用公差。

7. Transfer(文件传输)菜单:提供 8 个文件传输命令。

(1)Transfer to Ultiboard 10:将电路图传送给 Multisim 中的电路板设计软件 Ultiboard 10。

(2)Transfer to Ultiboard 9 or earlier:将电路图传送给 Ultiboard 9 或者其他早期版本。

(3)Export to PCB Layout:输出 PCB 设计图。

(4)Forward Annotate to Ultiboard 10:创建 Ultiboard 10 注释文件。

(5)Forward Annotate to Ultiboard 9 or earlier:创建 Ultiboard 9 或者其他早期版本注释文件。

(6)Backannotate from Ultiboard:修改 Ultiboard 注释文件。

(7)Highlight Selection in Ultiboard:加亮所选择的 Ultiboard。

(8)Export Netlist:输出网表。

8. Tools(工具)菜单:提供 17 个编辑、管理元件和电路的命令。

(1)Component Wizard:元件编辑器。

(2)Database:数据库。

(3)Variant Manager:变量管理器。

(4)Set Active Variant:设置动态变量。

(5)Circuit Wizards:电路编辑器。

(6)Rename/Renumber Components:元件重新命名/编号。

(7)Replace Components...:元件替换。

(8)Update Circuit Components...:更新电路元件。

(9)Update HB/SC Symbols:更新 HB/SC 符号。

(10)Electrical Rules Check:电气规则检验。

(11)Clear ERC Markers:清除 ERC 标志。

(12)Toggle NC Marker:设置 NC 标志。

(13)Symbol Editor...:符号编辑器。

(14)Title Block Editor...:工程图明细表比较器。

(15)Description Box Editor...:描述箱比较器。

(16)Edit Labels...:编辑标签。

(17)Capture Screen Area:抓图范围。

9. Reports(报告)菜单:提供材料清单等 6 个报告命令。

(1)Bill of Report:材料清单。

(2)Component Detail Report:元件详细报告。

(3)Netlist Report:网络表报告。

(4)Cross Reference Report:参照表报告。

(5)Schematic Statistics:统计报告。

(6)Spare Gates Report:剩余门电路报告。

10. Option(选项)菜单:提供 3 个电路界面和电路某些功能的设定命令。

(1)Global Preferences...:全部参数设置。

(2)Sheet Properties:工作台界面设置。

(3)Customize User Interface...:用户界面设置。

11. Windows(窗口)菜单:提供 7 个窗口操作命令。

(1)New Window:建立新窗口。

(2)Close:关闭窗口。

(3)Close All:关闭所有窗口。

(4)Cascade:窗口层叠。

(5)Tile Horizontal:窗口水平平铺。

(6)Tile Vertical:窗口垂直平铺。

(7)Windows...:窗口选择。

12. Help(帮助)菜单:提供 7 个命令,用于在线技术帮助和使用指导。

(1)Multisim Help:主题目录。

(2)Components Reference:元件索引。

(3)Release Notes:版本注释。

(4)Check For Updates...:更新校验。

(5)File Information...:文件信息。

(6)Patents...:专利权。

(7)About Multisim:有关 Multisim 的说明。

8.1.4 Multisim 10 设计工具栏

(1)文件列表按钮“”:显示电路文件列表。

(2)电子表按钮“”:显示电子数据表。

(3)数据库管理按钮“”:元器件数据库管理。

(4)元件编辑器按钮“”:编辑元件。

(5)图形编辑/仿真分析方法按钮“”:图形编辑器和电路分析方法选择。

(6)后处理器按钮“”:对仿真结果进行数学处理。

(7)电气规则校验按钮“”:电气规则检查。

(8)区域选择按钮“”:选择电路工作区区域。

(9)按钮“”:转到父层次模块。

(10)按钮“”:从 Unltiboard 导入数据。

(11)按钮“”:导出数据到 unltiboard。

8.1.5 Multisim 10 元器件库栏

Multisim 10 提供了丰富的元器件模型,分类存放在 16 个元器件库中。用鼠标左键单击元器件库栏的图标即可打开对应的元件库,其中虚拟元器件参数可以任意设置,非虚拟元器件的参数是固定的,但可以选择。

1. 电源/信号源库(Sources)

单击图标“”打开电源/信号源库,在 Family 栏中包括选择全部元件(Select all families)和 6 个子库:

(1)电源(POWER_SOURCES);

(2)信号电压源(SIGNAL_VOLTAGE_SOURCES);

(3)信号电流源(SIGNAL_CURRENT_SOURCES);

(4)受控电压源(CONTROLLED_VOLTAGE_SOURCES);

(5)受控电流源(CONTROLLED_CURRENT_SOURCES);

(6)控制函数(CONTROL_FUNCTION_BLOCKS)。

2. 基本器件库(Basic)

单击图标“”打开基本器件库,在 Family 栏中包括选择全部元件(Select all families)和 17 个子库:

(1)基本虚拟元件(BASIC_VIRTUAL);

(2)额定虚拟元件(RATED_VIRTUAL);

(3)排电阻(RPACK);

(4)开关(SWITCH);

(5)变压器(TRANSFORMER);

(6)非线性变压器(NON_LINEAR_TRANSFORMER);

(7)继电器(RELAY);

(8)连接器(CONNECTORS);

(9)示意性图标(SCH_CAP_SYMS);

(10)双列直插式插座(SOCKETS);

(11)电阻(RESISTOR);

(12)电容(CAPACITOR);

(13)电感(INDUCTOR);

(14)电解电容(CAP_ELECTROLIT);

(15)可变电容(VARIABLE_CAPACITOR);

(16)可变电感(VARIABLE_INDUCTOR);

(17)电位器(POTENIOMETER)。

3. 二极管库(Diodes)

单击图标"⯈"打开二极管库,在 Family 栏中包括选择全部元件(Select all families)和 11 个子库:

(1)虚拟二极管(DIODE_VIRTUAL);
(2)二极管(DIODE);
(3)稳压二极管(ZENER);
(4)发光二极管(LED);
(5)整流桥(FWB);
(6)肖特基二极管(SCHOTTKY_DIODE);
(7)单向晶闸管(SCR);
(8)双向触发二极管(DIAC);
(9)双向晶闸管(TRIAC);
(10)变容二极管(VARACTOR);
(11)PIN 二极管(PIN_DIODE)。

4. 晶体管库(Transistors)

单击图标"⯈"打开晶体管库,在 Family 栏中包括选择全部元件(Select all families)和 20 个子库:

(1)虚拟晶体管(TRANSISTORS_VIRTUAL);
(2)NPN 型晶体管(BJT_NPN);
(3)PNP 型晶体管(BJT_PNP);
(4)NPN 型达林顿晶体管(DARLINGTON_NPN);
(5)PNP 型达林顿晶体管(DARLINGTON_PNP);
(6)集成达林顿晶体管阵列(DARLINGTON_ARRY);
(7)带阻 NPN 型晶体管(BJT_NRES);
(8)带阻 PNP 型晶体管(BJT_PRES);
(9)晶体管阵列(BJT_ARRAY);
(10)绝缘栅双极型晶体管(IGBT);
(11)N 沟道耗尽型 MOS 管(MOS_3TDN);
(12)N 沟道增强型 MOS 管(MOS_3TEN);
(13)P 沟道增强型 MOS 管(MOS_3TEP);
(14)N 沟道耗尽型结型场效应管(JFET_N);
(15)P 沟道耗尽型结型场效应管(JFET_P);
(16)N 沟道 MOS 功率管(POWER_MOS_N);
(17)P 沟道 MOS 功率管(POWER_MOS_P);
(18)COMP MOS 功率管(POWER_MOS_COMP);
(19)单结晶体管(UJT);
(20)带有热模型的 NMOSFET 管(THERMAL_MODELS)。

5. 模拟集成电路库(Analog)

单击图标"⯈"打开模拟集成电路库,在 Family 栏中包括选择全部元件(Select all

families)和 6 个子库：

(1)虚拟模拟元件(ANALOG_VIRTUAL)；

(2)运算放大器(OPAMP)；

(3)诺顿运算放大器(OPAMP_NORTON)；

(4)比较器(COMPARATOR)；

(5)宽带运放(WIDEBAND_AMPS)；

(6)特殊功能运放(SPECIAL_FUNCTION)。

6. TTL 数字集成电路库(TTL)

单击图标“”打开 TTL 数字集成电路库，在 Family 栏中包括选择全部元件(Select all families)和 9 个子库：

(1)74 系列标准 TTL 型数字集成电路(74STD_IC)；

(2)74 系列标准 TTL 型逻辑门电路(74STD)；

(3)74 系列肖特基 TTL 型数字集成电路(74S_IC)；

(4)74 系列肖特基 TTL 型逻辑门电路(74S)；

(5)74 系列低功耗肖特基 TTL 型数字集成电路(74LS_IC)；

(6)74 系列低功耗肖特基 TTL 型逻辑门电路(74LS)；

(7)74 系列高速 TTL 型逻辑门电路(74F)；

(8)74 系列先进低功耗肖特基 TTL 型逻辑门电路(74ALS)；

(9)74 系列先进肖特基 TTL 型逻辑门电路(74AS)。

7. CMOS 数字集成电路库(COMS)

单击图标“”打开 CMOS 数字集成电路库，在 Family 栏中包括选择全部元件(Select all families)和 14 个子库：

(1)4000 系列 5VCMOS 数字集成电路(CMOS_5V_IC)；

(2)4000 系列 5VCMOS 逻辑门电路(CMOS_5V)；

(3)4000 系列 10VCMOS 数字集成电路(CMOS_10V_IC)；

(4)4000 系列 10VCMOS 逻辑门电路(CMOS_10V)；

(5)4000 系列 15VCMOS 逻辑门电路(CMOS_15V)；

(6)74 系列 2V 高速 CMOS 逻辑门电路(74HC_2V)；

(7)74 系列 4V 高速 CMOS 数字集成电路(74HC_4V_IC)；

(8)74 系列 4V 高速 CMOS 逻辑门电路(74HC_4V)；

(9)74 系列 6V 高速 CMOS 逻辑门电路(74HC_6V)；

(10)2V 微逻辑门电路(TinyLogic_2V)；

(11)3V 微逻辑门电路(TinyLogic_3V)；

(12)4V 微逻辑门电路(TinyLogic_4V)；

(13)5V 微逻辑门电路(TinyLogic_5V)；

(14)6V 微逻辑门电路(TinyLogic_6V)。

8. 数字器件库(Misc Digital)

单击图标“”打开数字器件库，在 Family 栏中包括选择全部元件(Select all families)和 12 个子库：

(1)TIL 系列器件(TIL)；

(2)数字信号处理器(DSP);
(3)现场可编程门阵列器件(FPGA);
(4)可编程逻辑器件(PLD);
(5)复杂可编程逻辑器件(CPLD);
(6)微处理控制器(MICROCONTROLLERS);
(7)微处理器(MICROPROCESSORS);
(8)VHDL 语言编程器件(VHDL);
(9)存储器(MEMORY);
(10)线路驱动器件(LINE_DRIVER);
(11)线路接收器件(LINE_RECEIVER);
(12)无线电收发器件(LINE_TRANSCEIVER)。

9. 数模混合集成电路库(Mixed)

单击图标“”打开数模混合集成电路库,在 Family 栏中包括选择全部元件(Select all families)和 6 个子库:

(1)混合虚拟器件(MIXED_VIRTUAL);
(2)555 定时器(TIMER);
(3)A/D、D/A 转换器(ADC_DAC);
(4)模拟开关集成电路(ANALOG_SWITCH_IC);
(5)模拟开关(ANALOG_SWITCH);
(6)多谐振荡器(MULTIVIBRATORS)。

10. 指示器件库(Indicators)

单击图标“”打开指示器件库,在 Family 栏中包括选择全部元件(Select all families)和 8 个子库:

(1)电压表(VOLTMETER);
(2)电流表(AMMETER);
(3)指示灯(PROBE);
(4)蜂鸣器(BUZZER);
(5)灯泡(LAMP);
(6)虚拟灯泡(VIRTUAL_LAMP);
(7)十六进制显示器(HEX_DISPLAY);
(8)条形光柱显示器(BARGRAPH)。

11. 电源器件库(Power)

单击图标“”打开电源器件库,在 Family 栏中包括选择全部元件(Select all families)和 9 个子库:

(1)(SMPS_Transient_Virtual);
(2)(SMPS_Average_Virtual);
(3)熔丝(FUSE);
(4)三端稳压器(VOLTAGE_REGULATOR);
(5)基准电压组件(VOLTAGE_REFERENCE);
(6)电压干扰抑制器(VOLTAGE_SUPPRESSOR);

(7)电源功率控制器(POWER_SUPPLY_CONTROLLER);

(8)混合电源功率控制器(MISCPOWER);

(9)PWM 控制器(PWM_CONTROLLER)。

12. 其他器件库(Misc)

单击图标“”打开其他器件库,在 Family 栏中包括选择全部元件(Select all families)和 14 个子库:

(1)其他虚拟元件(MISC_VIRTUAL);

(2)光电三极管型光耦合器(OPTOCOUPLER);

(3)晶振(CRYSTAL);

(4)真空电子管(VACUUM_TUBE);

(5)降压变压器(BUCK_CONVERTER);

(6)升压变压器(BOOST_CONVERTER);

(7)降压/升压变压器(BUCK_ BOOST_CONVERTER);

(8)有损耗传输线(LOSSY_TRANSMISSION_LINE);

(9)无损耗传输线 1(LOSSLESS _LINE_TYPE1);

(10)无损耗传输线 2(LOSSLESS _LINE_TYPE2);

(11)滤波器(FILTERS);

(12)场效应管驱动器(MOSFET_DRIVER);

(13)网络(NET);

(14)其他元件(MISC)。

13. 外围器件库(Advance Periphearls)

单击图标“”打开键盘显示器库,在 Family 栏中包括选择全部元件(Select all families)和 3 个子库:

(1)键盘(KEYPADS);

(2)液晶显示器(LCDS);

(3)终端机(TERMINALS)。

14. 射频元器件库(RF)

单击图标“”打开射频元器件库,在 Family 栏中包括选择全部元件(Select all families)和 8 个子库:

(1)射频电容器(RF_CAPACITOR);

(2)射频电感器(RF_INDUCTOR);

(3)射频双极结型 NPN 管(RF_BJT_NPN);

(4)射频双极结型 PNP 管(RF_BJT_PNP);

(5)射频 N 沟道耗尽型 MOS 管(RF_MOS_3TDN);

(6)射频隧道二极管(TUNNEL_DIODE);

(7)带状传输线(STRIP_LINE);

(8)铁氧体磁环珠磁珠(FEERITE_BEADS)。

15. 机电类器件库(Elector_Mechanical)

单击图标“”打开机电类器件库,在 Family 栏中包括选择全部元件(Select all

families)和 8 个子库:

(1)检测开关(SENSING_SWITCHES);

(2)瞬时开关(MOMENTARY_SWITCHES);

(3)接触器(SUPPLEMENTARY_CONTACTS);

(4)定时接触器(TIMED_CONTACTS);

(5)线圈与继电器(COILS_RELAYS);

(6)线性变压器(LINE_TRANSFORMER);

(7)保护装置(PROTECTION_DEVICES);

(8)输出设备(OUTPUT_DEVICES)。

16. 微控制器库(MCU Module)

单击图标“”打开微控制器件库,在 Family 栏中包括选择全部元件(Select all families)和 4 个子库:

(1)8051 和 8052 单片机(805x);

(2)PIC 单片机(PIC);

(3)随机存储器(RAM);

(4)只读存储器(ROM)。

8.1.6 Multisim 10 仪器仪表

用鼠标单击仪器仪表栏中的图标,可以将对应的虚拟仪器仪表拖放到电路工作区,Multisim 10 每种类型仪器仪表都可以在电路工作区放置多台。

虚拟仪器仪表符号上的连接端(接线柱)与相应电路的连接点相连,连线过程与元器件的连线相同。鼠标双击电路工作区中的仪器仪表的电气符号,就可以打开相应的仪器仪表面板,随时用鼠标操作仪器面板上相应按钮或打开参数设置对话框,对仪器仪表参数进行设置。

1. 数字万用表(Multimeter)

单击仪器仪表栏中的图标“”放置数字万用表。Multisim 10 中的虚拟数字万用表与实际数字万用表一样,可以用来测量交直流电压和电流、电阻及电路中两点之间的分贝损耗,自动调整量程。虚拟数字万用表的电气符号和面板如图 8-2 所示。

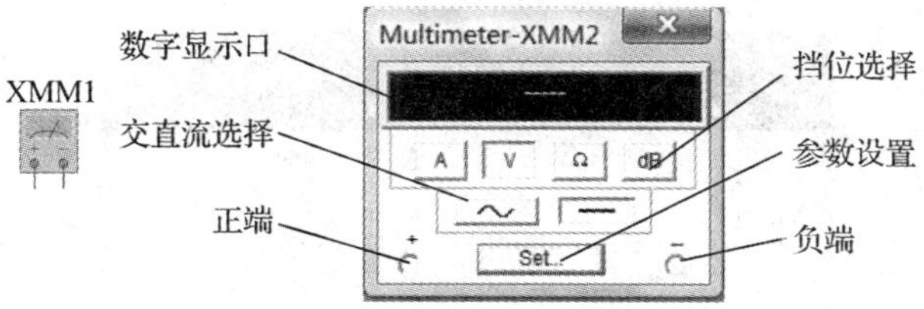

图 8-2 数字万用表电气符号和面板

鼠标单击数字万用表面板上的设置(Settings)按钮,则弹出如图 8-3 所示的参数设置对话框,设置项目从上到下依次为电流表内阻、电压表内阻、欧姆表电流、分贝标准、电流表量程、电压表量程和欧姆表量程。

2. 失真分析仪(Distortion Analyzer)

单击仪器仪表栏中的图标“”放置失真分析仪。失真分析仪是一种用来测量电路信号失真与信噪比的仪器,在给定的基频下,测量电路的总谐波失真或信噪比,其电气符号和面板如图 8 -4 所示。

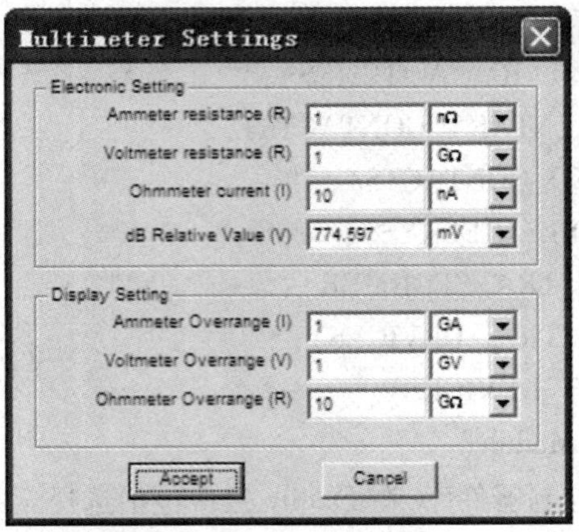

图 8 -3　数字万用表参数设置对话框

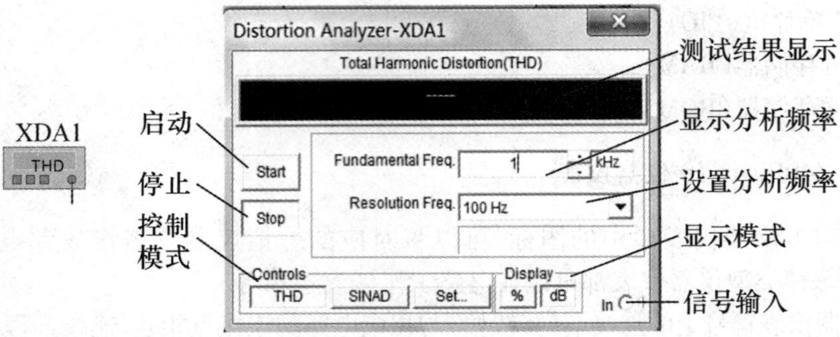

图 8 -4　失真分析仪电气符号和面板

在控制模式(Controls)区域中,THD 为设置分析总谐波失真,SINAD 为设置分析信噪比,Settings 设置分析参数。设置测量频率必须与输入信号测量相同。

单击设置(Settings)按钮,弹出如图 8 -5 所示的参数设置对话框,设置项目从上到下依次为总谐波失真计算公式选择(IEEE 标准、ANSI/CSA 和 IEC 标准)、谐波次数、快速傅立叶变换的点数。

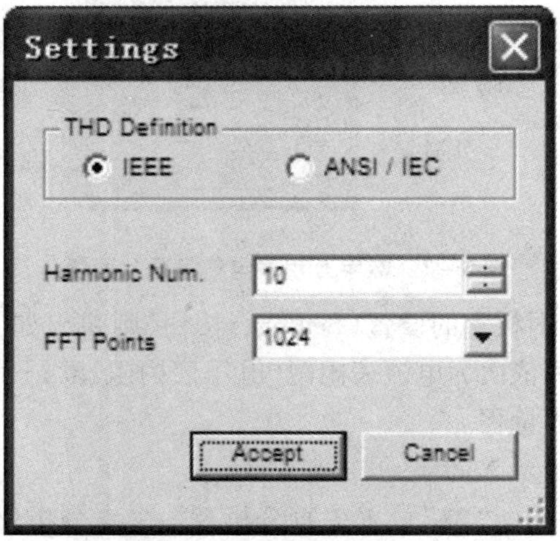

图 8 -5　失真分析仪参数设置对话框

3. 函数信号发生器(Function Generator)

单击仪器仪表栏中的图标“”放置函数信号发生器。函数信号发生器是可提供正弦波、三角波、方波三种不同波形的信号的电压信号源,其电气符号和面板如图 8-6 所示。

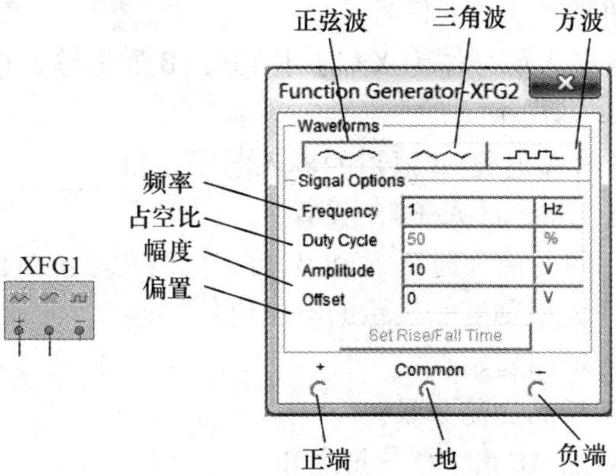

图 8-6 函数信号发生器电气符号和面板

4. 功率表(Wattmeter)

单击仪器仪表栏中的图标“”放置功率表。瓦特表用来测量交流或者直流电路的功率,其电气符号和面板如图 8-7 所示。在使用时电压输入端与测量电路并联连接,电流输入端与测量电路串联连接。

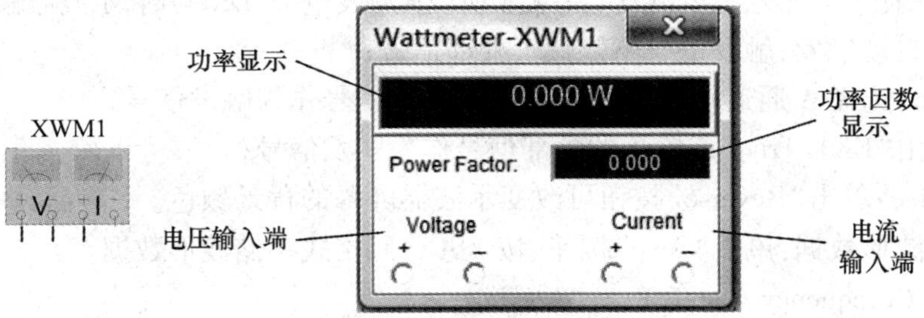

图 8-7 功率表电气符号和面板

5. 双踪道示波器(Oscilloscope)

单击仪器仪表栏中的图标“”放置双踪道示波器。Multisim 10 中的虚拟双通道示波器的电气符号和面板如图 8-8 所示,面板上各按键的作用、参数调整设置与实际的双通道示波器的使用方法相同。

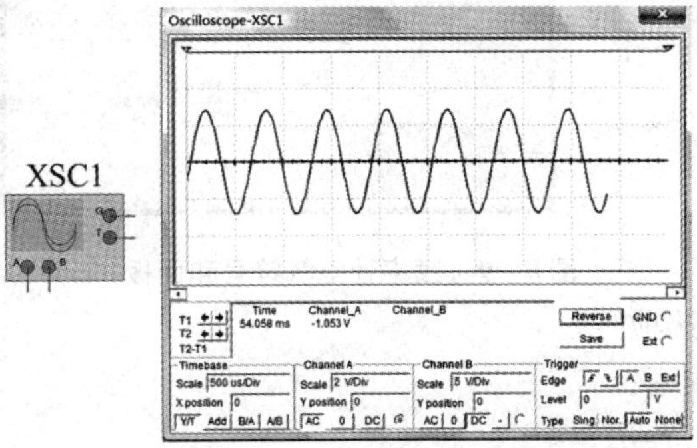

图 8-8 双通道示波器的电气符号和面板

(1)时基(Time base)控制部分的调整

① Scale:设置 X 轴一大格刻度所表示的时间;

② X position:设置 X 轴扫描的起始点;

③ Y/T 方式:显示随时间变化的信号波形;

④ B/A 方式:A 通道输入信号作为 X 轴扫描信号,B 通道输入信号施加在 Y 轴上;

⑤ A/B 方式:与 A/B 方式相反;

⑥ Add 方式:Y 轴显示 A 通道、B 通道的输入电压之和。

(2)示波器输入通道(Channel A/B)的设置

示波器有两个完全相同的输入通道 A 和 B,可以同时观察测量两个信号。

① Scale:设置 Y 轴一大格刻度所表示的电压值;

② Y position:设置 Y 轴的起始点;

③ AC:示波器显示信号的交流分量;

④ DC:显示的是信号的 AC 和 DC 分量之和;

⑤ 0:输入通道被短路,相当于输入信号幅值等于 0V。

(3)触发方式(Trigger)调整

① Edge:选择触发输入信号的上升沿或下降沿触发;

② Level:设置触发电平(Level)的大小;

③ Sing:单脉冲触发,当触发电平大于所设置触发电平(Level)时,示波器触发一次;

④ Nor:一般脉冲触发,只要触发电平大于所设置触发电平(Level)时,示波器触发一次;

⑤ Auto:自动触发,触发信号不依赖于外部信号;

⑥ A 或 B:选择 A 通道输入信号或 B 通道输入信号作为触发信号;

⑦ EXT:由"EXT. Trigger"输入的外部信号作为触发信号;

(4)Reverse:单击"Reverse"按钮可改变示波器屏幕的背景颜色。

(5)保存波形数据:单击"Save"按钮,按 ASCII 码格式存储波形数据。

6. 频率计(Frequency Counter)

单击仪器仪表栏中的图标""放置频率计。频率计是用来测量数字信号频率、周期、相位和脉冲信号的上升沿、下降沿,其电气符号和面板如图 8-9 所示。

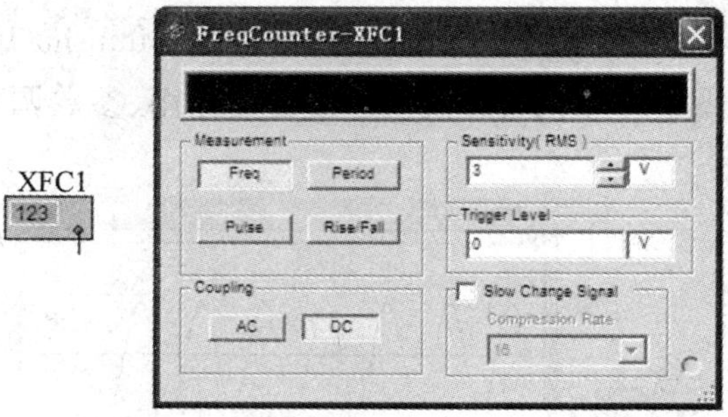

图 8-9 频率计电气符号和面板

(1)Measurement 区选项

① Freq:测量信号频率;

② Period:测量信号周期;

③ Pulse:测量信号正、负脉冲的宽度;

④ Rise/Fall:测量信号的上升沿、下降沿的时间。

(2)Coupling 区选项

① AC:测量信号的交流分量;

② DC:测量含有直流分量的交流信号。

(3)Sensitivity(RMS):设置测量灵敏度的有效值。

(4)Trigger Level:设置触发电平。

(5)Show Change Signal:设置动态显示被测信号的频率值。

7. 安捷伦函数发生器(Agilent Funcition Generator)

单击仪器仪表栏中的图标""放置安捷伦函数发生器。Multisim 10 中虚拟的 Agilent 函数信号发生器与型号为 33120A 实际的 Agilent 函数信号发生器相同,是一个高性能 15 MHz 的信号发生器,其详细功能和使用方法也与实际的 Agilent33120A 型函数发生器相同,不再详细介绍。其电气符号和面板如图 8 - 10 所示。

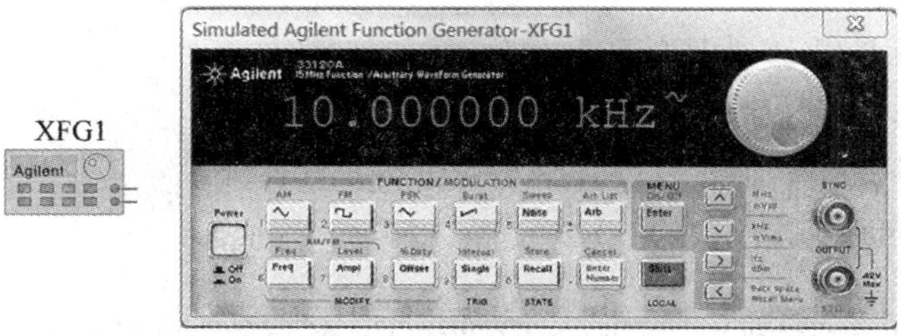

图 8 - 10 安捷伦信号发生器电气符号和面板

8. 四踪示波器(4 channel Oscilloscope)

单击仪器仪表栏中的图标""放置四踪示波器。四通道示波器的电气符号和面板如图 8 - 11 所示,使用方法与双通道示波器基本一致,不同的是四通道示波器的面板上多了一个通道控制按钮,用来选择 A、B、C、D 中的一个通道输入信号波形进行显示。

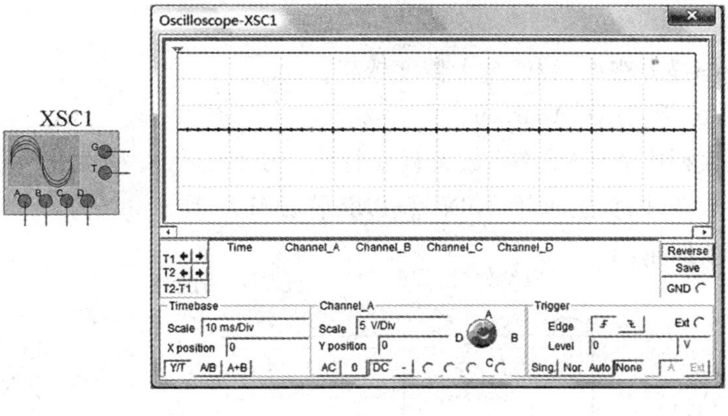

图 8 - 11 四通道示波器电气符号和面板

9. 波特图仪(Bode Plotter)

单击仪器仪表栏中的图标""放置波特图仪。波特图仪用来测量和显示电路的幅频特性曲线和相频特性曲线,其电气符号和面板如图 8 - 12 所示。波特图仪面板上有 In 和 Out 两对端口,其中 In 端口的 + 和 - 分别接电路输入端的正端和负端,Out 端口的 + 和 - 分别接电路输出端的正端和负端。使用波特图仪时,必须在电路的输入端接入 AC(交流)信号源。

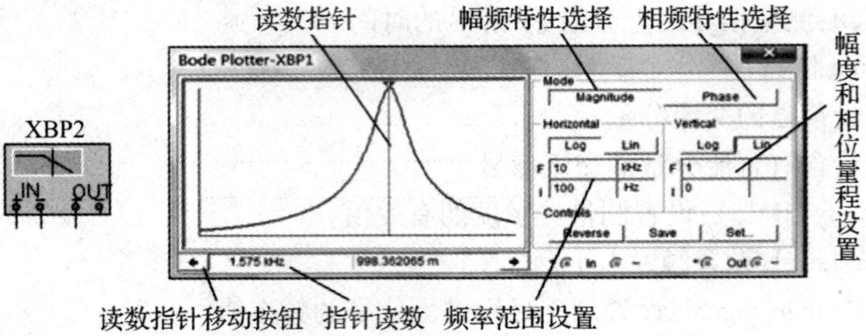

图 8-12　波特图仪电气符号和面板

(1) Mode 区

① Magnitude：单击 Magnitude，窗口显示幅频特性曲线；

② Phase：单击 Phase，窗口显示相频特性曲线。

(2) Horizontal 区

① Log：横坐标是以 10 为底的对数坐标；

② Lin：横坐标为线性坐标；

③ F：设置频率的最终值；

④ I：设置频率的初始值。

(3) Vertical 区

① Log：在测量幅频特性时，纵坐标是对数坐标，单位是分贝(dB)；

② Lin：纵坐标为线性坐标；

③ F：设置纵坐标的终点值；

④ I：设置纵坐标的起点值。

(4) Controls 区

① Reverse：单击"Reverse"按钮可改变显示屏幕的背景颜色；

② Save：保存测量结果；

③ Set：设置扫描分辨率，数值越大精度越高。

10. 伏安特性分析仪(IV Analyzer)

单击仪器仪表栏中的图标"▣"放置伏安特性分析仪。伏安特性分析仪专门用来分析晶体管的伏安特性曲线，如二极管、NPN 管、PNP 管、NMOS 管、PMOS 管等器件，其电气符号和面板如图 8-13 所示。

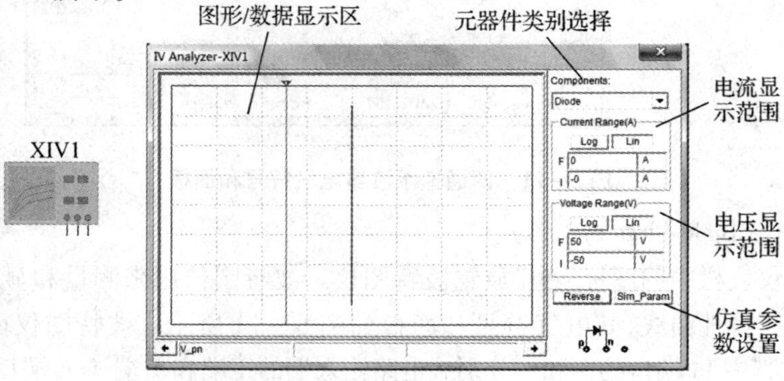

图 8-13　伏安特性分析仪电气符号和面板

伏安特性分析仪相当于实验室的晶体管图示仪，在应用伏安特性分析仪测试晶体管时，需要将晶体管与连接电路完全断开，才能进行伏安特性分析仪的连接和测试。

11. 字信号发生器（Word Generator）

单击仪器仪表栏中的图标“”放置字信号发生器。字信号发生器能产生 32 位同步逻辑信号，用于对数字逻辑电路进行测试，其电气符号和面板如图 8－14 所示。

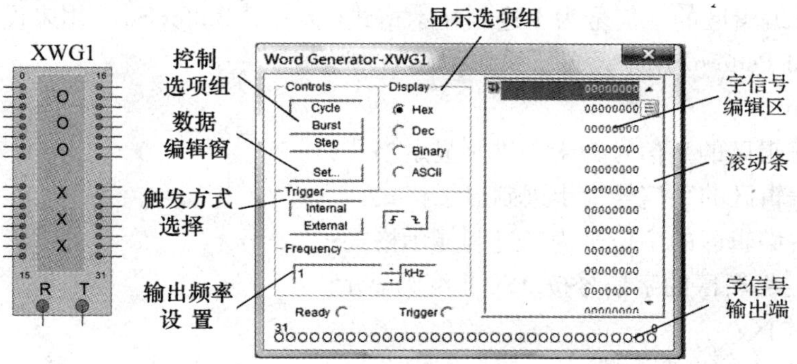

图 8－14　字信号发生器电气符号和面板

字信号发生器左侧的 16 个端子，输出 0～15 低 16 位逻辑信号；右侧的 16 个端子，输出 16～31 高 16 位逻辑信号。底部的 R 端为输出端，输出与字信号同步的时钟脉冲；T 端为输入端，接外触发信号。

（1）字信号编辑区

编辑和显示字信号。将光标指针移至字信号编辑区的某一位，用鼠标器单击后，由键盘输入如二进制数码的字信号，光标自左至右，自上至下移位，可连续地输入字信号。

（2）Controls 区

用于字信号输出方式的设置。

① Cycle：在设置好的初始值和终止值之间循环输出字信号；

② Burst：从初始值至终止值输出字信号一次；

③ Step：单步输出，每单击一次“Step”按钮，输出一条字信号；

④ Set：为设定按钮，单击此按钮，会弹出一个如图 8－15 所示的对话框，用于设置和保存字信号变化规律文件。

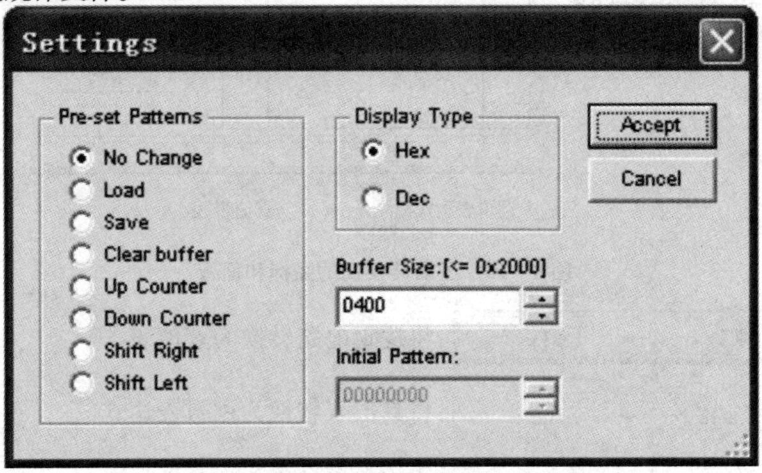

图 8－15　字信号发生器的 Settings 对话框

对话框中“Pre - set patterns”区域中的设置项分别为保持原有设置(No Change)、装载字信号变化规律文件(Load)、保存当前字信号变化规律文件(Save)、清字信号编辑区(Clear buffer)、编辑区的字信号按加 1 形式递增编码(UP Counter)、编辑区的字信号按减 1 形式递减编码(Down Counter)、编辑区的字信号右移编码(Shift Right)、编辑区的字信号左移编码(Shift Left);“Display Type”区域中的设置项分别为设置编辑区的字信号为十六进制显示格式(Hex)、设置编辑区的字信号为十进制显示格式(Dec);“Buffer Size”用来设置字信号编辑区长度;“Initial Pattern”用来设置所采用编码的初始值。

(3)Display 区

① Hex:编辑区的字信号为十六进制显示格式;

② Dec:编辑区的字信号为十进制显示格式;

③ Binary:编辑区的字信号为二进制显示格式;

④ ASCⅡ:编辑区的字信号按 ASCⅡ编码显示。

(4)Trigger 区

① Internal:内部触发方式;

② External:外部触发方式;

③ :上升沿触发;

④ :下降沿触发。

(5)Frequency 区

用于设置字信号的输出频率。

12. 逻辑转换仪(Logic Converter)

单击仪器仪表栏中的图标“”放置逻辑转换仪。逻辑转换仪是 Multisim 10 特有的仪器,能够完成真值表、逻辑表达式和逻辑电路三者之间的相互转换,实际中不存在与此对应的设备,其电气符号和面板如图 8 - 16 所示。

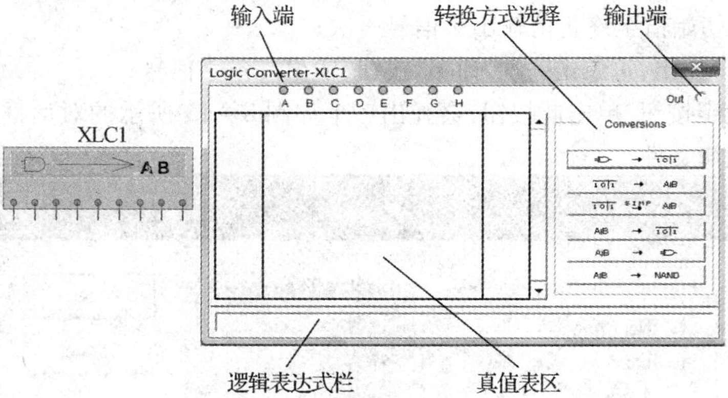

图 8 - 16 逻辑转换仪的图标和面板

(1)  :将逻辑电路转换为真值表。

(2)  :将真值表转换为逻辑表达式。

(3)  :将真值表转换为简化表达式 。

(4) 

:将逻辑表达式转换为真值表。

(5) 

:将逻辑表达式转换为逻辑电路 。

(6) 

:将逻辑表达式转换为与非－与非形式电路。

13. 逻辑分析仪(Logic Anlyzer)

单击仪器仪表栏中的图标“ ”放置逻辑分析仪。逻辑分析仪用于对数字逻辑信号的高速采集和时序分析,可以同步记录和显示 16 路数字信号。逻辑分析仪的电气符号和面板如图 8－17 所示。

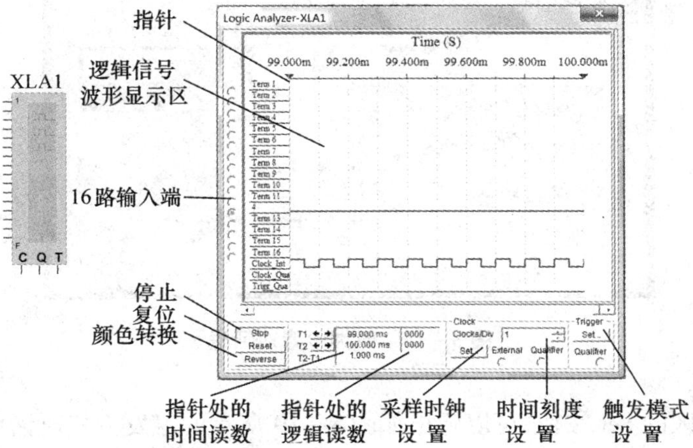

图 8－17　逻辑分析仪的电气符号和面板

面板左边的 16 个小圆圈对应 16 个输入端,各路输入逻辑信号的当前值在小圆圈内显示,按从上到下排列依次为最低位至最高位。16 路输入的逻辑信号的波形以方波形式显示在逻辑信号波形显示区。

通过设置输入导线的颜色可修改相应波形的显示颜色。波形显示的时间轴刻度可通过面板下边的 Clocks per division 设置。读取波形的数据可以通过拖放读数指针完成。在面板下部的两个方框内显示指针所处位置的时间读数和逻辑读数(4 位 16 进制数)。

(1)Stop

停止显示逻辑信号波形。

(2)Reset

清除显示区逻辑信号波形,重新仿真。

(3)Reverse

更改逻辑信号波形显示区的颜色。

(4)T1,T2,T2－T1

显示指针 1,2 所在位置的时间及其之间的时间差。

(5)Clock 区

① Clocks/Div:设置每个显示的时钟脉冲个数;

② Set:单击“Set”按钮弹出如图 8－18 所示的时钟设置对话框。在对话框中,Clock Sourse 用来选择时钟来源于外部(External)或者时钟来自内部(Internal);Clock Rate 用来设

置时钟频率;Sampling Setting 区域中的 Pre - trigger Samples 用来设置触发前采样、Post - trigger Samples 用来设置触发后采样、Threshold Volt(V)用来设置门限电平;Clock Qualifier 设置时钟控制输入对时钟的控制方式,若 Clock Qualifier 设置为“1”,表示时钟控制输入为“1”时开放时钟,逻辑分析仪可以进行波形采集,若 Clock Qualifier 设置为“0”,表示时钟控制输入为“0”时开放时钟;若 Clock Qualifier 设置为“x”,表示时钟总是开放,不受时钟控制输入的限制。

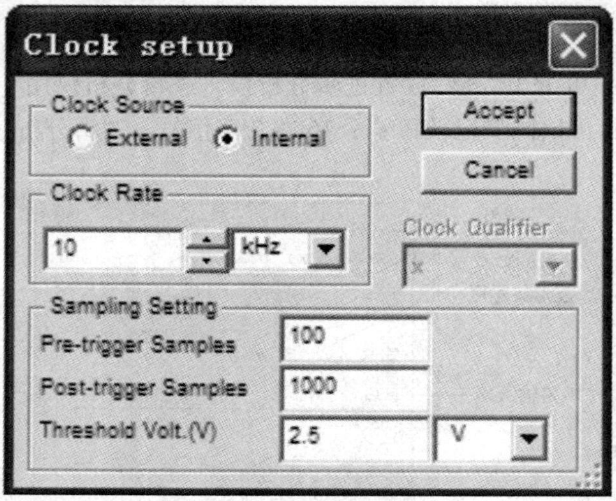

图 8 - 18　时钟设置对话框

(6)Trigger 区

单击 Trigger 区的 Set 按钮,可以弹出如图 8 - 19 所示的触发方式对话框。

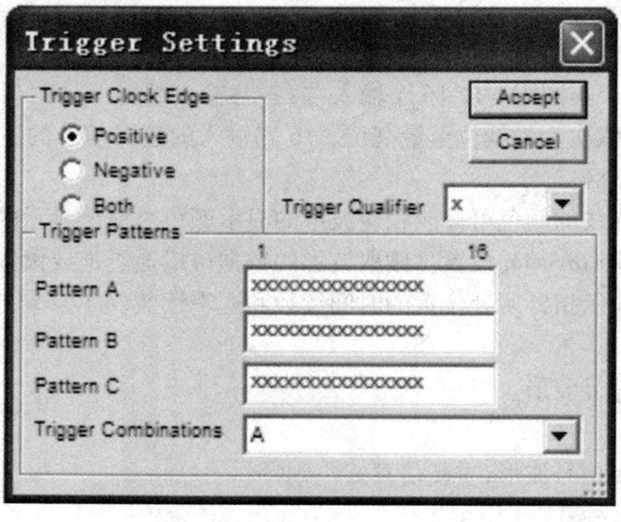

图 8 - 19　触发方式对话框

① Trigger Clock Edge:用来选择上升沿触发(Positive)、下降沿触发(Negative)或上升沿和下降沿都触发(Both);

② Trigger Patterns:其中 Pattern A、Pattern B、Pattern C 用来设置三个触发字,触发字可以是 0、1 或 x,x 代表该位为“任意”,也就是 0、1 均可,三个触发字的默认设置均为 xxxxxxxxxxxxxxxx,表示只要第一个输入逻辑信号到达,无论是什么逻辑值,逻辑分析仪均被触发开始波形的采集,否则必须满足触发字条件才被触发;Trigger combinations 的下拉菜单中

有三个触发字的21个组合选项可以选择;Trigger qualifier对触发有控制作用,若该位设为x,触发控制不起作用,触发完全由触发字决定,若该位设置为“1”(或“0”),则仅当触发控制输入信号为“1”(或“0”)时,触发字才起作用;否则即使触发字组合条件满足也不能引起触发。

14. 安捷伦示波器(Agilent Oscilloscope)

单击仪器仪表栏中的图标“”放置安捷伦示波器。如图8-20所示,Multisim10中虚拟的安捷伦示波器的操作面板与实际的型号为54622D安捷伦混合信号示波器(Mixed-Signal Oscilloscopes)操作面板是相同的。该示波器是带宽为100 MHz、有两个模拟通道和16个逻辑通道的高性能示波器,将信号细节的详尽分析与逻辑分析仪的多通道时序测量融为一体,能同时看到18个通道上信号间的复杂交互关系,解决了传统示波器所无能为力的模拟数字混合电路设计的调试问题,还可以对任何模拟通道上采集信号进行相减、相乘、积分、微分和快速傅立叶变换等数学运算,并显示结果。

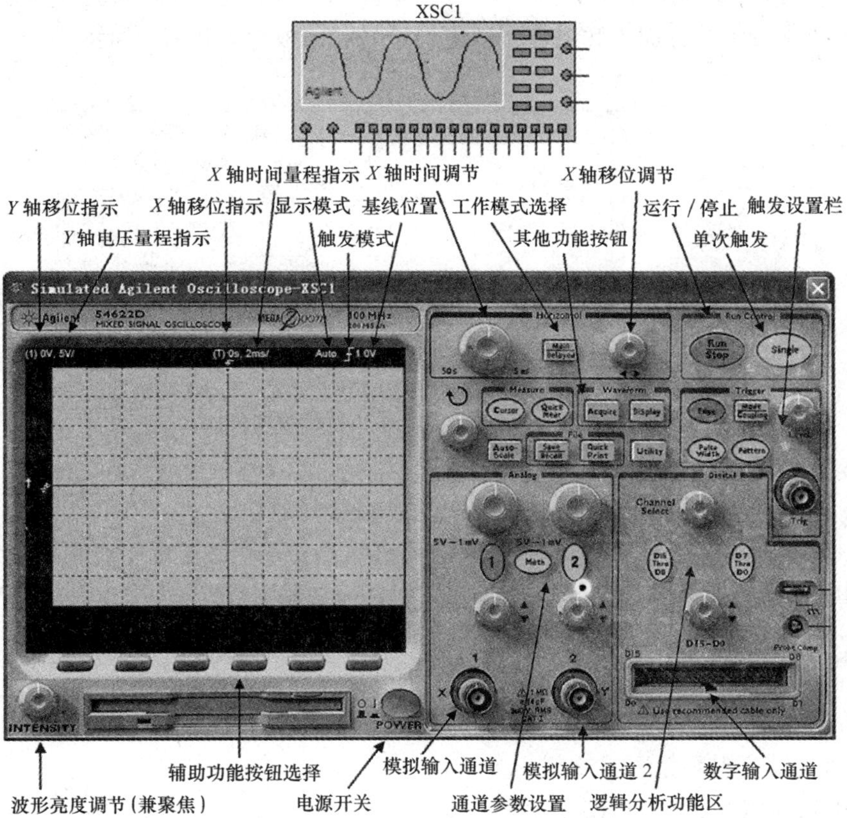

图8-20 安捷伦示波器电气符号和面板

安捷伦示波器的详细功能和使用方法请参考Agilent54622D型安捷伦混合信号示波器使用手册,这里不再详细介绍。

15. 安捷伦万用表(Agilent Multimeter)

单击仪器仪表栏中的图标“”放置安捷伦万用表。如图8-20所示,Multisim10中虚拟的安捷伦万用表与实际的型号为34401A安捷伦数字万用表的操作面板是相同的,是一个高性能六位半的数字万用表,可实现对各种电类参数的测量。其详细功能和使用方法请参考Agilent34401A型安捷伦数字万用表使用手册,这里不再详细介绍。

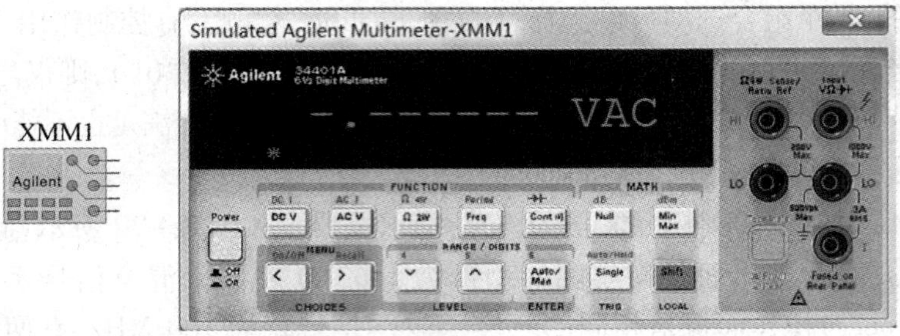

图 8-21 安捷伦数字万用表电气符号和面板

16. 频谱分析仪(Spectrum Analyzer)

单击仪器仪表栏中的图标“”放置频谱分析仪。频谱分析仪用来分析信号的频域特性,广泛应用于信号的纯度和稳定性分析、放大电路的非线性分析、调制波的频谱分析以及信号电路的故障诊断等方面。频谱分析仪电气符号和面板如图 8-22 所示。

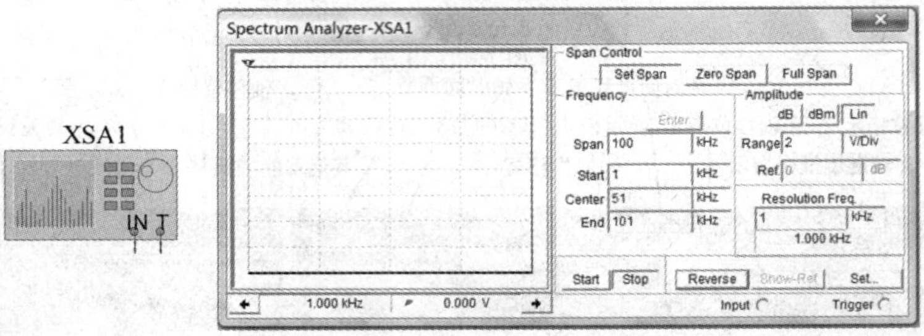

图 8-22 频谱分析仪电气符号和面板

(1)Span Control 选项组。

① Set Span:频率范围由 Frequency 区域设定。

② Zero Span:频率范围仅由 Frequency 选项组的 Center 栏设定的中心频率确定。

③ Full Span:频率范围设定为 0 ~ 4 GHz。

(2)Frequency 选项组。

① Span:设定频率范围。

② Start:设定起始频率。

③ Center:设定中心频率。

④ End:设定终止频率。

(3)Amplitude 选项组。

① dB:纵坐标刻度单位为 dB。

② dBm:纵坐标刻度单位为 dBm。

③ Lin:纵坐标刻度单位为线性。

④ Range:设置幅值坐标显示比例,单位是伏/格(V/Div)。

⑤ Ref. :设置参考电平。

(4)Resolution Freq. 。

用来设定频率分辨率,即能够分辨的最小谱线间隔。

(5)Start:启动分析。

(6) Stop:停止分析。

(7) Reverse:改变示波器屏幕的背景颜色。

(8) Show - Ref:显示参考电平的水平标识线。

(9) Set:单击 Set 按钮,弹出如图 8 - 23 所示的触发设置对话框。

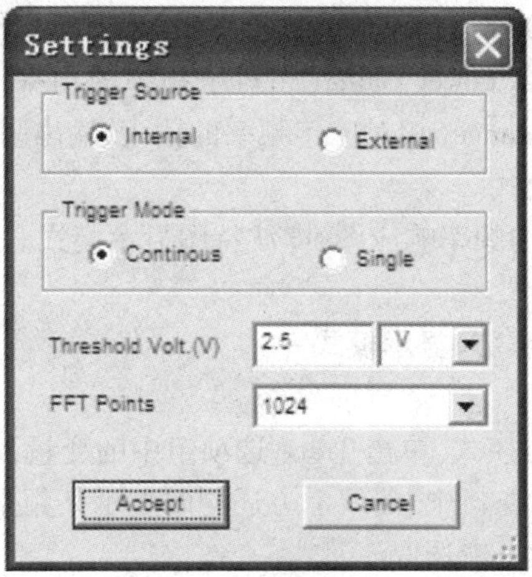

图 8 - 23 触发设置对话框

① Trigger Sourse 选项组:Internal 是选择内部触发源;External 是选择外部触发源。

② Trigger Mode 选项组:Continue 是连续触发模式;Single 是单次触发模式。

③ Threshold Volt. (V):门限电压。

④ FFT Points:快速傅立叶分析点数。

17. 网络分析仪(Network Analyzer)

单击仪器仪表栏中的图标" "放置网络分析仪。网络分析仪是一种用来分析双端口网络的仪器,可以测量衰减器、放大器、混频器、功率分配器等电子电路及元件的 S 参数并计算出 H,Y,Z 参数。网络分析仪的电气符号和面板如图 8 - 24 所示。

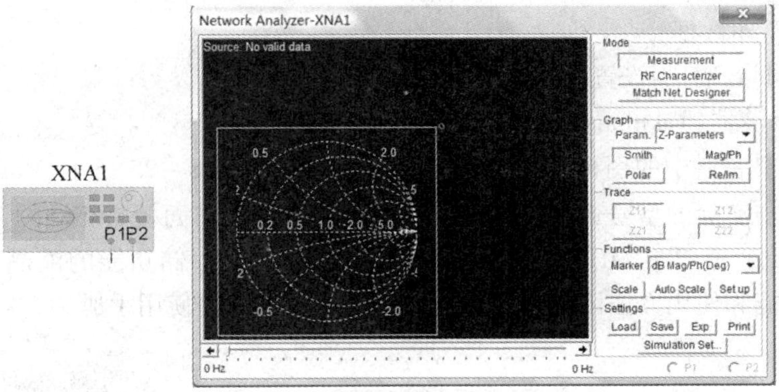

图 8 - 24 网络分析仪图标和面板

Mode 选项组功能是设置分析模式;Graph 选项组功能是设置输出参数的图形显示模式;Trace 选项组功能是需要显示的参数;Functions 选项组功能是设置输出参数的显示模式;Settings 选项组功能是设置数据输出方式。

(1) Mode 选项组

① Measurement:测量模式。

② RF Characterizer：射频特性分析模式。

③ Match Net. Designer：电路设计模式，可以显示电路的稳定度、阻抗匹配、增益等数据。

(2)Graph 选项组

① Param.：在测量模式时，可以选择测量 S - Parameters(S 参数)、H - Parameters(H 参数)、Y - Parameters(Y 参数)、Z - Parameters(Z 参数)和 Stability factor(稳定系数)；在射频特性分析模式时，可选择仿真 Power Gains(相对于频率的功率增益曲线)、Gains(相对于频率的电压增益曲线)和 Impedance(相对应于频率的输入、输出阻抗曲线)。

② Smith：史密斯显示模式。

③ Mag/Ph：增益/相位的频率响应图，即波特图显示模式。

④ Polar：极坐标显示模式。

⑤ Re/Im：复数(实部/虚部)显示模式。

(3)Trace 选项组

根据 Param. 选择的测量模式，单击 Trace 选项组中的变量，那么变量随频率变化的曲线将显示在网络分析仪的显示窗口中，曲线上方还同时显示某频率所对应的数值，该频率可以拖动 Maker 区中的频率滚动条来选取。

(4)Fuctions 选项组

① Marker：设置显示窗口数据显示模式。Re/Im 为显示数据为直角坐标模式；Mag/Ph(Degs)为显示数据为极坐标模式；dB Mag/Ph(Deg)为显示数据为分贝极坐标模式。

② Scale：设置刻度参数。

③ Auto Scale：自动调整刻度参数。

④ Setup：设置显示窗口的显示参数，如线宽、颜色等。

(5)Settings 选项组

① Load：读取专用格式数据文件。

② Save：存储专用格式数据文件。

③ Exp：输出数据至文本文件。

④ Print：打印数据。

⑤ Simulation Set…：设置仿真参数。

18. 泰克示波器(Tektronix Oscilloscope)

单击仪器仪表栏中的图标“”放置泰克示波器。如图 8 - 25 所示，Multisim10 中虚拟的泰克示波器与实际的型号为 TDS2024 的泰克示波器的操作面板是相同的，是一个四模拟通道、16 个逻辑通道、200 MHz 的数据带宽、具有波形数据存储功能的液晶显示数字示波器。其详细功能和使用方法请参考 TDS2024 型泰克示波器的使用手册。

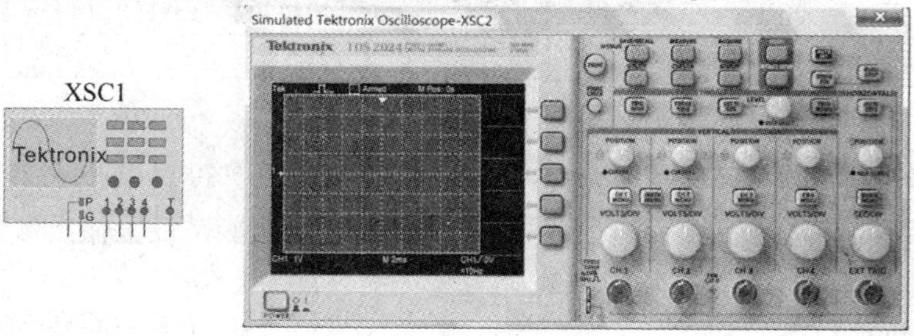

图 8 - 25　泰克示波器电气符号和面板

19. 电流探针(Current probe)

单击仪器仪表栏中的图标“ ”放置电流探针。电流探针是一种使用便捷的虚拟仪器,实际中不存在这种仪器。在电路仿真时,将电流探针连接到电路中的测量点,即可测量出该点的电流值。

20. LabVIEW 仪器(LabVIEW Insturment)

单击仪器仪表栏中的图标“ ”放置 LabVIEW 仪器。Multisim10 引入了 NI 公司的 LabVIEW 技术,该技术是一种图形化的编程语言和开发环境,使用这种语言编程可以从枯燥繁琐的程序代码中解放出来,绘制虚拟仪器流程图,可以利用 Multisim10 中的虚拟采样仪器,也可以设计和自造虚拟仪器。

Multisim10 中有话筒(Microphone)、播放器(Speaker)、信号分析仪(Sgnal Anatyzer)和信号发生器(Sgnal Generator)四种虚拟采样仪器。

(1)Microphone

Microphone 的电气符号如图 8-26 所示,双击 XLV1 打开话筒设置对话框,设置从硬盘中获取采样声音,设置记录持续时间、声音频率以及是否需要反复记录等参数。

图 8-26 Microphone 的电气符号

(2)Speaker

Speaker 的电气符号如图 8-27 所示,双击 XLV2 图标,打开播放器设置对话框,可对播放器音频时间、频率进行设置,并显示注意事项等。

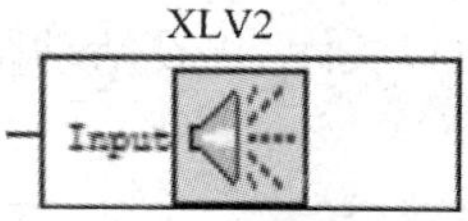

图 8-27 Speaker 的电气符号

(3)Sgnal Anatyzer

Sgnal Anatyzer 的电气符号如图 8-28 所示,双击 XLV3 图标,打开信号分析仪设置对话框,可以对三种分析类型、采样频率等进行设置,分析波形可在屏幕显示出来,横轴为时间,纵轴为波形的幅度。

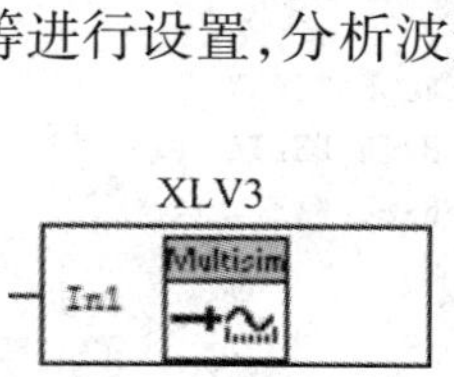

图 8-28 Sgnal Anatyzer 的电气符号

(4)Sgnal Generator

Sgnal Generator 的电气符号如图 8-29 所示,双击 XLV4 图标,打开信号发生器设置对话框,在 Signal Information(信号信息栏)中对信号类型(signal type)、频率(frequency)、方波的占空比(square duty cycle)、信号的幅度(amplitude)、相位(phase)及偏移量(offset)等设置;在 Sampling Info(采样信息栏)对采样速率(Sampling Rate)、采样数量(Number of

Samples)进行设置,并且还可以选择反复重现分析波形,通过右侧屏幕显示出来。

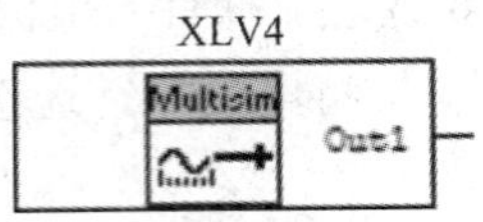

图8-29　Sgnal Generator 的电气符号

21. 测量探针(measurement probe)

单击仪器仪表栏中的图标"1.4V ▾"放置测量探针。测量探针是一种使用便捷的虚拟仪器,实际中不存在这种仪器。在仿真过程中,将测量探针用鼠标拖放被测支路,即可随时观测仿真电路中任何一条支路的电压、电流和频率等信息。

8.1.7　Multisim 10 基本操作

1. 创建仿真电路

(1)建立电路文件

系统启动时,它会自动打开一个名为"Circuit1"的空白电路文件,或者单击系统工具栏中的"新建文件"按钮,新建一个名为"Circuit1"的空白电路文件。然后,用户使用 File 菜单中的 Save as(另存文件)命令,保存文件时可以重命名该文件。

(2)仿真电路设计

① 在电路窗口内放置元器件

选择主菜单中的 Place/Component 命令,或者单击元器件库工具栏中的任意一个按钮,均会弹出一个如图 8-30 所示的"Select a Component"(元器件选择)窗口,在 Database 下拉列表框中选择 Master Database,在 Group 下拉列表框中选择元器件种类,在 Component 列表中选择所需元器件,单击 OK 按钮,窗口关闭,出现活动图标,将此图标移至电路图中合适位置,单击确认,完成放置操作。

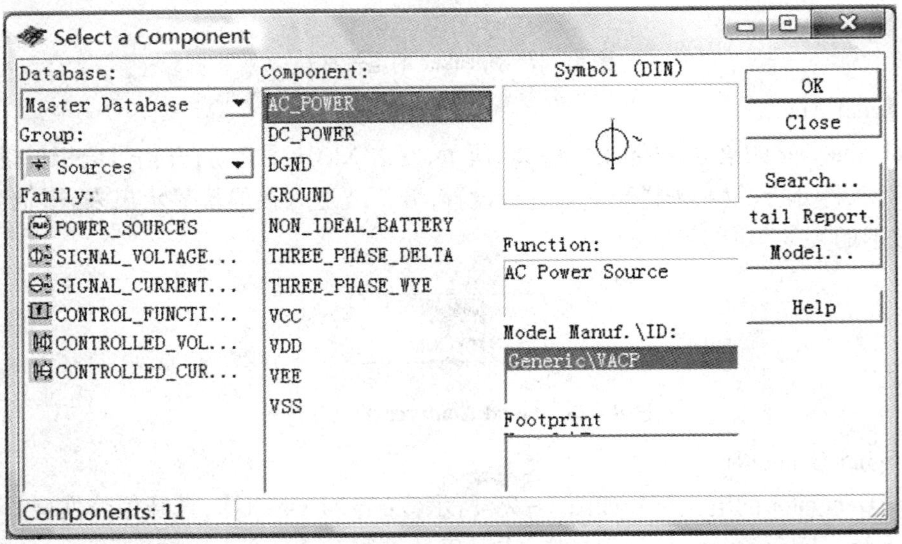

图8-30　元器件选择窗口

如果元器件的摆放方向不合适,可右击该元器件,在弹出的快捷菜单中选择 Flip

Horizontal、Flip Vertical、90 Clockwise、90 CounterCW 命令，可对元器件进行水平翻转、垂直翻转、顺时针旋转 90 度旋转、逆时针旋转 90 度旋转操作，直至所有元器件均按要求摆放，元器件放置工作完成。

② 元器件连线

在两个元器件之间，首先将鼠标指向一个元器件的端点使其出现一个小圆点，按下鼠标左键并拖曳出一根导线，拉住导线并指向另一个元器件的端点使其出现小圆点，释放鼠标左键，则导线连接完成。

③ 设置元器件参数

连线完成后，还需要设置元器件参数。如果电路使用的是元器件库中已有规格的元器件，则可直接使用默认参数；如果不是，双击该元器件，在弹出的元器件特性对话框中，可以重新设置或编辑元器件的各种特性参数。

2. 元器件编辑

尽管 Multisim 10 内置的元器件库已经相当完整，但有时还是无法从这些元器件库中找到自己想要的元器件，如特殊的元器件或新开发出来的元器件。因此，在进行电路设计时，常常需要自己动手来创建新元器件，并把创建好的新元器件保存在自己的元器件库中以备日后使用。可以用以下两种方式编辑元器件：

(1)使用创建元器件向导(Component Wizard)创建或编辑新元器件；

(2)使用数据库管理器(Database Manager)中的元器件属性(Component Properties)对话框，对已有元器件进行编辑和存取。

必须注意的是 Multisim 10 不允许在主数据库(Master Database)中编辑元器件，需要将要修改的元器件复制到公共数据库(Corporate Database)或用户数据库(User Database)中，才可以按自己的要求制作需要的元器件。

8.1.8 Multisim 10 的基本分析方法

Multisim 10 提供了两种仿真分析方法，即用虚拟仪器仪表观测电路的某项参数和利用 Multisim 10 分析工具进行分析。Multisim 10 分析工具包括：直流工作点分析(DC Operating Point Analysis)、交流分析(AC Analysis)、瞬态分析(Transient Analysis)、傅立叶分析(Fourier Analysis)、噪声分析(Noise Analysis)、噪声指数分析(Noise Figure Analysis)、失真分析(Distortion Analysis)、直流扫描分析(DC Sweep Analysis)、灵敏度分析(Sensitivity Analysis)、参数扫描分析(Parameter Sweep Analysis)、温度扫描分析(Temperature Sweep Analysis)、极点-零点分析(Pole-Zero Analysis)、传递函数分析(Transfer Function Analysis)、最坏情况分析(Worst Case Analysis)、蒙特卡罗分析(Monte Carlo Analysis)、导线宽度分析(Trace Width Analysis)、批处理分析(Batched Analysis)和用户自定义分析(User Defined Analysis)等 18 种仿真分析方法工具。利用这些工具，可以了解电路的基本状况、测量和分析电路的各种响应，其分析精度和测量范围比用实际仪器测量的精度高、范围宽。点击 Simulate(仿真)菜单中的 Analysis(分析)菜单或点击设计工具栏中的图形编辑/仿真分析方法按钮弹出电路分析菜单，就可以选择所需的电路分析方法。

下面介绍直流工作点分析、交流分析、瞬态分析三种基本分析方法。

1. 直流工作点分析(DC Operating Point Analysis)

直流工作点分析也称静态工作点分析，电路的直流分析是在电路中电容开路、电感短路时,计算电路的直流工作点,即在恒定激励条件下求电路的稳态值。在电路工作时,无论是大信号还是小信号,都必须给半导体器件以正确的偏置,以便使其工作在所需的区域,这就是直流分析要解决的问题。

鼠标点击选择了 DC Operating Point Analysis,则出现如图 8-31 所示的直流工作点分析对话框。其中包括 3 个选项卡,Output 选项卡用于选定需要分析的节点;Analysis 选项卡用于设置与仿真分析有关的其他分析选项;Summary 选项卡用于对分析设置进行汇总确认。

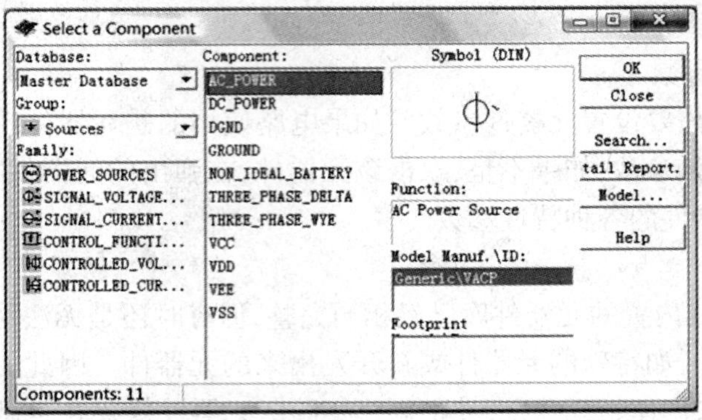

图 8-31　直流工作点分析对话框

直流工作点的测试结果如图 8-32 所示。根据这些测试结果值,可以确定该电路的静态工作点是否合理。如果不合理,可以改变电路中的某个参数,利用这种方法,可以观察电路中某个元件参数的改变对电路直流工作点的影响。

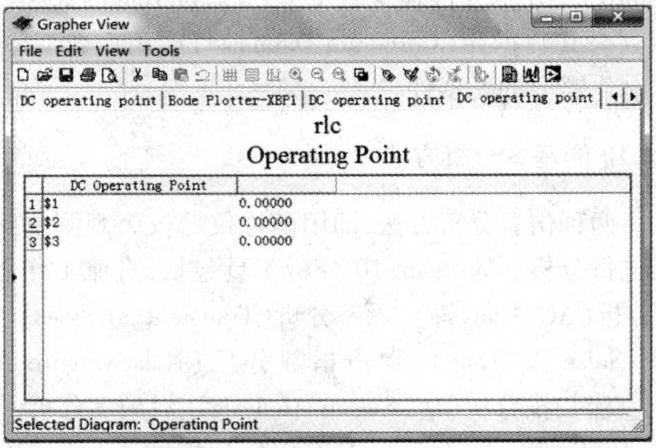

图 8-32　直流工作点分析结果

2. 交流分析(AC Analysis)

交流分析是在正弦小信号工作条件下的一种频域分析,它计算电路的幅频特性和相频特性,是一种线性分析方法。在进行交流频率分析时,首先分析电路的直流工作点,并在直流工作点处对各个非线性元件作线性化处理,得到线性化的交流小信号等效电路,并用交流小信号等效电路计算电路输出交流信号的变化。在进行交流分析时,电路工作区中自行设置的输入信号将被忽略。也就是说,无论给电路的信号源设置的是三角波还是矩形波,进行交流分析时,都将自动设置为正弦波信号,分析电路随正弦信号频率变化的频率响应曲线。

交流分析对话框如图 8-33 所示,其中有 4 个选项卡。下面主要介绍“Frenquency Parameters”选项卡中的一些项目。

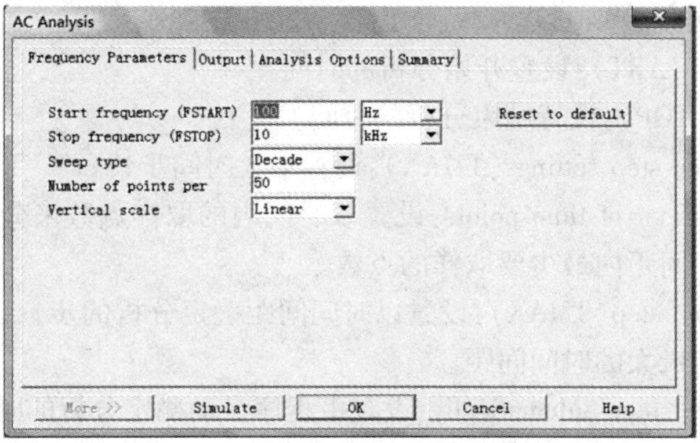

图 8－33　交流分析对话框

(1) Start frenquency(FSTART):设置交流分析的起始频率。

(2) Stop frenquency(FSTOP):设置交流分析的终止频率。

(3) Sweep type:设置交流分析的扫描分析,包括 Decade(十倍程扫描)、Octave(八倍程扫描)和 Linear(线性扫描)。

(4) Number of points per:设置每十倍频率的取样数量。

(5) Vertical scale:设置输出波形的纵坐标刻度,包括 Decibel(分贝)、Octave(八倍程)、Linear(线性)和 Logarithmic(对数)。

电路的交流分析测试曲线如图 8－34 所示,测试结果给出电路的幅频特性曲线和相频特性曲线。

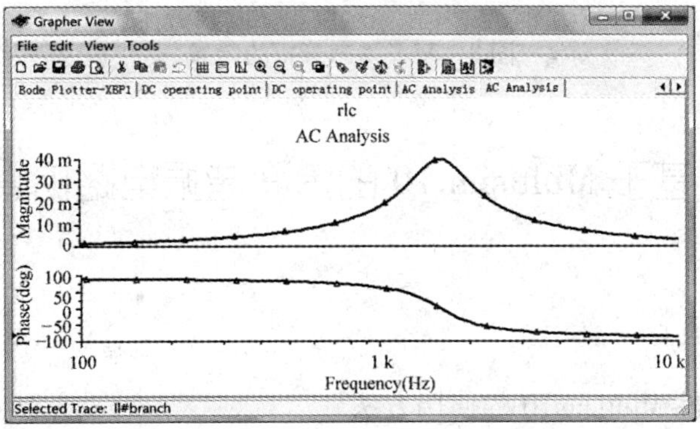

图 8－34　交流分析的结果

3. 瞬态分析(Transient Analysis)

瞬态分析是一种非线性时域分析方法,是在给定输入激励信号时,分析电路输出端的瞬态响应。在进行瞬态分析时,首先计算电路的初始状态,然后从初始时刻起,到某个给定的时间范围内,选择合理的时间步长,计算输出端在每个时间点的输出电压,输出电压由一个完整周期中的各个时间点的电压来决定。

启动瞬态分析时,只要定义起始时间和终止时间,Multisim10 就可以自动调节合理的时间步长值,以兼顾分析精度和计算时需要的时间,也可以自行定义时间步长,以满足一些特殊要求。

瞬态分析对话框如图 8－35 所示,其中有 4 个选项卡。下面主要介绍"Analysis

Parameters"选项卡中的一些项目。

(1)Start time(TSTART):设置开始分析的时间。

(2)End time(TSTOP):设置结束分析的时间。

(3)Maximum time step settings(TMAX):设置最大时间步长。

(4)Minimum number of time points:设置以时间内的取样点数来分析的步长,在右边文本框中指定单位时间间距内最少要取样的点数。

(5)Maximum time step(TMAX):设置以时间间距确定分析的步长,选中该菜单按钮后,在右边文本框中指定最大的时间间距。

(6)Generate time steps automatically:设置由程序自动确定分析的时间步长。

放大电路的瞬态分析曲线如图 8-35 所示。图中所示瞬态分析的模拟结果为电压对时间的曲线图形。

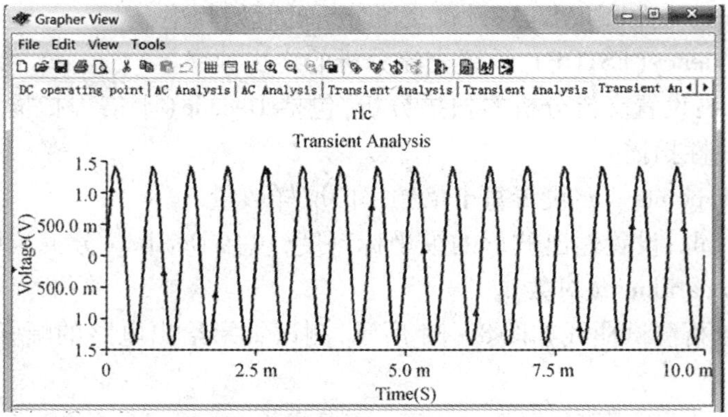

图 8-35　瞬态分析的结果

8.2　基于 Multisim 10 的串联谐振电路仿真分析

8.2.1　实验目的

(1)掌握仿真软件 Multisim10 的使用方法。

(2)巩固有关谐振的概念,掌握谐振电路的分析方法。

8.2.2　实验原理

由电阻 R、电容 C 和电感 L 构成串联谐振电路,如图 8-36 所示是其串联谐振电路的仿真实验接线图,RLC 串联谐振电路工作原理参见 4.11RLC 串联谐振电路的研究。

8.2.3　实验内容

1. 创建电路

从元器件库中选择交流电压源、电阻、电感、电容,按照图 8-36 连接成 RLC 串联电路形式。用 Multisim 10 建立如图 8-36 所示 RLC 串联谐振电路的仿真实验电路图的步骤如下。

(1)放置电阻器和电容器

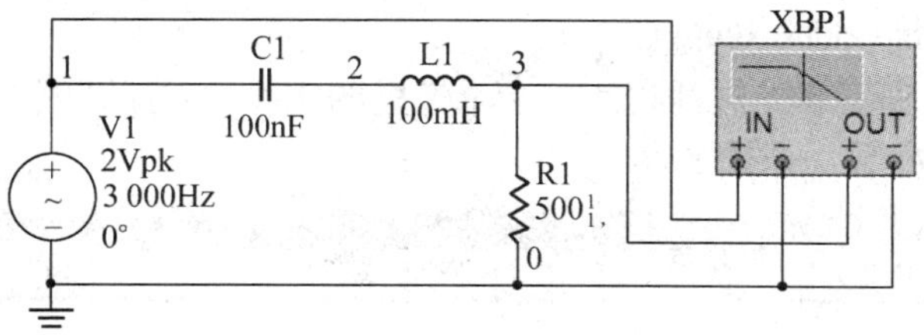

图 8 -36 RLC 串联谐振电路的仿真实验接线图

单击如图 8 -37 所示的“元件工具栏”中的第二个图标“”,出现如图 8 -38 所示“Basic”元件库的“选择元件”窗口。单击“RESISTOR”选项,在右边的元件栏中就会出现不同阻值的电阻,用鼠标点击选择所需要的电阻,然后单击确定,即“OK”按钮,电阻就会出现在主工作界面中,移动鼠标选择适当的位置,单击鼠标左键放下;用同样的方法,单击“CAPACITOR”选择所需要的电容器放置到主工作界面里。

图 8 -37 元件工具栏

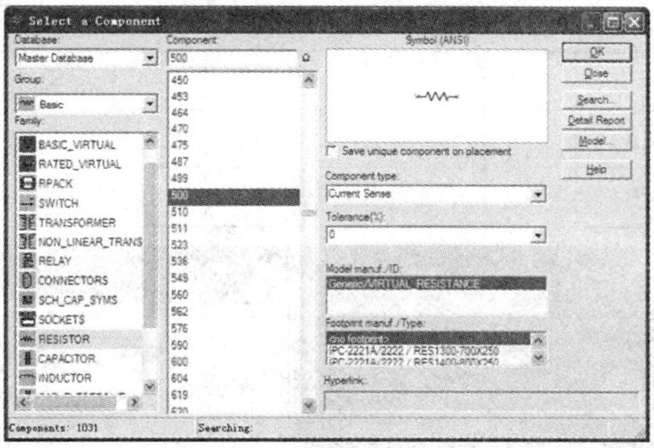

图 8 -38 “Basic”元件库

元件放下后还会出现“选择元件”窗口,如果需要可以继续在窗口内选择其他元器件,否则就关闭该窗口,即点击“Close”按钮。

(2)放置信号源和地

单击“元件工具栏”中的第一个按钮“”,出现如图 8 -39 所示“Sources”元件库的“选择元件”窗口。单击选择“SIGNAL_VOLTAGE…”中的交流电压源“AC_VOLTAGE”放置到主工作界面中;单击选择“POWER_SOURCES”中“ROUND”放置到主工作界面中。

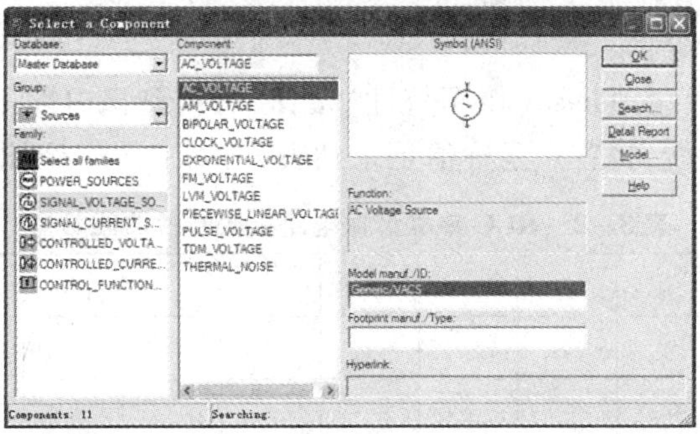

图 8 -39 “Sources”元件库

(3)放置伯德图仪(Bode Plotter)

单击如图 8-40 所示的"仪器仪表工具栏"里的第 9 个图标""——伯德图仪(Bode Plotter),放置到主工作界面中适当位置。

图 8-40 仪器仪表工具栏

按图 8-36 连线,双击元件可修改参数值。

2. 电路幅频和相频分析

电路的频率特性可以使用伯德图仪和交流分析法进行分析。

(1)使用伯德图仪进行电路的幅频和相频分析

①电路的幅频特性分析

单击运行(RUN)按钮,双击伯德图仪 XBP1 的图标,在 Mode 选项组中单击 Magnitude(幅频特性)按钮,可得到该电路的幅频特性曲线,如图 8-41 所示。描绘幅频特性曲线,将各点坐标值记录到表 8-1 中,并与理论值进行比较。

表 8-1 RLC 串联谐振电路幅频特性曲线数据

f/Hz						f_0 =				
20lg|$H(j\omega)$|实验值/dB										
20lg|$H(j\omega)$|理论值/dB										

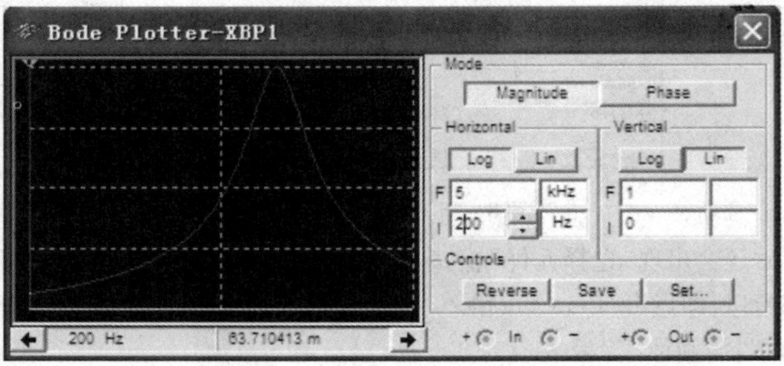

图 8-41 RLC 串联谐振电路的幅频特性

从电路的幅频特性可以看出,电路的谐振频率 f_0 = 1.599 kHz。在信号频率接近 f_0 时幅值(增益)很大,而远离时增益却大大减小。

②电路的相频特性分析

在 Mode 选项组中单击 Phase(相频特性)按钮,可得到该电路的相频特性,如图 8-42 所示。描绘相频特性曲线,将各点坐标值记录到表 8-2 中,并与理论值进行比较。

表 8-2 RLC 串联谐振电路相频特性曲线数据

f/Hz						f_0 =				
arg$H(j\omega)$实验值/deg										
arg$H(j\omega)$理论值/deg										

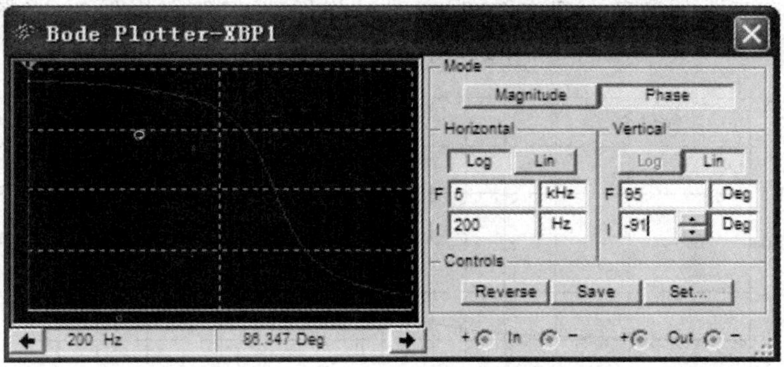

图 8-42　串联谐振电路的相频特性

从电路的相频特性可以看出，电路的谐振频率 f_0 为分界点，当信号频率低于 f_0 时，相位超前；当信号频率高于 f_0 时，相位滞后。因为当信号频率低于 f_0 时，整个电路呈容性，电流相位（负载电阻上的电压相位）超前于电压（外加电源）的相位；而当信号频率高于 f_0 时，整个电路呈感性，电流相位（负载电阻上的电压相位）滞后于电压（外加电源）的相位。该仿真结果和理论分析一致。

（2）使用交流分析法分析串联谐振电路的频率特性

将电压信号源的峰 - 峰值修改为 2V。选择分析菜单中的 AC Analysis… 选项，在 Frequency Parameters 页中将 Start frenquency 设置为 100Hz，Stop frenquency 设置为 10kHz，Sweep type 设置为 Decade，Number of points per 设置为 50，Vertical scale 设置为 Linear。选择图 8-36 中的节点 3 为分析节点，点击 Simulate 按钮得到电路的频率特性曲线，如图 8-43(a)、图 8-43(b)所示。

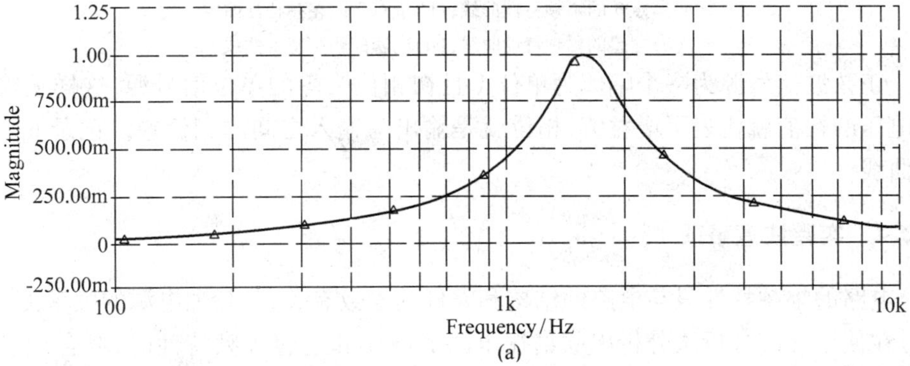

(a)

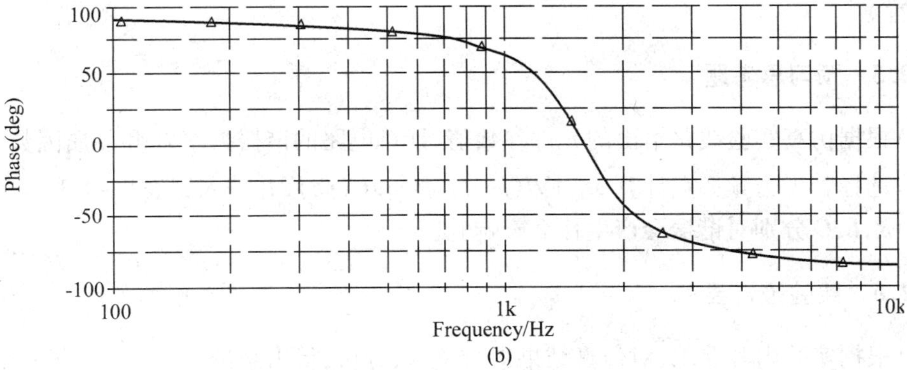

(b)

分别选择节点 1 和节点 2，点击 Simulate 按钮可得到电感 u_L、电容 u_C 的幅频特性曲线，如图 8－43(c)、图 8－43(d)所示。记录 u_L、u_C 的幅频特性曲线。

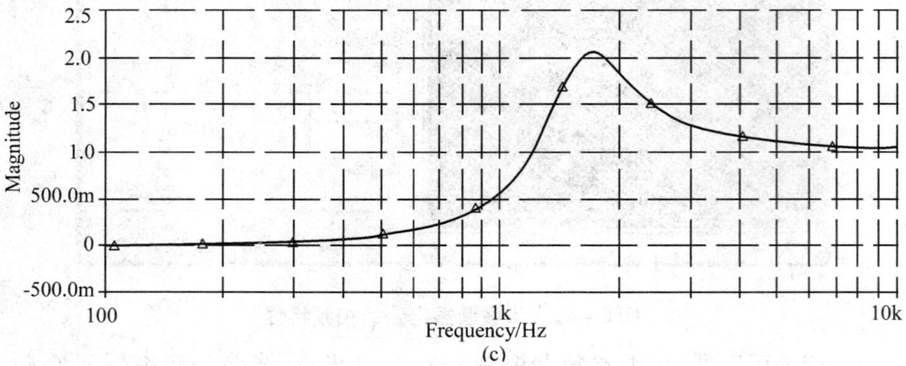

(c)

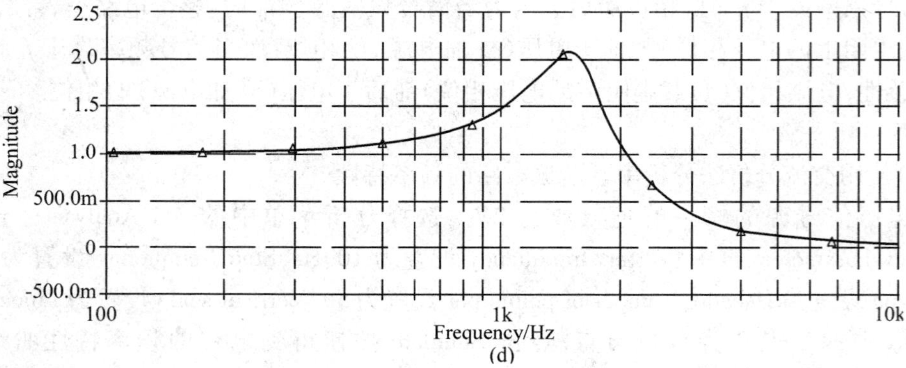

(d)

图 8－43　串联谐振电路交流分析图

(a)节点 3 的幅频特性曲线；(b)节点 3 的相频特性曲线

(c)电感的幅频特性曲线；(d)电容的幅频特性曲线

由于正弦波信号源为一个幅值为单位 1 且初相位为零的单位信号源，这样从输出节点取得的电压的幅值就代表了增益值，相位就是输出与输入之间的相位差。记录 u_L、u_C 的相频特性曲线。

8.2.4　实验注意事项

(1)电路的幅频特性只与电路的结构和元件的参数有关，与外加电源的频率无关。

(2)在使用交流分析法分析串联谐振电路的电感和电容幅频特性时，要合理选择接地点的位置。

8.2.5　预习思考题

(1)根据仿真实验线路给出的元件参数值，计算电路的谐振频率 f_0 和品质因数 Q。

(2)选择若干个频率点计算 arg｜$H(j\omega)$｜和 arg$H(j\omega)$，并填入到表 8－1 和表 8－2 中。

(3)R,L,C 分别对谐振会产生什么影响？

8.2.6　实验报告要求

(1)根据实验内容要求，对仿真结果进行整理、分析，得出结论。

(2)根据仿真结果,定性画出幅频特性曲线和相频特性曲线。

(3)对比使用频率特性仪 XBP1 和交流分析法,分析使用频率特性的异同点。

8.3 共射极单级放大电路仿真实验

8.3.1 实验目的

(1)进一步掌握仿真软件 Multisim 的使用方法。

(2)掌握模拟电路的仿真方法和分析方法。

(3)通过仿真,发现并解决设计过程中的问题。

8.3.2 实验原理

如图 8－44 所示是晶体三极管共射极单级放大器的仿真实验接线图,其工作原理和参数计算参见 5.1 晶体三极管共射极单级放大器。

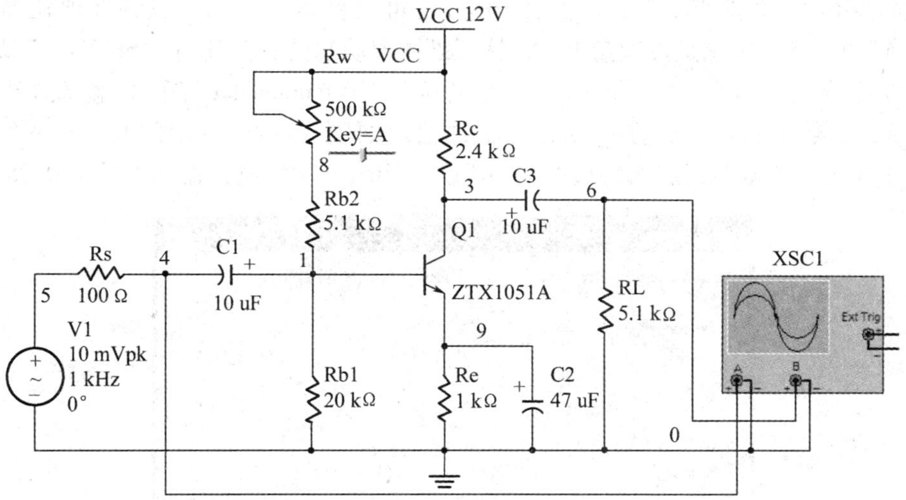

图 8－44 共射极单级放大电路仿真电路图

8.3.3 实验内容

1. 创建电路

从元器件库中选择元器件按照图 8－44 连接成共射极单级放大电路仿真电路,步骤如下。

(1)在工作界面放置晶体三极管

点击“元件工具栏”中的三极管型图标“”,出现如图 8－45 所示的“选择元件”界面,单击“BJT_NPN”,在元件框栏中找到所需的器件型号,本仿真实验选择三极管型号为 ZTX1051A。找到三极管后单击确定,即“OK”按钮,三极管就会出现在 Multisim10 的主工作界面中,然后移动鼠标选择适当的位置,单击鼠标左键放下。

(2)在工作界面放置电位器

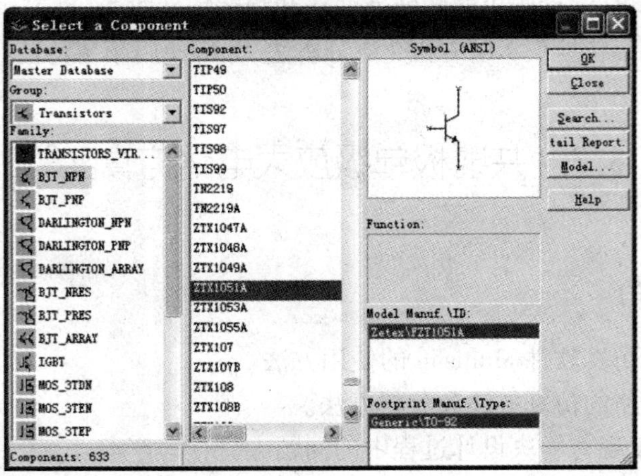

图 8-45　三极管的“选择元件”窗口

在“Basic”元件库窗口，单击“POTENTIOMETER”，在元件框栏中选择需要的电位器放置到主工作界面。

电位器 Rw 的动端可以用鼠标直接调节，也可以键盘调节。注意到在电位器旁边有“KEY = A”的标注，意思是按键盘上“A”就可以增大动端的百分比，按“Shift + A”就可以减小动端的百分比。双击电位器 Rw，出现电位器“Potentiometer”窗口，修改“Value”中“Increment”参数，可以更改动端移动的步进值。如图 8-46 所示，“Increment”参数为 0.01%，电位器为 500 kΩ，那么每次按动“A”或“Shift + A”时，电位器动端移动 0.05 Ω。

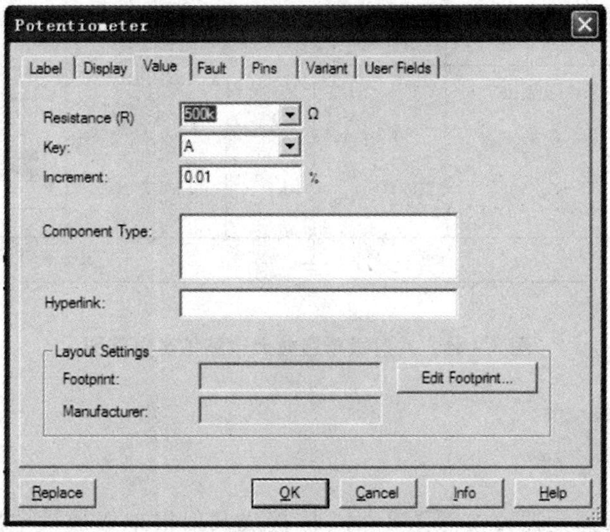

图 8-46　电位器参数设置界面

（3）放置双通道示波器

单击“仪器仪表工具栏”第 4 个图标“”，选择双通道示波器（Oscilloscope）放置到主工作界面。

（4）电压信号源、电阻器、电容器、电源和公共地的放置方法与 8.1 中方法相同，不再赘述。

（5）按图 8-44 连线，双击元件可修改参数值。注意直流电源“VCC”参数要修改为

12V。

2. 共射极单级放大电路的仿真分析

(1)设置静态工作点

①把电压信号源的连线删掉，即去掉放大电路输入。电位器 R_W 接成了可调电阻形式，将其电阻值调节为66.5 kΩ。调节可调电阻时，要注意把可调电阻一端的连线去掉并用万用表测量，在仿真的状态下调节。

②在三极管的 E，B，C 极放置万用表；打开仿真按钮，调节可调电阻 R_W 使三极管 E 极电压 U_E 为2V；测量 U_B，U_C 的电压值，记录到表8－3中。

表8－3　静态工作点仿真实验结果

测量值				计算值		
U_B/V	U_E/V	U_C/V	R_{B2}/kΩ	U_{BE}/V	U_{CE}/V	I_C/mA
2.55	2.00	7.20	66.50	0.55	5.20	2.00

(2)测量电压放大倍数

①接入电压信号源，设置电压信号源频率为1 kHz、峰值电压为10 mV。

②把 R_C 的阻值设为2.4 kΩ，从电路中去掉 R_L，用示波器观察输入信号 u_i(节点4)和输出信号 u_o(节点6)，在 u_o 不失真的情况下，测量的 u_i 和 u_o 的有效值 7_i 和 U_o，记录到表8－4中。

③把 R_C 的阻值设为1.2 kΩ，从电路中去掉 R_L，用示波器观察输入信号 u_i(节点4)和输出信号 u_o(节点6)，在 u_o 不失真的情况下，测量的 u_i 和 u_o 的有效值 U_i 和 U_o，记录到表8－4中。

④把 R_C 和 R_L 的阻值设为2.4 kΩ，用示波器观察输入信号 u_i(节点4)和输出信号 u_o(节点6)，在 u_o 不失真的情况下，测量的 u_i 和 u_o 的有效值 U_i 和 U_o，记录到表8－4中。

表8－4 电压放大倍数仿真实验结果

R_C/kΩ	R_L/kΩ	U_o/V	A_u	观察记录一组 u_i 和 u_o 波形
2.4	∞			
1.2	∞			
2.4	2.4			

8.3.4　实验注意事项

(1)应该在仿真状态进行测量。

(2)修改元器件参数应该在仿真停止时进行。

8.3.5　预习思考题

(1)合适的静态工作点应该如何调整？

(2)如何通过仿真实验测量图8－44中三极管的 β 值？

8.3.6　实验报告要求

(1)详细记录实验各步骤中的波形，包括输入、输出波形。

(2)记录实验仿真数据,计算放大倍数、输入和输出电阻。

8.4 组合逻辑电路分析与设计

8.4.1 实验目的

掌握用 Multisim10 进行组合逻辑电路分析与设计的方法。

8.4.2 实验原理

用“与非”门设计一个表决电路。当四个输入端中有三个或四个为“1”时,输出端才为“1”。设计步骤参见 6.3,如图 8 - 47 所示为其仿真实验线路图。

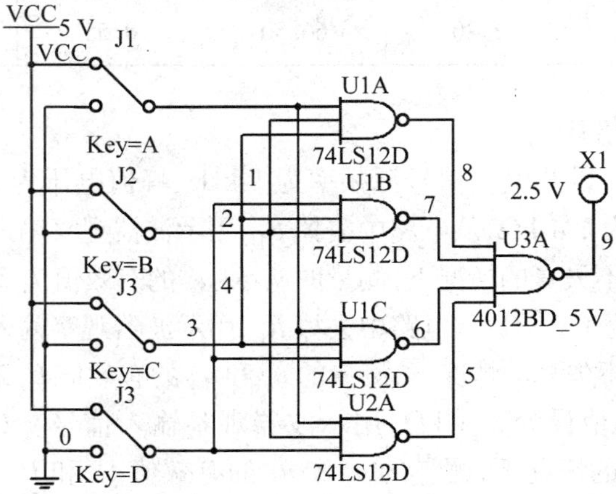

图 8 - 47 表决电路仿真实验线路图

8.4.3 实验内容

1. 创建电路

(1)鼠标单击“元件工具栏”中“ ”,打开 TTL 门电路的“选择元件”窗口,单击“74LS”,然后在元件栏中用鼠标点击选择 74LS12D 三输入与非门后,单击窗口右边的确定按钮“OK”将 74LS12D 放置到主工作界面。

由于 74LS12D 中封装了三个三输入与非门,所以在点击“OK”确定后,会出现如图 8 - 48(a)所示的选项界面,“A”、“B”、“C”分别代表 74LS12D 中三个三输入与非门,单击“A”、“B”、“C”中的任何一个字母,就可以放置器件了。放置后会出现如图 8 - 48(b)所示的选项界面,再单击其他的字母,依次放置 4 个三输入与非门,放置完成后,点击“Cancel”取消即可。

(a) (b)

图 8 - 48 放置多封装集成电路选项界面

(a)放置第 1 个三输入与非门选项界面;(b)连续放置三输入与非门选项界面

(2)鼠标单击“元件工具栏”中的图标“”,打开 CMOS 门电路的“选择元件”窗口,单击“COMS_5V”,然后在元件栏中用鼠标点击选择 4012BD 四输入与非门后,单击窗口右边的确定按钮“OK”将 4012BD 四输入与非门放置到主工作界面。

4012BD 中有 2 个四输入与非门,放置过程与放置 74LS12D 的一样。

(3)鼠标单击“元件工具栏”中的图标“”,打开“Basic”元件库,单击“SWITCH”,然后在元件栏中用鼠标点击选择单刀双掷开关“SPDT”,单击窗口右边的确定按钮“OK”将其放置到主工作界面。本仿真电路需要放置 4 个“SPDT”作为输入变量。

可以用鼠标单击单刀双掷开关符号,改变开关位置;也可以双击开关的“KEY = Space”,把四个开关的 Space 依次改为“A”、“B”、“C”、“D”,用键盘上相应的按键控制单刀双掷开关的开关位置。

(4)鼠标单击“元件工具栏”中的图标“”,打开指示器元件库,选择一个检测器“PROBE”放置到主工作界面,用来直观地显示实验结果。“PROBE”有多种颜色,本电路选择绿色的检测器“PROBE_GREEN”。

(5)放置“VCC”和“GROUND”,并按图 8 - 47 连线。

2. 电路仿真测试

打开仿真运行开关,用鼠标单击单刀双掷开关或按“A”、“B”、“C”、“D”四个按键模仿投票人,如果有两个以上单刀双掷开关接“VCC”,检测器 X1 就会亮,表明电路设计正确。

8.4.4 实验注意事项

注意直流电源“VCC”参数要修改为 5 V。

8.4.5 预习思考题

(1)复习组合数字电路的相关知识。

(2)完成实验中的设计任务。

8.4.6 实验报告要求

绘制设计的电路图,记录输入和输出的关系。

附录　常用集成电路引脚排列

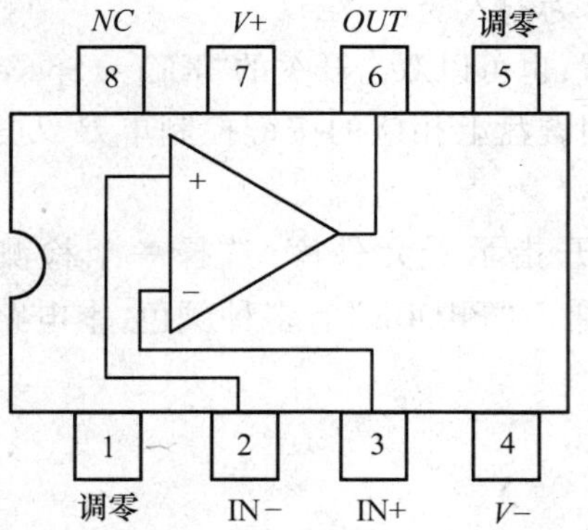

图 1　μA741，LM741（运算放大器）

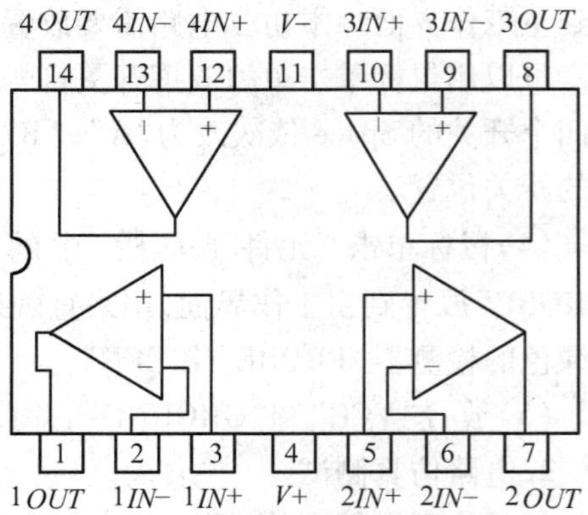

图 2　LM324（四运算放大器）

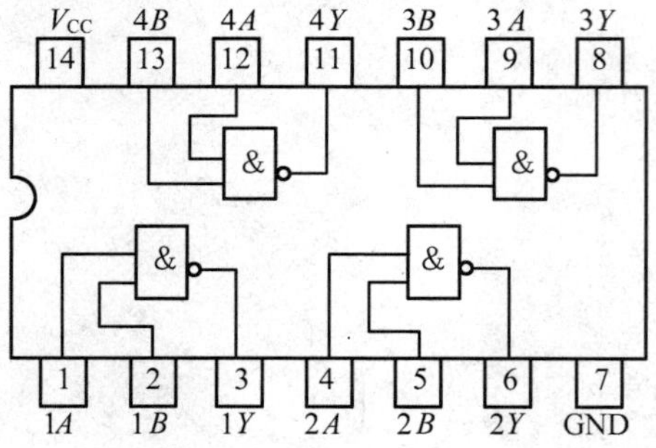

图 3　7400，74LS00，74H00，74HC00，74S00，74HCT00（四－2 输入与非门）

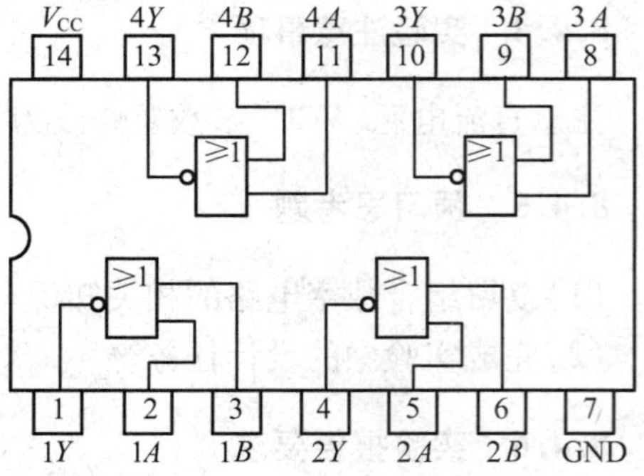

图 4　7402，74LS02，74S02，74HC02（四－2 输入或非门）

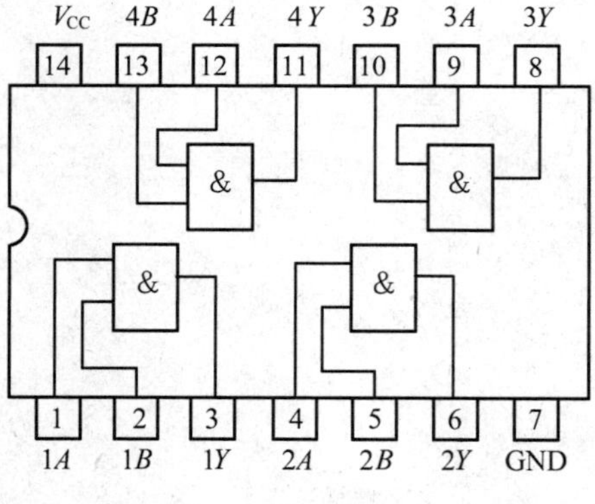

图 5　7408，74S08，74LS08，74HC08，74HCT08（四－2 输入与非门）

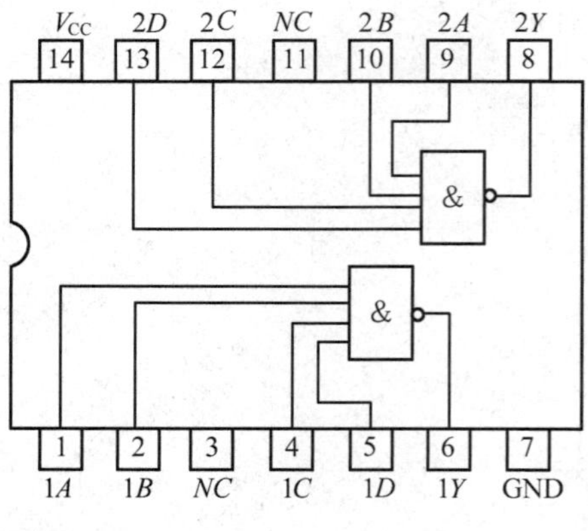

图 6　74LS20（二－4 输入与非门）

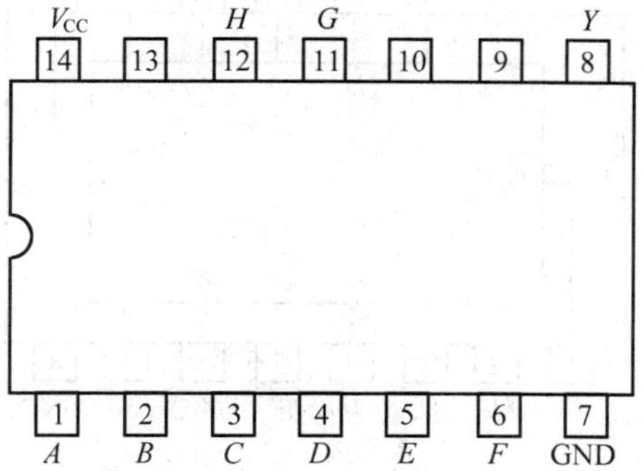

图 7　7430,74S30,74LS30,
74H30,74HC30(8 输入与非门)

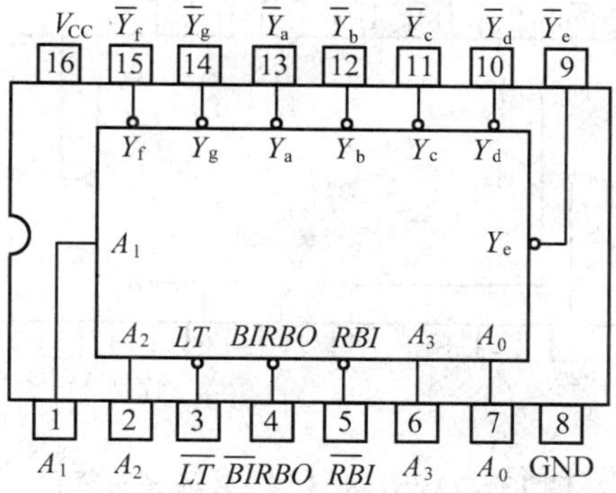

图 8　7448 和 74LS48(共阴),74LS47(共阳)
4 线 -7 段译码驱动器

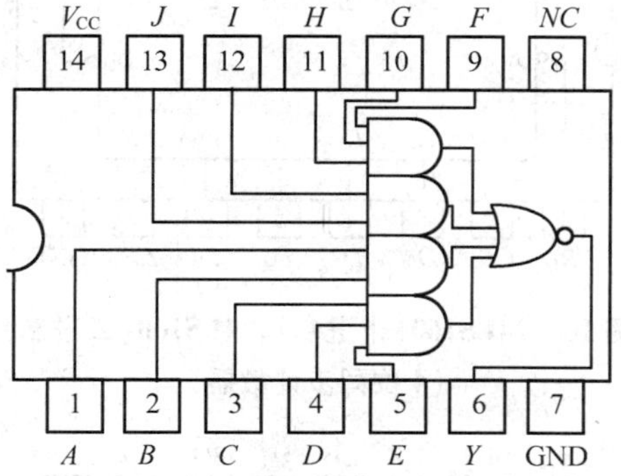

图 9　74LS54(2 -3 -3 -2 与或非门)

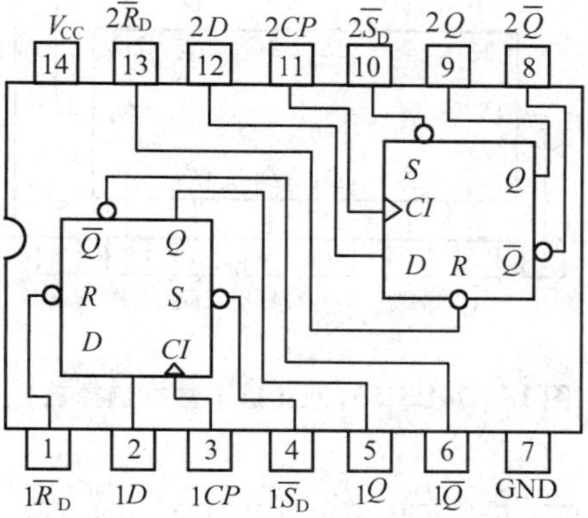

图 10　74LS74(双 D 触发器)

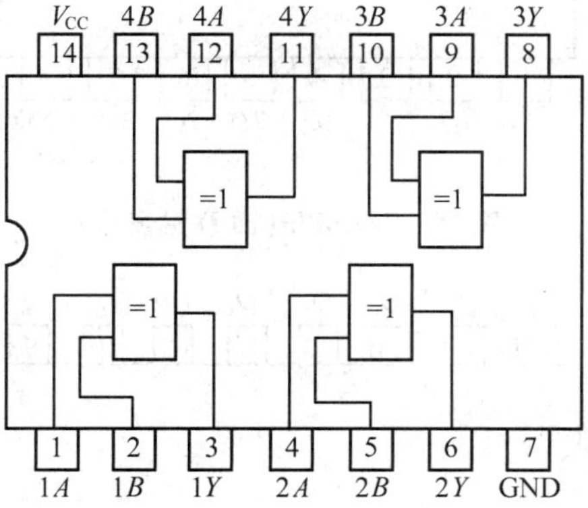

图 11　74LS86(4 异或门)

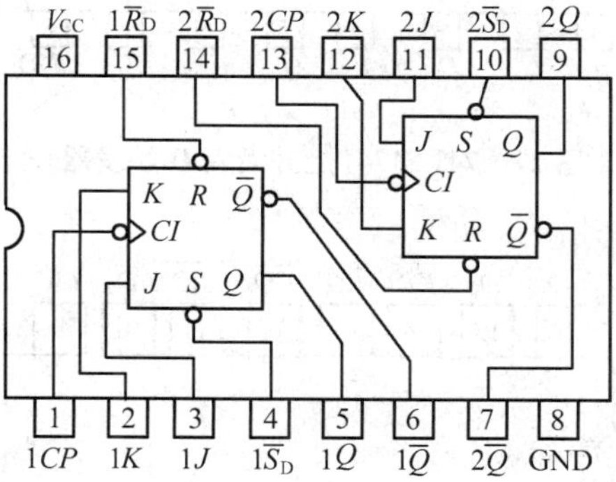

图 12　74LS112(双 JK 触发器)

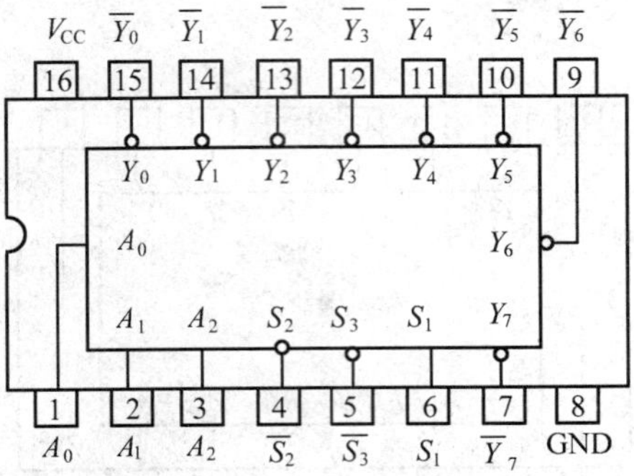

图 13　74LS138(3 线 -8 线译码器)

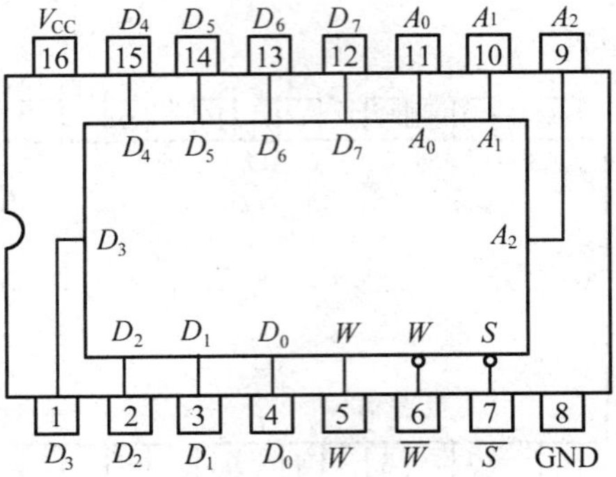

图 14　74LS151(8 选 1 数据选择器)

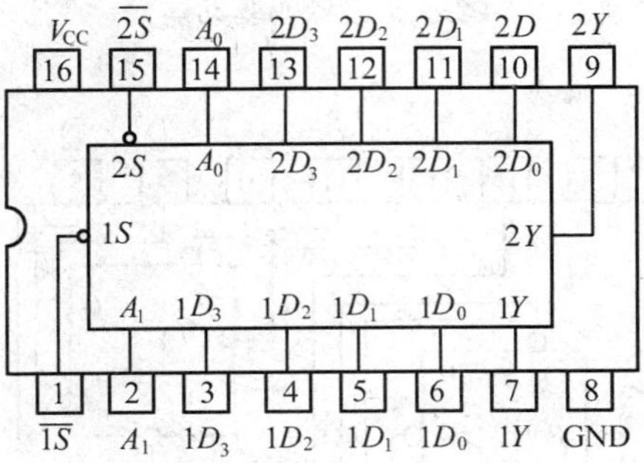

图 15　74LS153(双 4 选 1 数据选择器)

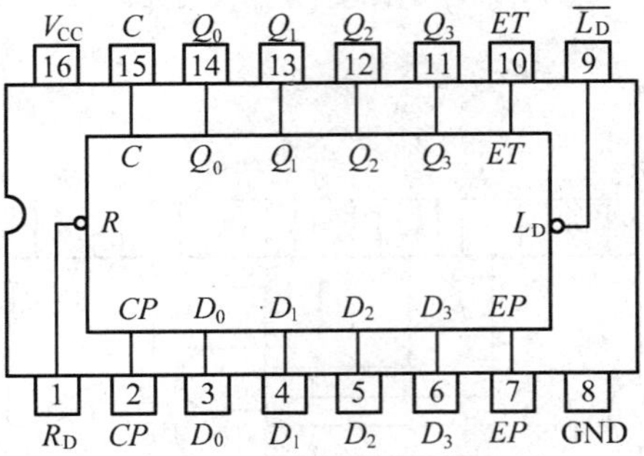

图 16　74LS160(十进制),74LS160(二进制)
(4 位同步计数器)

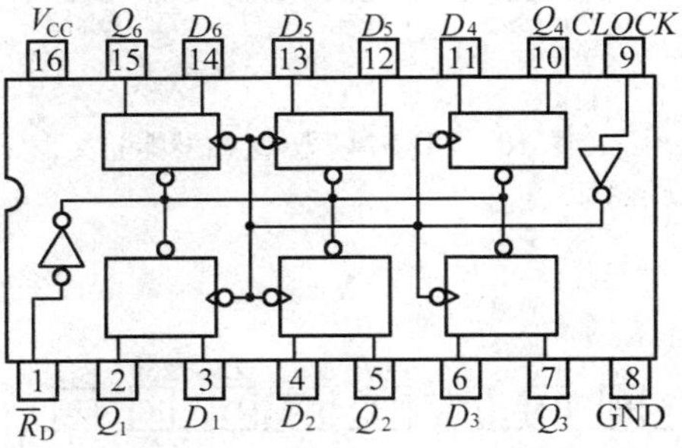

图 17　74LS174(上升沿六 D 触发器)

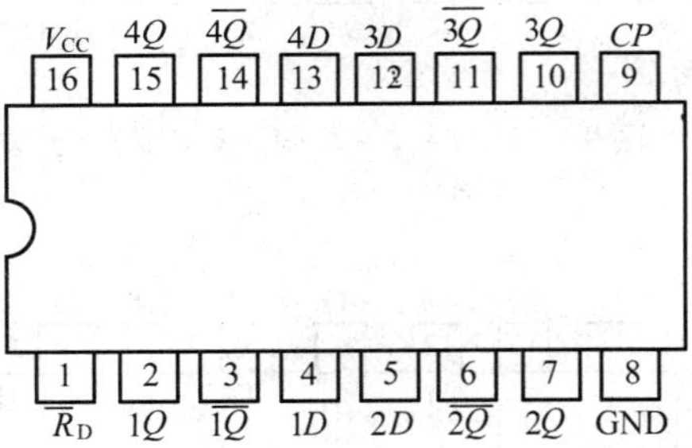

图 18　74LS175(四 D 触发器)

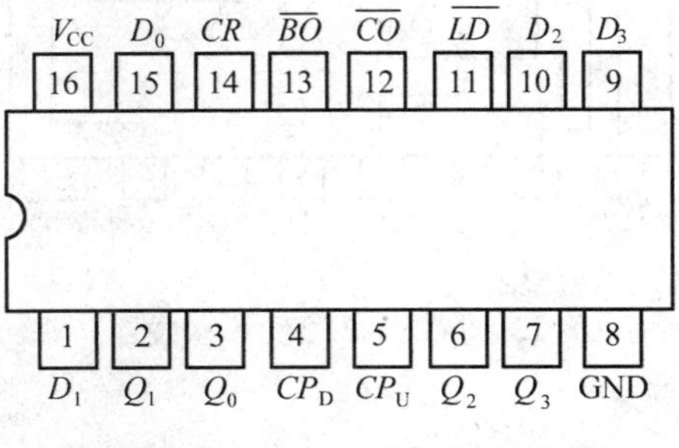

图 19　74LS192(十进制),74LS193
(二进制)(同步可逆计数器)

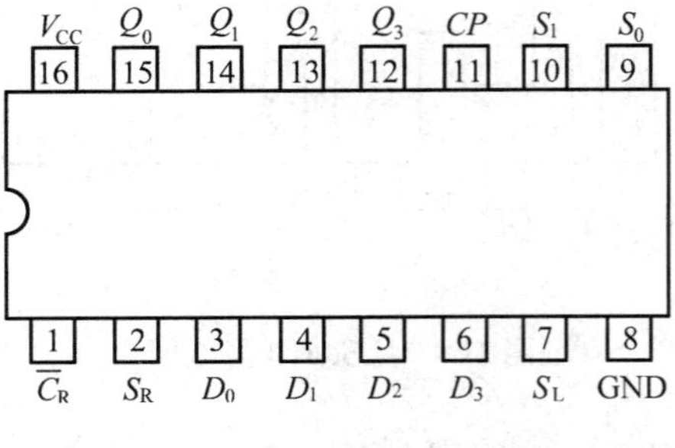

图20　74LS194,CC40194(4 位双向移位寄存器)

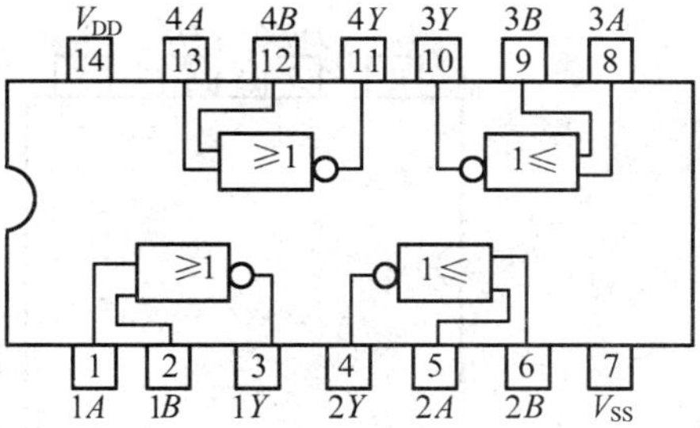

图 21 CC4001(四-2 输入或非门)

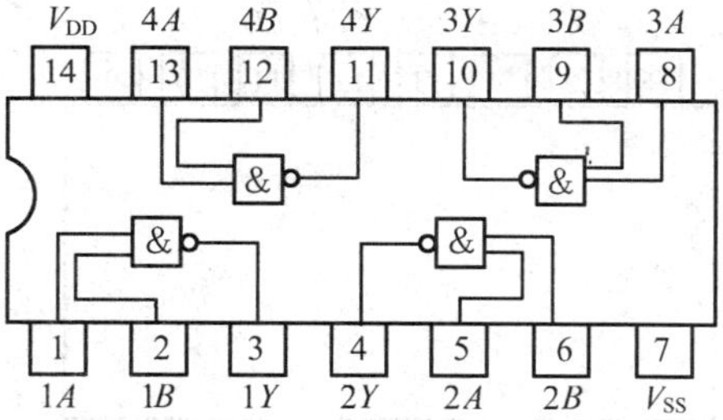

图 22 CC4011(四-2 输入或非门)

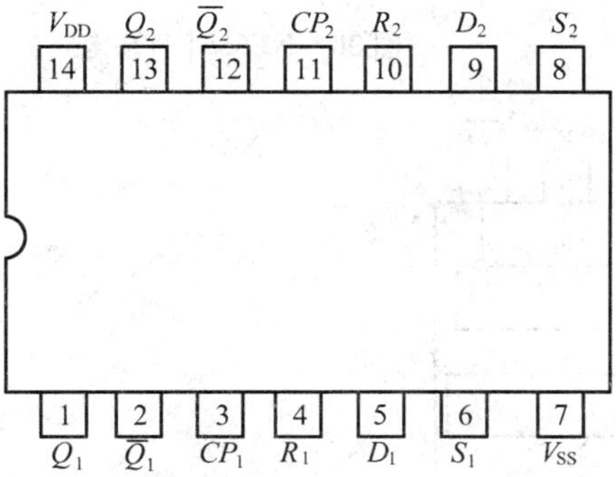

图 23 CC4013(双上升沿 D 触发器)

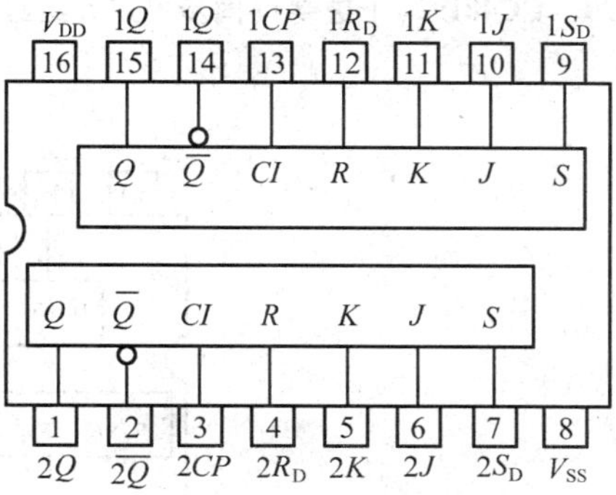

图 24 CC4027(双 JK 触发器)

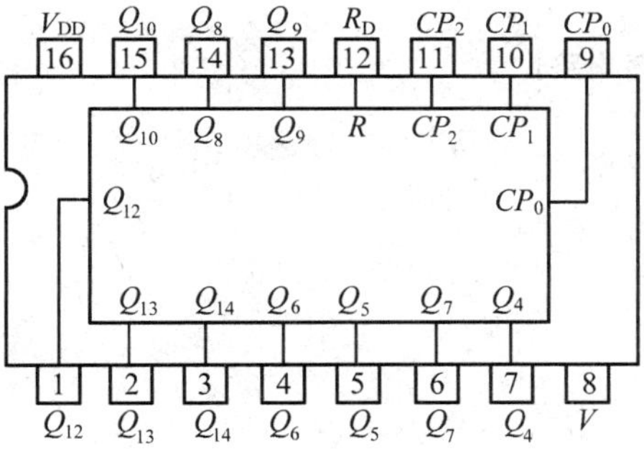

图 25 CD4060(14 位串行计数器/振荡器)

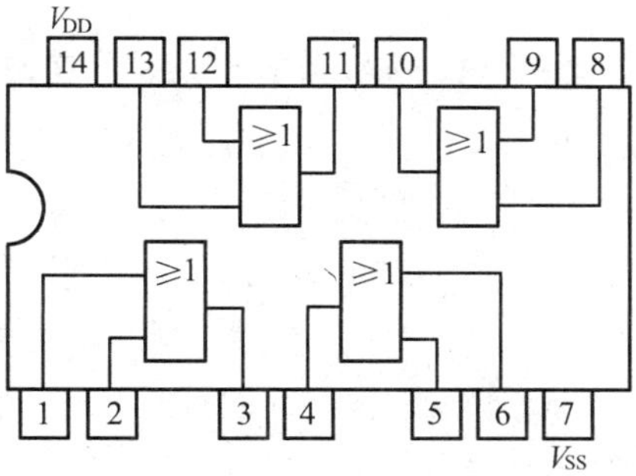

图 26 CC4071(四-2 输入或门)

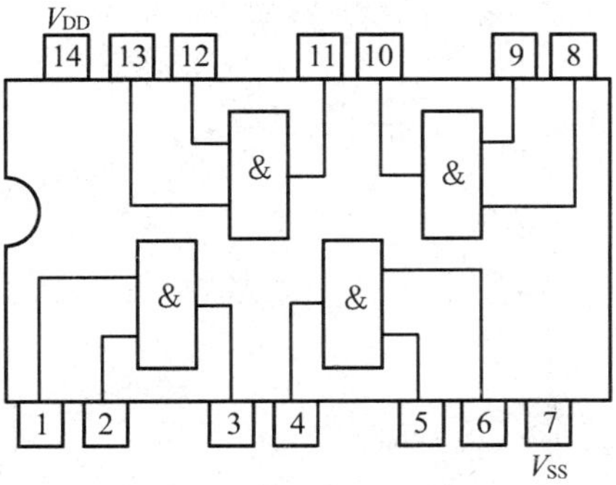

图 27 CC4081(四-2 输入与门)

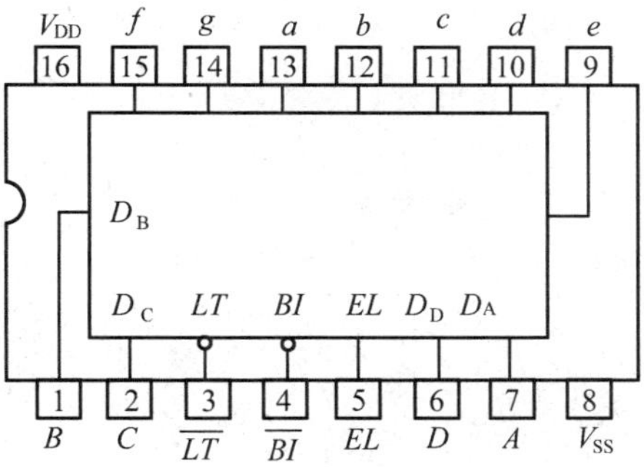

图 28 CC4511(共阴)(BCD-7 段译码/驱动器)

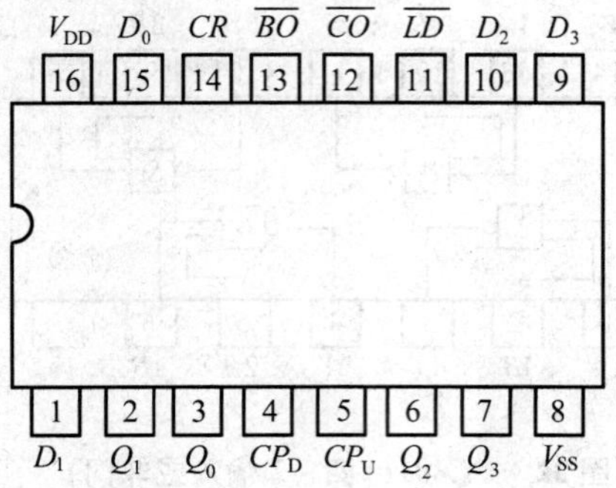

图 29　CC40192(十进制)(同步可逆计数器)

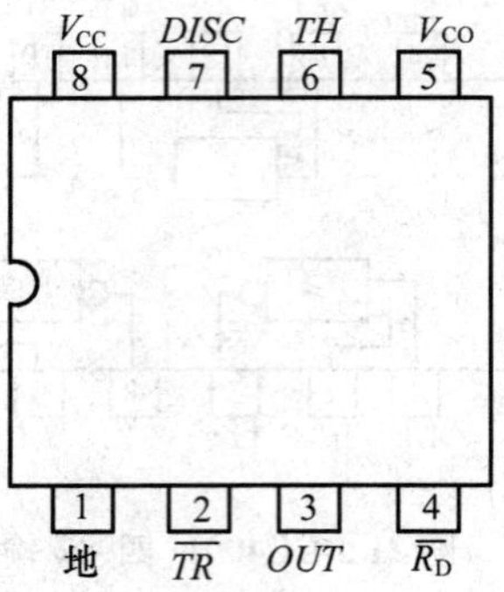

图 30　NE555(时基电路)

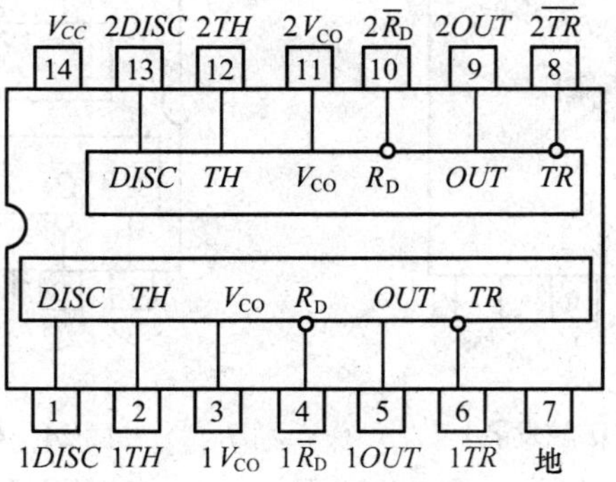

图 31　NE556(双时基电路)

参考文献

[1]陈占同等. 电路基础实验[M]. 北京:清华大学出版社,2003.
[2]田化梅,李玲远. 电路测试与电工基础实验[M]. 北京:科学出版社,2006.
[3]王慧玲,陈强. 电路基础实验与综合训练[M]. 北京:高等教育出版社,2007.
[4]贺洪斌,程桂芬,胡岩. 电工测量基础与电路实验指导[M]. 北京:化学工业出版社,2004.
[5]秦杏荣,杨尔滨,王霞. 电路实验基础[M]. 上海:同济大学出版社,2005.
[6]杨风. 大学基础电路实验[M]. 北京:国防工业出版社, 2006.
[7]张英敏,陈彬兵. 电路与电工测量基础实验[M]. 北京:电子工业出版社, 2004.
[8]王林,王振江,李坪. 电工技术实验教程[M]. 大连:大连理工大学出版社,2005.
[9]杨冶杰. 电工学实验教程[M]. 大连:大连理工大学出版社,2007.
[10]黄菠霞,刘宏,任金霞. 电工测量技术与电路实验[M]. 广州:华南理工大学出版社,2004.
[11]从宏涛,程卫群,李绍铭. Multisim8 仿真与应用实例开发[M]. 北京:清华大学出版社,2007.
[12]孟涛. 电工电子 EDA 实践教程[M]. 北京:机械工业出版社,2010.